高职高专"十二五"规划教材

机械制造基础

邹积德 主 编
胡传松 余新旸 副主编

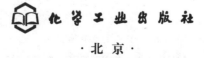

·北京·

本书内容分模块一机械工程材料（金属材料基础知识、钢的热处理、常用金属材料及其应用），模块二金属材料热加工工艺基础（铸造成形、锻压成形、焊接成形），模块三金属切削加工基础（金属切削原理与刀具基础、金属切削加工机床与加工方法、机械加工工艺与机械装配工艺基础），每章都有重点提示、学习目的、学习参考素材和习题。

本书注重实际应用，具有一定的先进性、综合性、应用性。可作为高职高专机械类专业教学用书，也可作为职业教育培训教材和相关工程技术人员参考用书。

图书在版编目（CIP）数据

机械制造基础/邹积德主编．—北京：化学工业出版社，2011.12（2021.2重印）
高职高专"十二五"规划教材
ISBN 978-7-122-12776-1

Ⅰ.机… Ⅱ.邹… Ⅲ.机械制造-高等职业教育-教材　Ⅳ.TH

中国版本图书馆 CIP 数据核字（2011）第 228988 号

责任编辑：李　娜　　　　　　　　　　　　装帧设计：刘丽华
责任校对：郑　捷

出版发行：化学工业出版社（北京市东城区青年湖南街 13 号　邮政编码 100011）
印　　装：三河市延风印装有限公司
787mm×1092mm　1/16　印张 12¾　字数 323 千字　2021 年 2 月北京第 1 版第 7 次印刷

购书咨询：010-64518888　　　　　　　　　售后服务：010-64518899
网　　址：http://www.cip.com.cn
凡购买本书，如有缺损质量问题，本社销售中心负责调换。

定　　价：36.00 元　　　　　　　　　　　　　　　　　　版权所有　违者必究

前　言

编者根据高职高专技能型人才培养目标，按照"突出职业能力培养"的总体要求，体现以工学结合，"教、学、做"一体化为方向构建高职高专课程和教学内容体系的指导思想，在机械制造领域岗位群职业能力分析并结合用人单位的反馈信息、企业调研和多年来的专业建设、教材建设和教学实践的基础上编写了本教材。

本书在内容组织上从培养技术应用能力和加强素质教育出发，学习内容与工作过程相一致。为此，综合了"金属工艺学"、"金属热加工"和"金属切削加工"等相关知识，构建三个知识模块，内容设计上符合学生的认知规律，突出高职学生应用能力培养，体现职业教育的针对性。内容选择上贯彻"够用、实用及可操作性"的原则，不追求知识的系统性和完整性。尽量减少枯燥、繁琐和实用性不强的理论推导和灌输，注重应用。采用以案例导入教学的编写模式，理实结合并引用大量生产实际的案例，启发学生思考，培养学生实践能力，体现了职业教育的应用性。

本书编写分工：第1、7章由合肥通用职业技术学院胡传松编写，第2、3章由北京科技大学何飞编写，第4章由桂林电子科技大学鲍家定编写，第5章由合肥通用职业技术学院邹积德编写，第6章由合肥荣事达三洋电器股份有限公司洪伟编写，第8章由合肥通用职业技术学院余新旸编写，第9章由艾默生环境优化技术研发有限公司李洪山编写。

本教材由合肥通用职业技术学院邹积德担任主编，胡传松、余新旸担任副主编。

本教材在编写过程中，得到合肥通用职业技术学院领导、相关教师的大力支持和多方帮助，在此对所有支持者表示衷心的感谢。

由于教材的编写是教学改革的一次探索，更限于编者的水平，书中疏漏及不当之处在所难免，恳请各位同仁和广大读者不吝批评指正。

编者
2011 年 10 月

目 录

模块一　机械工程材料

第1章　金属材料基础知识 ⋯⋯⋯⋯ 1
 1.1　金属材料的性能 ⋯⋯⋯⋯⋯⋯⋯ 1
  1.1.1　金属材料的力学性能 ⋯⋯⋯ 1
  1.1.2　金属材料的工艺性能 ⋯⋯⋯ 5
 1.2　金属的晶体结构和结晶 ⋯⋯⋯⋯ 6
  1.2.1　金属的晶体结构 ⋯⋯⋯⋯⋯ 6
  1.2.2　金属的实际晶体结构 ⋯⋯⋯ 8
  1.2.3　纯金属的结晶 ⋯⋯⋯⋯⋯⋯ 9
 1.3　合金的晶体结构与结晶 ⋯⋯⋯⋯ 11
  1.3.1　合金的基本概念 ⋯⋯⋯⋯⋯ 11
  1.3.2　合金的组织 ⋯⋯⋯⋯⋯⋯⋯ 11
  1.3.3　二元合金相图 ⋯⋯⋯⋯⋯⋯ 13
 1.4　铁碳合金及相图 ⋯⋯⋯⋯⋯⋯⋯ 14
  1.4.1　纯铁的同素异构转变 ⋯⋯⋯ 14
  1.4.2　铁碳合金的基本组织 ⋯⋯⋯ 15
  1.4.3　铁碳合金相图分析及应用 ⋯ 16
 习题 ⋯⋯⋯⋯⋯⋯⋯⋯⋯⋯⋯⋯⋯⋯ 21

第2章　钢的热处理 ⋯⋯⋯⋯⋯⋯⋯⋯ 23
 2.1　钢在热处理时的组织转变 ⋯⋯⋯ 24
  2.1.1　钢在加热时的组织转变 ⋯⋯ 24
  2.1.2　钢在冷却时的组织转变 ⋯⋯ 26
 2.2　钢的退火与正火 ⋯⋯⋯⋯⋯⋯⋯ 29
  2.2.1　钢的退火 ⋯⋯⋯⋯⋯⋯⋯⋯ 29
  2.2.2　钢的正火 ⋯⋯⋯⋯⋯⋯⋯⋯ 31
 2.3　钢的淬火与回火 ⋯⋯⋯⋯⋯⋯⋯ 31
  2.3.1　钢的淬火 ⋯⋯⋯⋯⋯⋯⋯⋯ 31
  2.3.2　钢的回火 ⋯⋯⋯⋯⋯⋯⋯⋯ 33
 2.4　钢的表面热处理 ⋯⋯⋯⋯⋯⋯⋯ 34
  2.4.1　钢的表面淬火 ⋯⋯⋯⋯⋯⋯ 34
  2.4.2　钢的化学热处理 ⋯⋯⋯⋯⋯ 35
 2.5　热处理工序位置安排及其应用实例 ⋯ 36
  2.5.1　热处理工序位置安排 ⋯⋯⋯ 36
  2.5.2　热处理工艺应用实例 ⋯⋯⋯ 37
 习题 ⋯⋯⋯⋯⋯⋯⋯⋯⋯⋯⋯⋯⋯⋯ 37

第3章　常用金属材料及选用 ⋯⋯⋯⋯ 39
 3.1　钢 ⋯⋯⋯⋯⋯⋯⋯⋯⋯⋯⋯⋯⋯ 39
  3.1.1　常存元素对钢性能的影响 ⋯ 39
  3.1.2　钢的分类、命名及编号 ⋯⋯ 40
 3.2　碳素结构钢和合金结构钢 ⋯⋯⋯ 41
  3.2.1　碳素结构钢 ⋯⋯⋯⋯⋯⋯⋯ 41
  3.2.2　合金结构钢 ⋯⋯⋯⋯⋯⋯⋯ 45
  3.2.3　合金工具钢与高速工具钢 ⋯ 49
  3.2.4　特殊性能钢 ⋯⋯⋯⋯⋯⋯⋯ 51
 3.3　铸铁 ⋯⋯⋯⋯⋯⋯⋯⋯⋯⋯⋯⋯ 53
  3.3.1　铸铁的分类 ⋯⋯⋯⋯⋯⋯⋯ 53
  3.3.2　常用铸铁及其应用 ⋯⋯⋯⋯ 54
 3.4　有色金属及合金 ⋯⋯⋯⋯⋯⋯⋯ 57
  3.4.1　铝及铝合金 ⋯⋯⋯⋯⋯⋯⋯ 57
  3.4.2　铜及铜合金 ⋯⋯⋯⋯⋯⋯⋯ 60
 习题 ⋯⋯⋯⋯⋯⋯⋯⋯⋯⋯⋯⋯⋯⋯ 62

模块二　金属材料热加工工艺基础

第4章　铸造成形 ⋯⋯⋯⋯⋯⋯⋯⋯⋯ 63
 4.1　铸造成形的特点与工艺基础 ⋯⋯ 63
  4.1.1　铸造成形方法和主要特点 ⋯ 63
  4.1.2　合金的铸造性能 ⋯⋯⋯⋯⋯ 63
 4.2　砂型铸造 ⋯⋯⋯⋯⋯⋯⋯⋯⋯⋯ 66
  4.2.1　砂型铸造工艺过程 ⋯⋯⋯⋯ 66
  4.2.2　铸造工艺与铸件结构工艺性 ⋯ 70
  4.2.3　铸件的缺陷分析和质量检验 ⋯ 76
 4.3　特种铸造简介 ⋯⋯⋯⋯⋯⋯⋯⋯ 77
  4.3.1　熔模铸造 ⋯⋯⋯⋯⋯⋯⋯⋯ 77
  4.3.2　金属型铸造 ⋯⋯⋯⋯⋯⋯⋯ 78
  4.3.3　压力铸造 ⋯⋯⋯⋯⋯⋯⋯⋯ 79
  4.3.4　低压铸造 ⋯⋯⋯⋯⋯⋯⋯⋯ 80
  4.3.5　离心铸造 ⋯⋯⋯⋯⋯⋯⋯⋯ 80
 习题 ⋯⋯⋯⋯⋯⋯⋯⋯⋯⋯⋯⋯⋯⋯ 81

第5章　锻压成形 ⋯⋯⋯⋯⋯⋯⋯⋯⋯ 82
 5.1　锻压成形的特点与工艺基础 ⋯⋯ 82
  5.1.1　锻压成形的主要特点 ⋯⋯⋯ 82
  5.1.2　锻压成形的工艺基础 ⋯⋯⋯ 82
 5.2　锻压成形方法 ⋯⋯⋯⋯⋯⋯⋯⋯ 85

  5.2.1 自由锻 …………………………… 85
  5.2.2 模锻 ……………………………… 89
 5.3 板料冲压 ………………………………… 92
  5.3.1 板料冲压的特点及其应用 ……… 92
  5.3.2 板料冲压设备 …………………… 92
  5.3.3 板料冲压的基本工序 …………… 93
 习题 …………………………………………… 95

第6章 焊接成形 ……………………………… 96
 6.1 焊接的特点与方法 ……………………… 96
  6.1.1 焊接的特点 ……………………… 96
  6.1.2 焊接方法分类 …………………… 96
 6.2 常用焊接方法 …………………………… 97
  6.2.1 焊条电弧焊 ……………………… 97
  6.2.2 其他焊接方法 …………………… 107
 6.3 常用金属材料的焊接 …………………… 111
  6.3.1 金属材料的焊接性 ……………… 111
  6.3.2 碳素结构钢和低合金结构钢的
     焊接 ……………………………… 112
  6.3.3 不锈钢的焊接 …………………… 112
  6.3.4 铸铁的补焊 ……………………… 113
  6.3.5 非铁金属及其合金的焊接 ……… 113
 6.4 焊接缺陷和质量检验 …………………… 113
  6.4.1 常见焊接缺陷 …………………… 113
  6.4.2 焊接质量检验 …………………… 114
 习题 …………………………………………… 114

模块三 金属切削加工基础

第7章 金属切削原理与刀具基础 …… 116
 7.1 切削运动与切削要素 …………………… 116
  7.1.1 零件表面的形成 ………………… 116
  7.1.2 切削运动与切削要素 …………… 117
 7.2 金属切削刀具 …………………………… 119
  7.2.1 刀具的几何参数及标注 ………… 119
  7.2.2 常用刀具材料及其应用 ………… 122
 7.3 金属切削过程 …………………………… 124
  7.3.1 切屑的形成及种类 ……………… 124
  7.3.2 积屑瘤 …………………………… 125
  7.3.3 切削力 …………………………… 126
  7.3.4 切削热和切削温度 ……………… 127
  7.3.5 刀具磨损与刀具耐用度 ………… 127
 7.4 金属材料切削条件的选择 ……………… 129
  7.4.1 金属材料的切削加工性 ………… 129
  7.4.2 金属切削条件的选择 …………… 130
 习题 …………………………………………… 132

第8章 金属切削加工机床与加工
    方法 ……………………………………… 134
 8.1 金属切削机床基础知识 ………………… 134
  8.1.1 金属切削机床的分类 …………… 134
  8.1.2 金属切削机床的型号编制 ……… 135
 8.2 车削加工 ………………………………… 136
  8.2.1 车床与车削加工 ………………… 136
  8.2.2 工件在车床上的装夹 …………… 138
  8.2.3 车削加工工艺特点及应用 ……… 139
 8.3 铣削加工 ………………………………… 139
  8.3.1 铣床与铣削加工 ………………… 139
  8.3.2 铣削要素与铣削方式 …………… 142
  8.3.3 铣削加工工艺特点及应用 ……… 144
 8.4 钻削与镗削加工 ………………………… 144
  8.4.1 钻床与钻削加工 ………………… 144
  8.4.2 铰削加工 ………………………… 145
  8.4.3 镗床与镗削加工 ………………… 147
 8.5 磨削加工 ………………………………… 149
  8.5.1 磨床与磨削加工范围 …………… 149
  8.5.2 磨削加工方法 …………………… 151
  8.5.3 磨削加工工艺特点及应用 ……… 153
 8.6 刨削加工 ………………………………… 154
  8.6.1 刨床与刨削加工 ………………… 154
  8.6.2 刨削加工工艺特点及应用 ……… 155
 习题 …………………………………………… 156

第9章 机械加工工艺与机械装配
    工艺基础 ……………………………… 157
 9.1 机械加工工艺过程的基本知识 ………… 157
  9.1.1 生产过程与工艺过程 …………… 157
  9.1.2 生产纲领和生产类型 …………… 159
  9.1.3 机械加工工艺规程的作用、原则
     和制订步骤 ……………………… 160
 9.2 零件的工艺分析与毛坯选择 …………… 164
  9.2.1 零件的工艺分析 ………………… 164
  9.2.2 毛坯的选择 ……………………… 165
 9.3 工件的装夹与定位基准 ………………… 165
  9.3.1 工件的装夹 ……………………… 165
  9.3.2 工件的定位与定位基准的选择 … 166
 9.4 工艺路线的拟定 ………………………… 172
  9.4.1 加工经济精度及表面加工方法的
     选择 ……………………………… 172
  9.4.2 加工阶段的划分 ………………… 174
  9.4.3 机械加工工序的安排 …………… 175

9.5 加工余量、工序尺寸及其公差 …… 177
　9.5.1 加工余量 …… 177
　9.5.2 工序尺寸及其公差 …… 178
9.6 轴类零件的加工工艺 …… 179
　9.6.1 轴类零件概述 …… 179
　9.6.2 轴类零件加工工艺制订实例 …… 181
9.7 盘、套类零件的加工工艺 …… 184
　9.7.1 盘、套类零件概述 …… 184
　9.7.2 盘、套类零件的加工工艺制订实例 …… 185
9.8 箱体类零件加工工艺 …… 186
　9.8.1 箱体类零件的工艺特征 …… 186
　9.8.2 箱体类零件工艺规程的制订实例 …… 186
9.9 机械装配工艺基础 …… 188
　9.9.1 机械装配概述 …… 188
　9.9.2 装配方法 …… 190
　9.9.3 机械装配工艺规程 …… 193
习题 …… 195

参考文献 …… 197

模块一 机械工程材料

第 1 章 金属材料基础知识

本章重点

金属材料性能及铁碳合金相图。

学习目的

掌握金属材料的性能（强度、硬度、塑性）及其测量方法，了解金属的晶体结构、结晶过程及其组织特点，熟悉铁碳合金的成分、组织和性能的变化规律及铁碳合金相图的应用。

教学参考素材

金属材料力学性能试验、硬度试验，金属晶体结构图片，铁碳合金组织图片及实物金相观察。

1.1 金属材料的性能

金属材料在现代工业、农业、石油化工、国防、科学技术及日常生活中都得到广泛应用，是制造各类机器零件最常用的材料。因此，了解和熟悉各种金属材料的性能是合理选用材料、确定金属材料加工方法的重要依据。

金属材料的性能包括使用性能和工艺性能。使用性能是指金属材料在使用过程中所表现出来的性能，它包括力学性能、物理性能、化学性能等；工艺性能是指金属材料在各种加工过程中所表现出来的性能，如铸造性能、焊接性能、锻压性能、热处理性能和切削加工性能等。通常机械零件的设计和选材是以力学性能的指标作为主要依据。

1.1.1 金属材料的力学性能

力学性能是指金属材料在外力作用下表现出来的性能，主要有强度、塑性、硬度、冲击韧度和疲劳强度等。

（1）强度

强度是指金属材料在静载荷作用下抵抗变形和断裂的能力。按照载荷的作用方式不同，强度可分为抗拉强度、抗压强度、抗弯强度和抗剪强度等。

金属材料的强度一般可通过拉伸试验测定。标准拉伸试样分为圆柱形和板状两类。圆柱形拉伸试样如图 1-1 所示，试样分为长试样（$l_0/d_0=10$）和短试样（$l_0/d_0=5$）两种，其中 d_0 为试样直径，l_0 为试样标距长度。

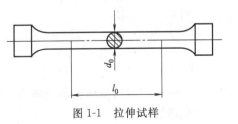

图 1-1 拉伸试样

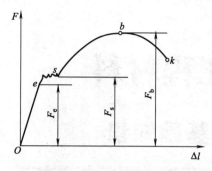

图 1-2 低碳钢的拉伸曲线

试验时，将标准试样安装在拉伸试验机上，缓慢加载，随着载荷的不断增加，试样的伸长量也逐渐增大，直至试样拉断为止。以试样所受载荷 F 为纵坐标，伸长量 ΔL 为横坐标，绘制出载荷与伸长量的关系曲线图，即拉伸曲线，求出相关的力学性能。

图 1-2 为退火低碳钢的拉伸曲线。由图可见，当载荷由零增大到 F_e 时，试样的伸长量与载荷成比例增加，此时卸除载荷，试样能完全恢复到原来的形状和尺寸，即试样处于弹性变形阶段（oe 段）；当载荷超过 F_e 时，试样除产生弹性变形外，还开始出现塑性变形，即卸除载荷后，试样不能完全恢复到原来的形状和尺寸，当载荷增加到 F_s 后，在曲线上开始出现水平（或锯齿形）线段，即表示载荷不增加，试样却继续伸长，这种现象称为屈服。载荷超过 F_s 后，试样的伸长量又随载荷的增加而增大，此时试样已产生大量的塑性变形，称为均匀塑性变形阶段（sb 段）。当载荷增加到最大值 F_b 时，试样开始产生局部截面变小，出现了"缩颈"现象，此时逐渐减小载荷，到达 k 点时试样被拉断。

金属材料的强度是用应力来度量的。材料受到载荷作用时其内部即产生一个与载荷相平衡的抵抗力（即内力），单位横截面上的内力称为应力，用 σ 表示，计算公式为

$$\sigma = \frac{F}{A} \tag{1-1}$$

常用的强度指标有弹性极限、屈服点和抗拉强度。

① 弹性极限　材料产生完全弹性变形时所能承受的最大应力值，单位为 MPa，用符号 σ_e 表示。

$$\sigma_e = \frac{F_e}{A_0} \tag{1-2}$$

式中　F_e——试样产生完全弹性变形时的最大载荷，N；

　　　A_0——试样原始横截面面积，mm^2。

② 屈服点与屈服强度　材料产生屈服现象时的最小应力值为屈服强度，单位为 MPa，用符号 σ_s 表示。

$$\sigma_s = \frac{F_s}{A_0} \tag{1-3}$$

式中　F_s——屈服时的最小载荷，N。

有些金属材料（如铸铁、高碳钢等脆性材料）在拉伸试验中没有明显的屈服现象，因此测定很困难。所以国标中规定，以试样的塑性变形量为试样标距长度的 0.2% 时的应力为屈服点，用符号 $\sigma_{0.2}$ 表示。

③ 抗拉强度　材料被拉断前所能承受的最大应力值，单位为 MPa，用符号 σ_b 表示。

$$\sigma_b = \frac{F_b}{A_0} \tag{1-4}$$

式中　F_b——试样断裂前所承受的最大载荷，N。

（2）塑性

金属材料在静载荷作用下，产生塑性变形而不破坏的能力。

金属材料的塑性值也是通过拉伸试验测得的。常用的塑性指标是伸长率 δ 和断面收缩

率 ψ。

① 伸长率　试样被拉断时标距长度的伸长量与原始标距长度的百分比，用符号 δ 表示，即

$$\delta = \frac{l_k - l_0}{l_0} \times 100\% \tag{1-5}$$

式中　l_0——试样原始标距长度，mm；
　　　l_k——试样被拉断时的标距长度，mm。

② 断面收缩率　试样被拉断时，缩颈处的横截面面积的最大缩减量与原始横截面面积的百分比，用符号 ψ 表示，即

$$\psi = \frac{A_0 - A_k}{A_0} \times 100\% \tag{1-6}$$

式中　A_k——试样被拉断时缩颈处的最小横截面面积，mm²。

断面收缩率不受试样尺寸的影响，因此更能可靠地反映材料的塑性。

金属材料的塑性好坏，对零件的加工和使用都具有十分重要的意义。塑性好的材料不但容易进行轧制、锻压、冲压等，而且所制成的零件在使用时万一超载，也能由于塑性变形而避免突然断裂。因此，大多数机械零件除满足强度要求之外，还必须具有一定的塑性，这样工作时才安全可靠。

(3) 硬度

硬度是指金属材料抵抗比它更硬物体压入其表面的能力，即抵抗局部塑性变形的能力。硬度是检验毛坯或成品件、热处理件质量的重要指标。目前生产中应用最广泛的硬度测定方法是压入法，常用的硬度实验有布氏硬度、洛氏硬度和维氏硬度。

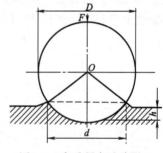

图 1-3　布氏硬度试验原理

① 布氏硬度　布氏硬度试验法原理如图 1-3 所示。用一定直径的硬质合金球做压头，施加试验力压入被测金属表面，经规定的保持时间后卸除试验力，在被测金属表面上形成一个直径为 d 的压痕，计算出压痕单位面积上所承受试验力的大小，以此作为被测金属材料的布氏硬度值，用符号 HBW 表示。

$$\text{HBW} = \frac{F}{A} = 0.102 \frac{2F}{\pi D(D - \sqrt{D^2 - d^2})} \tag{1-7}$$

式中　F——试验力，N；
　　　A——压痕表面积，mm²；
　　　D——压头直径，mm；
　　　d——压痕直径，mm。

由于布氏硬度压痕面积较大，能反应较大范围内金属各组成相综合影响的平均性能，而不受个别组成相和微小不均匀度的影响，因此，具有较高的测量精度。主要用来测定灰铸铁、有色金属以及经退火、正火和调质的钢材等。布氏硬度不适宜用来检验薄件或成品件。

② 洛氏硬度　洛氏硬度试验是用顶角为 120°的金刚石圆锥体或直径为 1.588mm 的淬火钢球做压头，在规定的试验力作用下，将压头压入试件表面。经规定的保持时间后卸除载荷，根据压痕深度确定金属硬度值。图 1-4 为洛氏硬度的试验原理图，0—0 为 120°金刚石

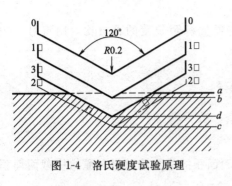

压头没有与试件表面接触时的位置；1—1 为加上初载荷（98.07N）后压入试件的位置；2—2 为压头受到初载荷和主载荷共同作用后压头压入试件的位置；3—3 为卸除主载荷后在初载荷作用下由于试件弹性变形的恢复使压头向上回升的位置。最后，压头受主载荷作用实际压入试件表面产生塑性变形的压痕深度为 bd，洛氏硬度大小用 bd 大小来衡量。材料越硬，压痕 bd 值越小。

图 1-4 洛氏硬度试验原理

实际应用时洛氏硬度可直接从硬度计表盘上读出。洛氏硬度用符号 HR 表示。计算公式如下

$$HR = K - bd/0.002 \tag{1-8}$$

式中　K——常数（金刚石做压头，K 为 100；淬火钢球做压头，K 为 130）。

洛氏硬度计采用三种标度对不同硬度材料进行试验，硬度分别用 HRA、HRB 和 HRC 表示。洛氏硬度实验法操作简单迅速，能直接从刻度盘上读出硬度值；测试的硬度值范围较大，既可测定软的金属材料，也可测定最硬的金属材料；试样表面压痕较小，可直接测量成品或薄工件。但由于压痕小，对内部组织和硬度不均匀的材料其测量结果不准确，为提高测量精度，通常测定三个不同点取平均值。HRA 主要用来测量硬质合金、表面淬火钢等；HRB 主要用于测量软钢、退火钢、铜合金等；HRC 主要用于测量一般淬火钢件。

（4）冲击韧度

金属材料在冲击载荷的作用下而不被破坏的能力称为冲击韧度。冲击韧度值是通过冲击试验得到的。摆锤式一次冲击试验是目前应用最普遍的一种试验方法。试验是在专门的冲击实验机上进行的，如图 1-5 所示。

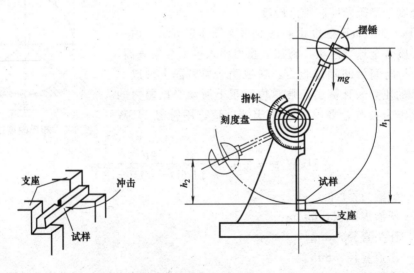

图 1-5 冲击试验原理

实验时，将金属材料制成的标准冲击试样放在冲击实验机上，试样缺口背向摆锤的冲击方向；将一定质量 m 的摆锤举至 h_1 的高度，然后由此高度落下冲击试样；试样断裂后，摆锤继续向前升到 h_2 高度。在此过程中所消耗的势能即为摆锤冲断试样所做的功，记为 A_k，材料的冲击韧度 a_k 的计算公式为：

$$a_k = A_k / S_0 = G(h_1 - h_2)/S_0 \tag{1-9}$$

式中 A_k——冲击吸收功，J；

G——摆锤的重力，N；

h_1——摆锤举起的高度，cm；

h_2——冲断试样后摆锤的高度，cm；

a_k——冲击韧度，J/cm²；

S_0——试样缺口处截面积，cm²。

冲击韧度 a_k 值愈大，表明材料的韧性愈好，受到冲击时不易断裂。a_k 值的大小受很多因素影响，不仅与试样形状、表面粗糙度、内部组织有关，还与实验时的温度有关。因此冲击韧度值一般只作为选材时的参考，而不能作为计算依据。

(5) 疲劳强度

许多机械零件如轴、齿轮、弹簧等都是在循环载荷作用下工作的，其承受的是交变载荷。在这种载荷作用下，虽然零件所受应力远低于材料的屈服点，但在长期使用中往往会发生突然断裂。金属在循环载荷作用下产生疲劳裂纹并使其扩展而导致的断裂称为疲劳断裂。

疲劳断裂与缓慢加载时的断裂不同，无论是脆性材料还是塑性材料，疲劳断裂时都不产生明显的塑性变形，断裂是突然发生的。因此，疲劳断裂具有很大的危险，常造成严重事故。据统计，在损坏的机械零件中，大部分是由于疲劳造成的。

工程上规定，材料经受无数次应力循环，而不产生断裂的最大应力称为疲劳强度。疲劳强度是通过疲劳试验测得材料承受的交变应力和断裂前应力循环次数 N 之间的关系曲线（如图 1-6 所示）来确定的。

从曲线上可以看出，应力值愈低，断裂前的应力循环次数愈多，当应力降低到某一定值后，曲线与横坐标轴平行。这表明，当应力低于此值时，材料可经受无数次应力循环而不断裂，对称循环应力的疲劳强度用 σ_{-1} 表示。实践证明，当钢铁材料的应力循环次数达到 10^7 次时，零件仍不断裂，此时的最大应力可作为疲劳强度。有色金属和某些超高强度钢，工程上规定应力循环次数为 10^8 次时的最大应力作为它们的疲劳强度。

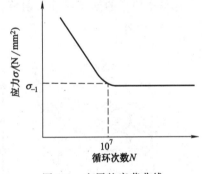

图 1-6 金属的疲劳曲线

金属产生疲劳同许多因素有关，目前普遍认为是由于材料内部有组织缺陷（如气孔、疏松、夹杂物等）、表面划痕及其他能引起应力集中的缺陷而导致产生微裂纹，这种微裂纹随着应力循环次数的增加而逐渐扩展，最后使零件突然产生断裂。

针对上述原因，为了提高零件的疲劳强度，除改善内部组织和外部结构形状避免应力集中外，还可以通过提高加工工艺，如降低零件表面粗糙度值和采取各种表面强化的方法（如表面淬火、喷丸处理、表面滚压等）来提高疲劳强度。

1.1.2 金属材料的工艺性能

金属材料成形加工的难易程度，称为金属材料的工艺性能，包括以下几个方面。

(1) 铸造性能

主要指液态金属的流动性和凝固过程的收缩性及偏析倾向。流动性好，收缩和偏析倾向小则铸造性能好。

(2) 锻造性能

主要是指金属锻造时,其塑性好坏和变形抗力大小。塑性大,变形抗力小则锻造性能好。

(3) 切削加工性能

工件材料接受切削加工的难易程度,称为材料的切削加工性能。切削加工性能的好坏与材料的物理和力学性能有关。

(4) 热处理工艺性能

材料在实施热处理工艺过程中所具有的工艺性能,包括淬透性、热处理应力倾向、加热和冷却过程中的裂纹形成倾向等。热处理工艺性能对于钢材十分重要。

1.2 金属的晶体结构和结晶

1.2.1 金属的晶体结构

(1) 晶体与非晶体

自然界中的固态物质,虽然外形各异、种类众多,但都是由原子或分子组成的。根据原子在内部的排列特征可分为晶体与非晶体两大类。晶体是固态下原子在物质内部作有规则的排列。非晶体是固态下原子在物质内部排列无规则可循。

在自然界中除沥青、玻璃、石蜡、松香等非晶体外,绝大多数的固态物质都是晶体。如纯铝、纯铁及一切固态金属及其合金。晶体的特点是具有一定的熔点,呈各向异性。而非晶体与此相反。

晶体中原子的排列可用 X 射线分析等方法加以测定。晶体中最简单的原子排列情况如图 1-7 (a) 所示。

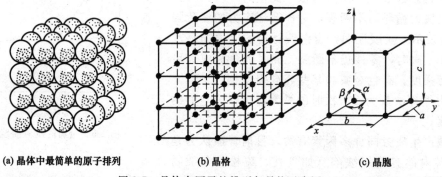

(a) 晶体中最简单的原子排列　　(b) 晶格　　(c) 晶胞

图 1-7　晶体中原子的排列与晶格示意图

(2) 晶体结构的概念

① 晶格　为了形象描述晶体内部原子排列的规律,人为地将原子抽象为几何点,并用一些假想的连线将几何点在三维方向连接起来,这样构成的空间格子,称为晶格,如图 1-7 (b) 所示。

② 晶胞　晶体中原子排列具有周期性变化的特点。因此,在研究晶体结构时,通常是从晶格中选取一个能够完全反映晶体特征的最小的几何单元来分析晶体中原子排列的规律,这个最小的几何单元称为晶胞,如图 1-7 (c) 所示。

③ 晶格常数　如图 1-7 (c) 所示,晶格常数是用来表示晶胞的形状和大小的。晶胞的

棱边长度 a、b、c 和棱边夹角 α、β、γ 称为晶格常数，以 Å（埃）为单位度量（1Å＝1×10^{-8}cm）。当棱边长 $a=b=c$，棱边夹角 $\alpha=\beta=\gamma=90°$ 时，这种晶胞称为简单立方晶胞。由简单立方晶胞组成的晶格称简单立方晶格。

（3）金属晶格的类型

不同金属具有不同的晶格类型。除一些具有复杂晶格类型的金属外，大多数金属的晶体结构都是比较简单的。常见晶格类型有以下三种。

① 体心立方晶格　它的晶胞是一个立方体，在立方体的八个角上和晶胞中心各有一个原子，如图 1-8 所示。属于这个晶格类型的金属有铬（Cr）、钨（W）、钼（Mo）、钒（V）、α 铁（α-Fe）等。

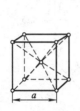 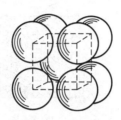 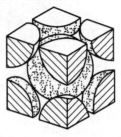

图 1-8　体心立方晶格结构

② 面心立方晶格　它的晶胞是一个立方体，在立方体的八个角上和六个面的中心各有一个原子，如图 1-9 所示。属于这个晶格类型的金属有铝（Al）、铜（Cu）、镍（Ni）、金（Au）、银（AS）和 γ-Fe 铁等。

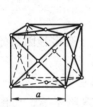 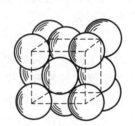 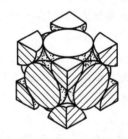

图 1-9　面心立方晶格结构

③ 密排六方晶格　它的晶胞是一个正六方柱体，它是由六个呈长方形的侧面和两个呈正六边形的上、下底面所组成。因此晶胞的大小要用柱体的高度 c 和六边形的边长 a 来表示。在密排六方晶胞的 12 个角上和上、下两个底面中心各有一个原子，另外在上、下底面之间还有三个原子，如图 1-10 所示。属于这个晶格类型的金属有镁（Mg）、锌（Zn）、铍（Be）、α 钛（α-Ti）等。

 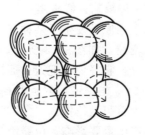 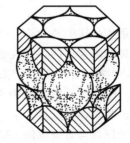

图 1-10　密排六方晶格结构

1.2.2 金属的实际晶体结构

（1）单晶体与多晶体的概念

单晶体是指内部的晶格位向完全一致的晶体，如图 1-11（a）所示。在工业生产中，只有经过特殊制作才能获得单晶体，如半导体元件、磁性材料、高温合金材料等。而一般的金属材料，即使一块很小的金属中也含有许多颗粒状小晶体（晶粒）。每个小晶体的内部，晶格方位都是基本一致的，而各个小晶体之间，彼此的方位却不相同，如图 1-11（b）所示。由于其中每个小晶体的外形多为不规则的颗粒，通常称为晶粒。晶粒与晶粒之间的界面称为晶界。这种实际上由许多晶粒组成的晶体称为多晶体。一般金属材料都是多晶体。

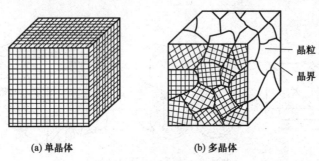

图 1-11 单晶体与多晶体结构示意图

单晶体在不同方位上的物理、化学和力学性能各不相同，即具有各向异性。但是，测定实际金属的性能，在各个方向上却基本一致，显示不出大的差别，即具有各向同性或伪等向性。这是因为，实际金属是由许多方位不同的晶粒组成的多晶体，一个晶粒的各向异性在许多方位不同的晶体之间可以互相抵消或补充所致。

（2）晶体中的缺陷

晶体中原子完全有规则排列时，称为理想晶体。实际金属由于受多种因数的影响，内部总是存在着大量缺陷。晶体缺陷的存在对金属的性能有着很大的影响。

根据晶体缺陷的几何特点，可分为点缺陷、线缺陷和面缺陷三大类。

① 点缺陷 常见的点缺陷是空位和间隙原子等，如图 1-12 所示。实际晶体结构中，晶格的某些结点往往未被原子所有，这种空着的位置称为空位。与此同时，又有可能在个别晶格空隙处出现多余原子，这种不占有正常晶格位置而处在晶格空隙中的原子，称为间隙原子。

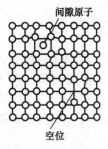

图 1-12 点缺陷

在空位和间隙原子附近，由于原子间作用力的平衡被破坏，使其周围原子发生靠拢或撑开，因此晶格发生歪曲（亦称晶格畸变），使金属的强度提高，塑性下降。

② 线缺陷 线缺陷是在空间的一个方向上尺寸很大，其余两个方向上尺寸很小的一种缺陷。线缺陷主要是各类型的位错。

位错是指晶体中某处有一列或若干列原子发生了某种有规律的错排现象。这种错排有许多类型，其中最常见的形式就是刃型位错，如图 1-13 所示。由图中可以看出，$ABCD$ 晶面上沿 EF 处多插入了一层原子面 $EFGH$，它好像一把刀刃那样切入晶体中，使上下层原子不能对准，产生错排，因而称为刃型位错。在位错线附近晶格发生畸变，形成一个应力集中区。实验证明，在实际晶体中存在着大量刃型位错。

位错的存在会对金属的力学性能产生重要影响。位错密度愈大，塑性变形抗力愈大。因

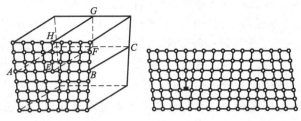

图 1-13　刃型位错示意图

此，通过塑性变形，提高位错密度，是强化金属的有效途径之一。

③ 面缺陷　面缺陷是在两个方向的尺寸很大，第三个方向的尺寸很小而呈面状的缺陷。这类面缺陷主要是指晶界和亚晶界。

多晶体中两个相邻晶粒之间晶格位向是不同的，所以晶界处实际上是原子排列逐渐从一种位向过渡到另一种位向的过渡层，该过渡层的原子排列是不规则的，如图 1-14 所示。由于过渡层原子排列不规则，使晶格处于歪扭畸变状态，因而在常温下会对金属塑性变形起阻碍作用，从宏观上来看，晶界处表现出有较高的强度和硬度。

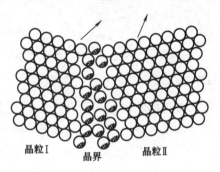
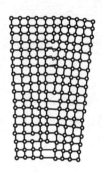

图 1-14　晶界示意图

由于亚晶界处原子排列也是不规则的，使晶格产生了畸变。因此，亚晶界作用与晶界相似，对金属强度也有着重要影响，亚晶界越多，强度也越高。

1.2.3　纯金属的结晶

(1) 纯金属的冷却曲线和过冷现象

金属由液态转变为固态的过程称为凝固，如果凝固的固态物质是晶体，则这种凝固又称为结晶。

纯金属由液态向固态转变的过程，可用冷却过程所测得的温度与时间的关系曲线——冷却曲线来描述。

由图 1-15 冷却曲线可见，液态金属随着冷却时间的增长，温度不断下降，但当冷却到一定温度时，冷却时间虽然增长，但其温度并不下降，在冷却曲线上出现了一个水平线段，这个水平线段所对应的温度就是纯金属实际结晶的温度 (T_1)，出现水平线段的原因，是由于结晶时放出的结晶潜热补偿了向外界散失的热量。结晶完成后，由于金属继续向周围散热，温度又重新下降。

如图 1-15 所示的温度 T_0 为理论结晶温度。但在实际生

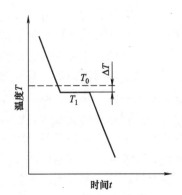

图 1-15　纯金属的冷却曲线

产中，金属由液态结晶为固态时冷却速度是相当快的，金属总是要在理论结晶温度 T_0 以下的某一温度 T_1 才开始进行结晶。实际结晶温度 T_1 低于理论结晶温度 T_0 的现象称为过冷现象。而 T_0 与 T_1 之差 ΔT 则称为过冷度，即 $\Delta T = T_0 - T_1$。过冷度并不是一个恒定值，液体金属的冷却速度越大，实际结晶温度 T_1 就越低，即过冷度 ΔT 就越大。

实际金属总是在过冷情况下进行结晶的，所以过冷是金属结晶的一个必要条件。金属结晶时过冷度的大小与冷却速度有关，冷却速度越大，过冷度就越大，金属的实际结晶温度就越低。

（2）纯金属的结晶过程

纯金属在冷却到结晶温度时，其结晶过程是，先从液体金属中自发地形成一批结晶核心，形成自发晶核，与此同时，某些外来的难熔质点也可充当晶核，形成非自发晶核；随着时间的推移，已形成的晶核不断长大，并继续产生新的晶核，直到液体金属全部消失为止。因此结晶过程就是晶核形成和晶核长大的过程，并且这两个过程是同时进行的，如图 1-16 所示。

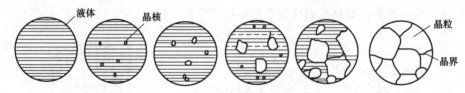

图 1-16　纯金属的结晶过程示意图

在晶核开始长大的初期，因其内部原子规则排列的特点，其外形也是比较规则的，随着晶核长大和晶体棱角的形成，由于棱角处散热条件优于其他部位，晶粒在棱边和顶角处就优先长大，如图 1-17 所示。

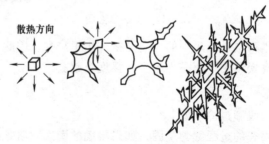

图 1-17　枝晶的形成

由此可见，其生长方式像树枝状一样，先生长出干枝，称为一次晶轴；然后再生长出分枝称为二次晶轴，依次类推，因此，得到的晶体称为树枝状晶体，简称为枝晶。

（3）晶粒大小对金属力学性能的影响

金属结晶后是由许多晶粒组成的多晶体。晶粒的大小对金属的力学性能有着重要的影响。常温下的细晶粒金属的强度、韧性均比粗晶粒金属高。这是因为，晶粒越细，塑性变形越可分散在更多的晶粒内进行，使塑性变形越均匀，内应力集中越小；而且晶粒越细，晶界越多越曲折，晶粒与晶粒间犬牙交错的机会就越多，越不利于裂纹的传播和发展，彼此就越紧固，强度和韧性就越好。

金属结晶后晶粒大小取决于形核率 N（单位时间、单位体积液态金属中生成的晶核数目）和晶核长大速率 G（单位时间内晶核长大的线长度）。形核率 N 越大，长大速率 G 越小，晶粒就越细小。因此要细化晶粒，必须提高形核率，控制晶核长大速率 G。生产中，细化晶粒的方法主要有以下几种。

① 增加过冷度 ΔT　形核率和长大速率都会随着过冷度的增大而增大，但在很大范围内形核率比晶核长大速率增长得更快。故过冷度越大，单位体积中晶粒数目就越多，晶粒得到细化。

② 变质处理　变质处理是在结晶前向液态金属中加入被称为变质剂的某种物质，以增加形核率 N 或降低长大率 G，从而细化晶粒的方法。

有的变质剂加入液态金属时，它们或它们的氧化物会形成非自发晶核作用的杂质微粒，使形核率大大增加，细化晶粒。如往钢液中加入钛、锆、铝等。还有一类变质剂，能附着在晶体前缘强烈阻碍晶粒长大，如往铝硅铸铁合金中加入钠盐，钠附着在硅的表面，降低硅的长大速率，阻碍粗大叶片状硅晶体形成，使合金组织细化。

③ 附加振动　利用机械振动、超声波振动、电磁振动等方法，增加结晶动力，使枝晶破碎。既可使正在生长的晶体破碎而细化，又可使破碎的枝晶尖端起晶核作用，增大形核率，从而细化晶粒。

1.3　合金的晶体结构与结晶

1.3.1　合金的基本概念

纯金属大都具有优良的塑性、导电、导热等性能，但它们力学性能较差，且价格较贵，因此，使用上受到很大限制。机械工程上大量使用的金属材料都是根据性能需要而配制的各种不同成分的合金，如碳钢、合金钢、铸铁、铝合金及铜合金等。

① 合金　合金是由两种或两种以上的金属元素或金属与非金属组成的具有金属特性的物质。

② 组元　组成合金的最基本的独立物质称为组元，简称为元。一般地说，组元就是组成合金的元素。组元可以是金属元素或非金属元素，也可以是稳定的化合物。由两个组元组成的合金就称为二元合金，由三个组元组成的合金就称为三元合金。

③ 合金系　由两个或两个以上组元按不同比例配制成的一系列成分不同的合金，称为合金系。如铜和镍组成的一系列不同成分的合金，称为铜—镍合金系。

④ 相　合金中具有同一聚集状态、同一结构和性质的均匀组成部分称为相。例如，液态物质称为液相；固态物质称为固相；同样是固相，有时物质是单相，而有时是多相的。

⑤ 组织　用肉眼或在金相显微镜下观察到的不同组成相的形状、尺寸、分布及各相之间的组合状态，称为组织。

组织可分为单相组织和多相组织。只有一种相组成的组织称为单相组织，由几种相组成的组织称为多相组织。

组织是决定材料性能的关键。在实际生产中，不同成分以及经过不同加工处理的合金具有不同的性能，这是由于其不同的相结构和组织引起的。

1.3.2　合金的组织

根据构成合金的各组元之间相互作用的不同，固态合金的组织可分为固溶体、金属化合物和机械混合物三类组织。

（1）固溶体

合金由液态结晶为固态时，组元间互相溶解形成均匀的相称为固溶体。形成固溶体后，晶格保持不变的组元称为溶剂，被溶解的组元称为溶质。固溶体的晶格类型与溶剂组元相同。根据溶质原子在溶剂晶格中所占据位置不同，可将固溶体分为置换固溶体和间隙固溶体两种。

① 置换固溶体。溶剂晶格中结点上部分原子被溶质原子替代而形成的固溶体，称为置换固溶体。如图1-18（a）所示。

溶质原子溶入固溶体的量称为固溶体的溶解度。其大小主要取决于两者晶格的类型、原子直径的差别和它们在周期表中的相互位置。

根据溶解度不一样置换固溶体可以分为有限固溶体和无限固溶体两类。

② 间隙固溶体。溶质原子分布于溶剂的晶格间隙中所形成的固溶体称为间隙固溶体。如图1-18（b）所示。形成间隙固溶体的条件是溶质原子半径很小而溶剂晶格间隙较大。所以一般都是由原子半径比较小的非金属元素（碳、氮、氢、硼、氧等）溶入过渡族金属中，形成间隙固溶体。

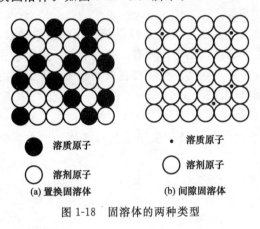

图1-18 固溶体的两种类型

③ 固溶体的性能。由于溶质原子的溶入，固溶体的晶格产生畸变，如图1-19所示。变形抗力增大，使合金的强度、硬度提高。形成固溶体使合金强度、硬度升高的现象称为固溶强化，它是强化金属材料的重要途径之一。例如，低合金高强度结构钢就是利用锰、硅等元素强化铁素体，而使钢材力学性能得到较大提高。

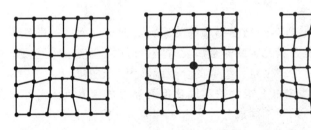

图1-19 固溶强化

（2）金属化合物

合金组元间发生相互作用而生成具有金属特性的一种新相称为金属化合物，其晶格类型和性能不同于其中任一组元。如碳钢中的 Fe_3C 和黄铜中的 $CuZn$ 等。

金属化合物具有熔点高、硬度高、脆性大的特点。当它呈细小颗粒均匀分布在固溶体基体上时，会使合金的强度、硬度及耐磨性明显提高，这一现象称为弥散强化。故金属化合物在合金中常作为强化相存在。它是许多合金钢、有色金属和硬质合金的重要组成相。

（3）机械混合物

两种或两种以上的相按一定质量百分数组合成的物质称为机械混合物。混合物中各组成相仍保持自己的晶格，彼此无交互作用，其性能主要取决于各组成相的性能以及相的分布状态。

工程上使用的大多数合金的组织都是固溶体与少量金属化合物组成的机械混合物。通过调整固溶体中溶质含量和金属化合物的数量、大小、形态和分布状况,可以使合金的力学性能在较大范围内变化,从而满足工程上的多种需求。

1.3.3 二元合金相图

合金的结晶也是晶核形成和晶核长大的过程,但由于合金成分中会有两个以上的组元,使其结晶过程要比纯金属复杂得多。为了掌握合金的成分、组织和性能之间的关系,必须了解合金的结晶过程,合金中各组织的形成和变化规律。合金相图就是研究这些问题的重要工具。

(1) 二元合金相图的建立

合金相图是通过实验方法得到的,它是表明在平衡条件下合金的组成相和温度、成分之间关系的简明图解,又称为合金状态图或合金平衡图。

相图大多是通过实验方法建立起来的,目前测定相图的方法很多。最常用的方法是热分析法。现以 Cu-Ni 合金为例,说明用热分析法实验测定二元合金相图的过程。

① 配制一系列不同成分的 Cu-Ni 合金,其成分和临界点见表 1-1。

表 1-1 Cu-Ni 合金的成分和临界点

合金成分质量分数/%	Ni	0	20	40	60	80	100
	Cu	100	80	60	40	20	0
结晶开始温度/℃		1083	1175	1260	1340	1410	1455
结晶终止温度/℃		1083	1130	1195	1270	1360	1455

② 用热分析法测出所配制的各合金的冷却曲线,如图 1-20 (a) 所示。

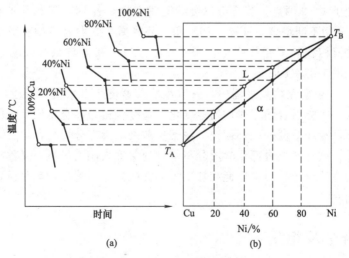

图 1-20 Cu-Ni 合金的冷却曲线及相图

③ 找出各冷却曲线上的相变点。与纯金属不同的是,合金的结晶过程是在一个温度范围内进行的。

④ 将各个合金的相变点分别标注在温度—成分坐标图中相应的合金垂线上。

⑤ 连接各相同意义的相变点,所得的线称为相界线,这样就得到 Cu-Ni 合金相图,如图 1-20 (b) 所示。

通常情况下,配置的合金数目越多,所用的金属纯度越高,热分析时冷却速度越缓慢,所测定的合金相图就越精确。

（2）二元合金相图分析

两组元在液态与固态均可彼此无限溶解的合金相图，称为匀晶相图。属于该类相图的有 Cu-Ni、Au-Ag、Fe-Cr。下面以 Cu-Ni 合金为例，对二元合金结晶过程进行分析。

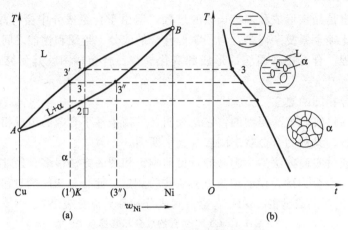

图 1-21 Cu-Ni 合金相图及结晶过程

① 相图分析　图 1-21 中 A 点（1083℃）为纯铜的熔点，B 点（1452℃）为纯镍的熔点。$A3'1B$ 为合金开始结晶温度曲线，即液相线。$A23''B$ 为合金结晶终了温度曲线，即固相线。在液相线 $A3'1B$ 以上为液相区用 L 表示，在固相线 $A3'1B$ 以下为合金全部形成均匀的单相固溶体，液相线与固相线之间为液相和固相共存的两相区，用 L+α 表示。

② 合金的结晶过程　由图 1-21（a）可见，$w_{Ni}=60\%$ 的 Cu-Ni 合金，其成分垂线与液、固相线分别相交于 1、2 两点。当合金以极缓慢速度冷至 t_1 时，开始从液相中析出 α，随着温度不断降低，α 相不断增多，而剩余的液相 L 不断减少，并且液相和固相的成分通过原子扩散而分别沿着液相线和固相线变化。当结晶终了时，获得与原合金成分相同的 α 相固溶体，结晶过程见图 1-21（b）。

③ 枝晶偏析　合金在结晶过程中，只有在冷却速度极其缓慢、原子能进行充分扩散的条件下，固相成分才能沿着固相线均匀地变化，最终获得与原合金成分相同的固溶体。但在实际生产条件下，冷却速度一般都较快，原子扩散来不及充分进行，导致先、后结晶出的固相成分存在差异，这种晶粒内部化学成分不均匀现象称为晶内偏析，又称枝晶偏析。

枝晶偏析会降低合金的力学性能和加工工艺性能。为了消除枝晶偏析，生产中常采用扩散退火工艺来消除它。

1.4　铁碳合金及相图

铁碳合金是以铁和碳为基本组元组成的合金，是钢和铸铁的统称。由于钢铁材料具有优良的力学性能和工艺性能，是目前现代工业中应用最为广泛的金属材料。要熟悉并合理地选择铁碳合金，就必须了解铁碳合金的成分、组织和性能之间的关系。

1.4.1　纯铁的同素异构转变

大多数金属结晶后晶格类型都不再变化，但少数金属，如铁、锰等，结晶后随温度（或压力）的变化，晶格会有所不同。金属这种在固态下晶格类型随温度（或压力）发生变化的现象称为同素异构转变。

图 1-22 为纯铁的冷却曲线。由图可见，液态纯铁在 1538℃进行结晶，得到具有体心立方晶格的 δ-Fe，继续冷却到 1394℃时发生同素异构转变，δ-Fe 转变为面心立方晶格的 γ-Fe，在冷却到 912℃时又发生同素异构转变，转变为体心立方晶格的 α-Fe。再冷却到室温，晶格不再发生变化。纯铁的同素异构转变可用下式表示：

$$\delta\text{-Fe} \xrightleftharpoons{1394℃} \gamma\text{-Fe} \xrightleftharpoons{912℃} \alpha\text{-Fe}$$

纯铁在发生同素异构时，由于晶格发生变化，体积也随之变化，这是加工过程中产生内应力的主要原因，也是钢铁材料能够通过热处理改善性能的重要依据。

1.4.2 铁碳合金的基本组织

工业纯铁虽然塑性、导磁性良好，但强度不高，不宜制作结构零件。为了

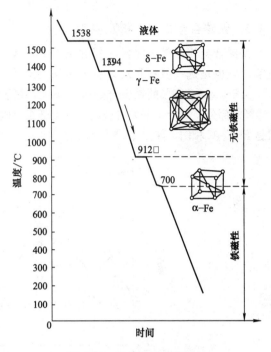

图 1-22 纯铁的冷却曲线

提高纯铁的强度、硬度。常在纯铁中加入少量碳元素形成铁碳合金。铁和碳的交互作用可形成下列五种基本组织。

(1) 铁素体

碳溶于 α-Fe 中所形成的间隙固溶体称为铁素体，用符号 F 表示，它仍保持 α-Fe 的体心立方晶格结构。因其晶格间隙较小，所以溶碳能力很差，在 727℃时最大 w_C 仅为 0.0218%，室温时降至 0.0008%。铁素体由于溶碳量小，力学性能与纯铁相似，即塑性和冲击韧度较好，而强度、硬度较低。

(2) 奥氏体

碳溶于 γ-Fe 中所形成的间隙固溶体称为奥氏体，用符号 A 表示，它保持 γ-Fe 的面心立方晶格结构。由于其晶格间隙较大，所以溶碳能力比铁素体强，在 727℃时 w_C 为 0.77%，1148℃时 w_C 达到 2.11%。奥氏体的强度、硬度较低，但具有良好塑性，是绝大多数钢高温进行压力加工的理想组织。

(3) 渗碳体

渗碳体是铁和碳组成的具有复杂斜方结构的金属化合物，用化学式 Fe_3C 表示。渗碳体中的碳的质量分数为 6.69%，硬度很高，塑性和韧性几乎为零。主要作为铁碳合金中的强化相存在。

(4) 珠光体

珠光体是铁素体和渗碳体组成的机械混合物，用符号 P 表示。在缓慢冷却条件下，珠光体中 w_C 为 0.77%，力学性能介于铁素体和渗碳体之间，即综合性能良好。

(5) 莱氏体

莱氏体是 w_C 为 4.3% 的合金，缓慢冷却到 1148℃时从液相中同时结晶出奥氏体和渗碳体的共晶组织，用符号 L_d 表示。冷却到 727℃温度时，奥氏体将转变为珠光体，所以室温下莱氏体由珠光体和渗碳体组成，称为低温莱氏体或变态莱氏体，用符号 L'_d 表示。莱氏体

中由于有大量渗碳体存在,其性能与渗碳体相似,即硬度高,塑性差。

1.4.3 铁碳合金相图分析及应用

铁碳合金相图是在缓慢冷却的条件下,表明铁碳合金成分、温度、组织变化规律的简明图解,它也是选择材料和制订有关热加工工艺时的重要依据。

由于 $w_C>6.69\%$ 的铁碳合金脆性极大,在工业生产中没有使用价值,所以只研究 w_C 小于 6.69% 的部分。$w_C=6.69\%$ 对应的正好全部是渗碳体,把它看作一个组元,实际上研究的铁碳相图是 Fe-Fe$_3$C 相图。如图 1-23 所示。图中纵坐标为温度,横坐标为含碳量的质量百分数。

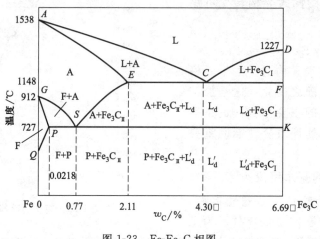

图 1-23 Fe-Fe$_3$C 相图

(1) 相图分析

① Fe-Fe$_3$C 相图中典型点的含义　见表 1-2。应当指出,Fe-Fe$_3$C 相图中特性的数据随着被测试材料纯度的提高和测试技术的进步而趋于精确,因此不同资料中的数据会有所出入。

表 1-2　Fe-Fe$_3$C 相图中的几个特征点

点的符号	温度/℃	含碳量/%	说明
A	1538	0	纯铁的熔点
C	1148	4.3	共晶点
D	1227	6.69	渗碳体的熔点
E	1148	2.11	碳在 γ-Fe 中的最大溶解度
G	912	0	纯铁的同素异构转变点 γ-Fe → α-Fe
S	727	0.77	共析点

② Fe-Fe$_3$C 相图中特性线的意义　将简化 Fe-Fe$_3$C 的相图中各特性线的符号、名称、意义均列于表 1-3 中。

表 1-3　Fe-Fe$_3$C 相图中的特性线

特征线	含　义
ACD	液相线
AECF	固相线
GS	也叫 A_3 线,冷却时不同含碳量的奥氏体中结晶出铁素体的开始线
ES	常称 A_{cm} 线,碳在 γ-Fe 中的溶解度曲线
ECF	共晶转变线,$L_c \rightleftharpoons A+Fe_3C$
PSK	共析转变线,常称 A_1 线,$A_s \rightleftharpoons F+Fe_3C$

③ Fe-Fe₃C 相图相区分析 依据特性点和线的分析，简化 Fe-Fe₃C 相图主要有四个单相区即 L，A，F，Fe₃C；五个双相区：L+A、A+F、L+Fe₃C、A+Fe₃C、F+Fe₃C。

(2) 铁碳合金的分类

根据含碳量和室温组织的特点，铁碳合金可分为工业纯铁、钢、白口铸铁三类。

① 工业纯铁：w_C<0.0218%。

② 钢：0.0218%<w_C<2.11%。根据其室温组织特点不同，又可将其分为三种。

亚共析钢：0.0218%<w_C<0.77%，组织为 F+P。

共析钢：w_C=0.77%，组织为 P。

过共析钢：0.77%<w_C<2.11%，组织为 P+Fe₃C$_{II}$。

③ 白口铸铁：2.11%<w_C<6.69%。按白口铁室温组织特点，也可分为三种。

亚共晶白口铁：2.11%<w_C<4.3%，组织为 P+Fe₃C$_{II}$+L'$_d$。

共晶白口铁：w_C=4.3%，组织为 L'$_d$。

过共晶白口铁：4.3%<w_C<6.69%，组织为 Fe₃C+L'$_d$。

(3) 典型铁碳合金结晶过程分析

依据成分垂线与相线相交情况，分析几种典型 Fe-C 合金结晶过程中组织转变规律。铁碳合金在 Fe-Fe₃C 相图中的位置可参见图 1-24。

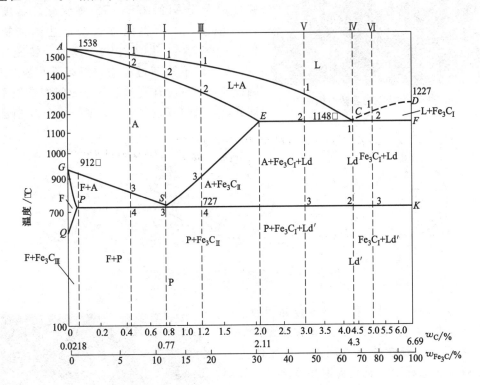

图 1-24 典型铁碳合金在 Fe-Fe₃C 相图中的位置

① 共析钢 图 1-24 中合金 I (w_C=0.77%) 为共析钢。当合金冷到 1 点时，开始从液相中析出奥氏体，降至 2 点时全部液体都转变为奥氏体，合金冷到 3 点 727℃时，奥氏体将发生共析反应，即 $A_{0.77\%} \rightleftharpoons P(F+Fe_3C)$。温度再继续下降，珠光体不再发生变化。共析钢冷却过程如图 1-25 所示，其室温组织是珠光体。珠光体的典型组织是铁素体和渗碳体呈

片状叠加而成，见图1-26。

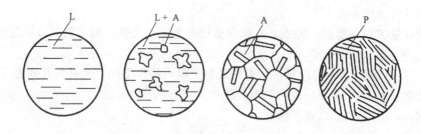

图1-25　共析钢组织转变过程示意图

图1-26　共析钢的显微组织

② 亚共析钢　图1-24中合金Ⅱ（$w_C =$ 0.4%）为亚共析钢。合金在3点以上冷却过程同合金Ⅰ相似，缓冷至3点（与 GS 线相交于3点）时，从奥氏体中开始析出铁素体。随着温度降低，铁素体量不断增多，奥氏体量不断减少，并且成分分别沿 GP、GS 线变化。温度降到 PSK 温度，剩余奥氏体含碳量达到共析成分（$w_C = 0.77\%$），即发生共析反应，转变成珠光体。4点以下冷却过程中，组织不再发生变化。因此亚共析钢冷却到室温的显微组织是铁素体和珠光体，其冷却过程组织转变如图1-27所示。

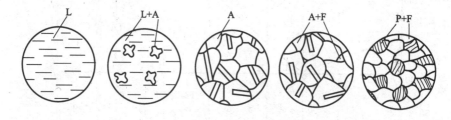

图1-27　亚共析钢组织转变过程示意图

凡是亚共析钢结晶过程均与合金Ⅱ相似，只是由于含碳量不同，组织中铁素体和珠光体的相对量也不同。随着含碳量的增加，珠光体量增多，而铁素体量减少。亚共析钢的显微组织如图1-28所示。

③ 过共析钢　图1-24中合金Ⅲ（$w_C =$ 1.20%）为过共析钢。合金Ⅲ在3点以上冷却过程与合金Ⅰ相似，当合金冷却到3点（ES 线相交于3点）时，奥氏体中碳含量达到饱和，继续冷却，奥氏体成分沿 ES 线变化，从奥氏体中析

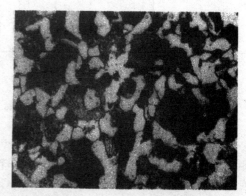

图1-28　亚共析钢的显微组织

出二次渗碳体，它沿奥氏体晶界呈网状分布。温度降至 PSK 线时，奥氏体 w_C 达到 0.77% 即发生共析反应，转变成珠光体。4 点以下至室温，组织不再发生变化。过共析钢的组织转变过程见图 1-29，其室温下的显微组织是珠光体和网状二次渗碳体。

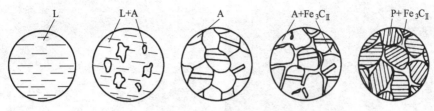

图 1-29 过共析钢组织转变过程示意图

过共析钢的结晶过程均与合金Ⅲ相似，只是随着含碳量不同，最后组织中珠光体和渗碳体的相对量也不同，图 1-30 是过共析钢在室温时的显微组织。

④ 共晶白口铸铁 图 1-24 中合金Ⅳ（$w_C = 4.3\%$）为共晶白口铁。合金Ⅳ在 1 点以上为单一液相，当温度降至与正 CF 线相交时，液态合金发生共晶反应，共晶反应的产物为莱氏体。随着温度继续下降，奥氏体成分沿 ES 线变化，从中析出二次渗碳体。当温度降至 2 点时，奥氏体发生共析转变，形成珠光体。故共晶白口铁室温组织是由珠光体、二次渗碳体和共晶渗碳体组成的混合物，称之为低温莱氏体，其结晶过程见图 1-31。

图 1-30 过共析钢的显微组织

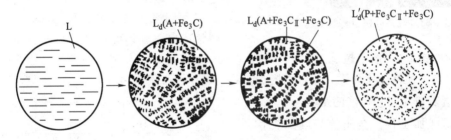

图 1-31 共晶白口铁的显微组织

室温下共晶白口铁显微组织如图 1-32（a）所示。图中黑色部分为珠光体，白色基体为渗碳体。

亚共晶白口铁（$2.11\% < w_C < 4.3\%$）结晶过程同合金Ⅳ基本相同，区别是共晶转变之前有先析相 A 形成，因此其室温组织为 $P + Fe_3C_Ⅱ + L'_d$，如图 1-32（b）所示。图中黑色点状、树枝状为珠光体，黑白相间的基体为低温莱氏体，二次渗碳体与共晶渗碳体在一起，难以分辨。

过共晶白口铁（$4.3\% < w_C < 6.69\%$）结晶过程也与合金Ⅳ相似，只是在共晶转变前先从液体中析出一次渗碳体，其室温组织为 $Fe_3C + L'_d$，见图 1-33。图中白色板条状为一次渗碳体，基体为低温莱氏体。

(4) 含碳量对铁碳合金组织和性能的影响

① 含碳量对平衡组织的影响 室温下随着含碳量增加，铁碳合金平衡组织变化规律

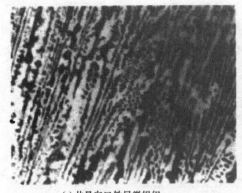
(a) 共晶白口铁显微组织

(b) 亚共晶白口铁显微组织

图 1-32 共晶、亚共晶白口铁显微组织

如下：

$$F \rightarrow F+P \rightarrow P \rightarrow P+Fe_3C_{II} \rightarrow P+Fe_3C_{II}+L_d' \rightarrow L_d' \rightarrow L_d' + Fe_3C$$

图 1-33 过共晶白口铸铁显微组

从铁碳相图中可以看出，随着含碳量增加，不仅组织中 Fe_3C 相对增加，而且 Fe_3C 大小、形态和分布也随之发生变化，即碳的质量分数不同的铁碳合金具有不同的组织，因此他们具有不同的性能。

② 含碳量对力学性能的影响 图 1-34 为含碳量对碳钢的力学性能的影响。由图可见，随着钢中含碳量增加，钢的强度、硬度升高，而塑性和韧性下降，这是由于组织中渗碳体量不断增多，铁素体量不断减少的缘故。但当 $w_C=0.9\%$ 时，由于网状二次渗碳体的存在，强度明显下降。工业上使用的钢 w_C 一般不超过 $1.3\% \sim 1.4\%$；而 w_C 超过 2.11% 的白口铸铁，组织中大量渗碳体的存在，使性能硬而脆，难以切削加工，一般以铸态使用。

③ 含碳量对工艺性能的影响

a. 切削加工性。金属的切削加工性是指切削加工工件的难易程度。低碳钢中 F 较多，塑性好，切削时易粘刀，不易断屑，表面粗糙度差，故切削加工性差。高碳钢中 Fe_3C 多，刀具磨损严重，所以切削加工性也差。中碳钢 F 和 Fe_3C 比例适当，切削加工性较好。

b. 可锻性。金属的可锻性是指金属压力加工时，能改变形状而不产生裂纹的能力。低碳钢中铁素体多，可锻性好，随着碳的质量分数增加，可锻性下降。白口铸铁无论高温还是低温，因组织以硬而脆的 Fe_3C

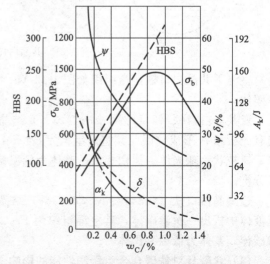

图 1-34 碳的质量分数对钢的力学性能的影响

为基体，所以不能锻造。

　　c. 铸造性能。合金的铸造性能取决于相图中液相线与固相线的水平距离和垂直距离。距离越大，合金的铸造性能越差。低碳钢的液相线与固相线距离很小，铸造性好，但其液相线温度较高，使钢液过热度较小，流动性较差。随着含碳量增加，钢的结晶温度间隔增大，铸造性能变差。共晶成分附近的铸铁，不仅液相线与固相线的距离最小，而且液相线温度也最低，其流动性好，铸造性能好。

　　d. 可焊性。随着钢的质量分数增加，钢的塑性下降，可焊性下降。所以，为了保证获得优质焊接接头，应优先选用低碳钢。

　　(5) 铁碳合金相图的应用

　　相图是分析钢铁材料平衡组织和制订钢铁材料各种热加工工艺的基础性资料，在生产实践中具有重大的现实意义。

　　① 作为选材的依据　　相图表明了钢铁材料成分、组织的变化规律，据此可判断出力学性能变化特点，从而为选材提供了可靠的依据。例如，要求塑性、韧性好、焊接性能良好的材料，应选低碳钢；而要求硬度高、耐磨性好的各种工具钢，应选用含碳量较高的钢。对于一些要求具有综合力学性能的机械零件，如齿轮、传动轴等应选用中碳钢制造。

　　② 作为制订热加工工艺的依据　　在铸造生产方面，根据 Fe-Fe_3C 相图可以确定铸钢和铸铁的浇注温度。浇注温度一般在液相以上 150℃ 左右。此外，从相图上还可看出接近共晶成分的铁碳合金熔点低、结晶温度间隔小，因此其流动性好，可得到致密组织的铸件。

　　在锻造方面，钢处于单相奥氏体时，塑性好，变形抗力小，便于锻造成型。因此，钢材的热扎、锻造时要将钢加热到单相奥氏体区。一般碳钢的始锻温度为 1250～1150℃，而终锻温度在 800℃ 左右。

　　在热处理工艺中，相图是制订各种热处理工艺加热温度的重要依据，这一问题在后续章节中会专门讨论。

　　此外，还可以根据相图分析焊接时低碳钢焊接接头的组织变化情况。

　　相图尽管应用广泛，但仍有一些局限性，主要表现在以下几方面。

　　① 相图只是反映了平衡条件下组织转变规律（缓慢加热或缓慢冷却），它没有体现出时间的作用，因此实际生产中，冷却速度较快时不能用此相图分析问题。

　　② 相图只反映出了二元合金中相平衡的关系，若钢中有其他合金元素，其平衡关系会发生变化。

　　③ 相图不能反映实际组织状态，它只给出了相的成分和相对量的信息，不能给出形状、大小、分布等特征。

习　　题

1-1　什么是强度？材料的强度指标有哪些？

1-2　材料的塑性指标有哪些？

1-3　一紧固螺栓使用后发现有塑性变形，分析材料有哪些指标没有达到要求。

1-4　何谓过冷度？它与冷却速度有何关系？它对铸件晶粒大小有何影响？

1-5　液态金属发生结晶的必要条件是什么？可用哪些方法获得细晶粒组织？其依据是什么？

1-6　硬度试验方法有哪几种？常用的洛氏硬度有哪三种？说明其应用范围。

1-7 何谓金属的同素异构转变？写出纯铁的同素异构转变关系式。
1-8 何谓铁素体、奥氏体、渗碳体、珠光体和莱氏体？它们在结构、组织形态和性能上各有何特点？
1-9 画出简化 $Fe\text{-}Fe_3C$ 相图，填出各相区的组织，说明各特性点、特性线的含义。
1-10 试述含碳量对钢的组织和性能的影响。

第 2 章 钢的热处理

本章重点

钢的热处理种类、方法、组织变化、性能及用途。

学习目的

掌握钢的热处理种类（退火、正火、淬火、回火、感应加热表面淬火、渗碳）的目的、工艺、组织变化、性能及用途，正确选择合适的热处理方法。了解热处理的基本操作方法。

教学参考素材

经热处理后的零件实物或图片，热处理生产工艺过程视频或工厂参观等。

钢的热处理是指将钢在固态下进行加热、保温和冷却，以改变其内部组织，从而获得所需要性能的一种工艺方法。其基本工艺如图 2-1 所示。

钢的热处理不仅改进钢的加工工艺性能，更重要的是能发挥钢材的潜力，提高钢材的使用性能，节约成本，延长工件和刀具使用寿命。所以，机械制造业中大多数的机器零件都要经过热处理来提高产品的质量和使用寿命。如在机床制造中，60%～70% 的零件需要热处理。在汽车、拖拉机制造中，需要经过热处理的零件占 70%～80%。各种刀具、模具、量具和滚动轴承等，则要 100% 进行热处理。随着工业和科学技术的发展，热处理在改善和强化金属材料、提高产品质量、节省材料和提高经济效益等方面将发挥更大的作用。

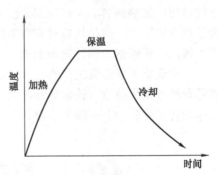

图 2-1 基本热处理工艺曲线

根据热处理的加热和冷却方法不同，钢的热处理分类如下：

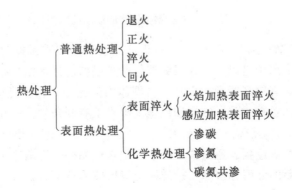

2.1 钢在热处理时的组织转变

任何一种热处理过程都是由加热、保温和冷却三个阶段组成，因此要了解各种热处理方法对钢的组织和性能的影响，必须要掌握钢在加热和冷却过程时组织转变的规律。

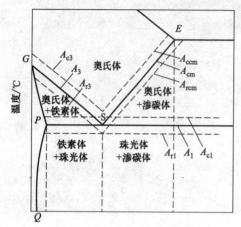

图 2-2 钢在加热和冷却时的临界点的位置

Fe-Fe$_3$C 相图是研究钢的热处理的依据，由于 Fe-Fe$_3$C 相图中的相变温度 A_1、A_3、A_{cm} 是在极其缓慢的加热和冷却条件下测定的，而实际生产中热处理的加热和冷却温度都比较快，因此钢的相变过程不可能在平衡临界点进行。加热转变在平衡临界点以上进行，冷却转变在平衡临界点以下进行。加热和冷却的速度越快，实际相变温度偏离临界点的程度越大，因此，常将实际加热温度用 A_{c1}、A_{c3}、A_{ccm} 表示，将实际冷却温度用 A_{r1}、A_{r3}、A_{rcm} 表示，如图 2-2 所示。

2.1.1 钢在加热时的组织转变

（1）钢的奥氏体化

钢加热到 A_{c1} 点以上时会发生珠光体向奥氏体的转变，加热到 A_{c3}、A_{ccm} 点以上时，便全部转变为奥氏体。热处理加热最主要的目的是为了得到奥氏体。这种加热时获得奥氏体的组织转变称为奥氏体化。

现以共析碳钢为例讨论钢的奥氏体化过程。

共析碳钢的室温组织为珠光体，其奥氏体化的温度应在 A_{c1} 线以上。因此，奥氏体的形成必须经过原来晶格（铁素体和渗碳体）的改组和铁、碳原子的扩散来实现。加热过程中奥氏体的转变可分为下面四个连续的阶段，如图 2-3 所示。

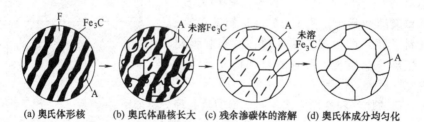

(a) 奥氏体形核　(b) 奥氏体晶核长大　(c) 残余渗碳体的溶解　(d) 奥氏体成分均匀化

图 2-3 共析钢奥氏体的形成过程

① 奥氏体形核　钢在加热到 A_{c1} 时，奥氏体晶核优先在铁素体与渗碳体的相界面上形成，这是因为相界面的原子是以铁素体与渗碳体两种晶格的过渡结构排列的，原子偏离平衡位置处于畸变状态，具有较高能量；再则，与晶体内部比较，晶界处碳的分布是不均匀的，这些都为形成奥氏体晶核在成分、结构和能量上提供了有利条件。

② 奥氏体晶核长大　奥氏体形核后的长大，是新相奥氏体的相界面向着铁素体和渗碳体这两个方向同时推移的过程。通过原子扩散，铁素体晶格先逐渐改组为奥氏体晶格，随后通过渗碳体的连续不断的分解和铁原子扩散而使奥氏体晶核不断长大。

③ 残余渗碳体的溶解　由于渗碳体的晶体结构和含碳量与奥氏体差别很大，所以，渗

碳体向奥氏体的溶解必然落后于铁素体向奥氏体的转变。在铁素体全部转变消失之后，仍有部分渗碳体尚未溶解，因而还需要一段时间继续向奥氏体溶解，直至全部渗碳体消失为止。

④ 奥氏体成分均匀化　奥氏体转变刚结束时，其成分是不均匀的，在原来铁素体处含碳量较低，在原来渗碳体处含碳量较高，只有继续延长保温时间，通过碳原子扩散才能得到均匀成分的奥氏体组织，以便在冷却后得到良好组织与性能。

亚共析钢和过共析钢的奥氏体形成过程与共析钢相似，不同之处是亚共析钢加热到 A_{c1} 以上保温后，其中珠光体转变为奥氏体，还剩下过剩相铁素体，需要加热超过 A_{c3}，过剩相才能全部消失。过共析钢加热到 A_{c1} 以上保温后，珠光体转变为奥氏体，还剩下过剩相渗碳体，只有加热超过 A_{ccm} 后，过剩渗碳体才能全部溶解。因此，亚共析钢和过亚共析钢都必须加热到 A_{c3} 或 A_{ccm} 以上才能完全奥氏体化。

(2) 奥氏体晶粒的长大及控制

① 奥氏体晶粒的长大　当珠光体向奥氏体刚转变完成时，由于奥氏体是在片状珠光体的两相（铁素体与渗碳体）界面上形核，晶核数量多，获得细小的奥氏体晶粒，称为奥氏体起始晶粒度。随着加热温度升高或保温时间延长，奥氏体晶粒逐渐长大。在高温下原子扩散能力增强，通过大晶粒"吞并"小晶粒可以减少晶界表面积，从而使晶界表面能降低，奥氏体组织处于更稳定的状态。由此可见，奥氏体晶粒长大是个自然过程，而高温和长时间保温只是外因或外部条件。加热温度越高，保温时间越长，奥氏体晶粒就长得越大。

② 奥氏体晶粒度　奥氏体实际晶粒度是指钢加热到相变点以上某一温度并保温，这段时间所得到的奥氏体晶粒大小。其大小直接影响到热处理后的机械性能。奥氏体晶粒粗大，冷却后钢的机械性能差，特别是冲击韧度明显降低，因此，严格控制奥氏体的晶粒度，是热处理生产中一个重要的问题。

不同钢材在加热时奥氏体晶粒长大倾向是不同的。有的钢材加热时奥氏体晶粒容易长大，而有的钢材就不容易长大。反映钢材加热时奥氏体晶粒长大的倾向的度量标准为本质晶粒度。本质晶粒度是指钢加热到 930℃，保温 3～8h 后测定的奥氏体晶粒度。晶粒度为 1～4 级的定为本质粗晶粒钢，5～8 级的定为本质细晶粒钢，图 2-4 是这两类钢随温度升高时，奥氏体晶粒长大倾向示意图。应该指出，本质晶粒度表示钢在规定的加热条件下奥氏体晶粒长大倾向，而不表示钢的实际晶粒大小。

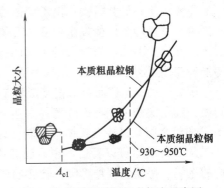

图 2-4　奥氏体晶粒长大倾向示意图

钢的本质晶粒度在热处理中有着重要的意义。如渗碳是在高温长时间下进行的，这时若采用本质细晶粒钢，渗碳后可直接淬火，得到晶粒细小的组织；若用本质粗晶粒钢，将引起奥氏体晶粒明显粗化，即产生过热缺陷。

③ 奥氏体晶粒度对钢在室温下组织和性能的影响　奥氏体晶粒细小时，冷却后转变产物的组织也细小，其强度、塑性与韧性都较高，冷脆转变温度也较低；反之，粗大的奥氏体晶粒，冷却转变后仍获得粗晶粒组织，使钢的机械性能（特别是冲击韧性）降低，甚至在淬火时产生变形、开裂。所以，热处理加热时获得细小而均匀的奥氏体晶粒，往往是保证热处理零件质量的关键之一。

④ 奥氏体晶粒度的控制

a. 加热温度和保温时间。加热温度越高，晶粒长大越快，奥氏体晶粒越粗大。因此，必须严格控制加热温度。当加热温度一定时，随着保温时间延长，晶粒不断长大，但长大速度越来越慢，不会无限长大下去，所以延长保温时间的影响要比提高加热温度小得多。

b. 加热速度。当加热温度一定时，加热速度越快，奥氏体晶粒越小；所以快速高温加热短时保温是细化晶粒的重要手段之一。

c. 钢的成分。当加热温度相同时，奥氏体中的碳化物增加时，奥氏体晶粒长大倾向也增加，但奥氏体晶界上存在未溶的碳化物时，可阻止奥氏体晶粒长大。

2.1.2 钢在冷却时的组织转变

冷却方式将对钢的组织和性能有着决定性的作用，因为冷却的方式和速度不同，决定了冷却后的组织和性能。实际生产中，钢在热处理时采用的冷却方式通常有两种，如图 2-5 所示。

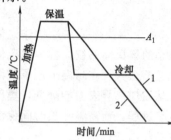

图 2-5 两种冷却方式示意图
1—等温冷却；2—连续冷却

等温冷却是指将奥氏体化的钢，先以较快的冷却速度冷却到相变点（A_{r1} 线）以下一定的温度，这时奥氏体尚未转变，而成为过冷奥氏体。然后进行保温，使过冷奥氏体在等温下发生组织转变，转变完成后再冷却到室温。如图 2-5 中曲线 1。

连续冷却是将奥氏体化的钢，连续冷却到室温，并在连续冷却过程中发生组织转变。例如在热处理生产中经常使用的水中、油中或空气中冷却等都是连续冷却方式，如图 2-5 中曲线 2。

下面以共析钢为例，说明冷却方式对钢组织及性能的影响。

（1）过冷奥氏体等温冷却转变

将奥氏体化的共析碳钢以不同的冷却速度迅速冷却至 A_{r1} 线以下不同温度保温，测量出不同温度下过冷奥氏体发生相变的开始时间和终了时间分别画在以"温度—时间"为坐标的图上，并连成曲线，即得共析碳钢的过冷奥氏体等温转变曲线，如图 2-6 所示。过冷奥氏体等温转变曲线类似"C"字，故简称 C 曲线。

图 2-6 中两条 C 曲线又把等温转变区划分为左中右三个区域：左边一条 C 曲线为转变开始线，其左侧是过冷奥氏体区；右边一条 C 曲线为转变终了线，其右侧是转变产物区；两条 C 曲线之间是过冷奥氏体部分转变区。

从 C 曲线上可以看出，在不同温度下，奥氏体的转变产物和性能均不同。根据转变产物的组织、特征，可将奥氏体转变的产物分为三种类型。

① 珠光体转变 共析碳钢奥氏体过冷到 A_{r1}～550℃范围内进行等温转变得到的最终产物，其显微组织属于珠光体类型，都是由铁素体与渗碳体的层片状组织构成的机械混合物。过冷度越大，层片就越细，强度和硬度就越高。

共析碳钢奥氏体过冷到 727～650℃得到的产物属于正常珠光体（P）；过冷到 650～600℃得到的产物为细珠光体，称为索氏体（S），其层片状组织较正常珠光体细，故强度和硬度较高；过冷到 600～550℃得到的产物属于极细珠光体，称为托氏体（T），其层片状组织更细，在高倍光学显微镜下也分辨不清片层组织，故强度和硬度又有所提高。

珠光体、索氏体和托氏体都是由铁素体与渗碳体组成的机械混合物，它们之间的区别仅在于层片组织的粗细不同而已，所以统称为珠光体类型。

② 贝氏体转变 共析钢奥氏体过冷到 550℃～M_s 进行等温转变得到的最终产物，属于贝氏体类型组织。它们都是由含碳过饱和的铁素体和微小的渗碳体混合而成，较珠光体组织

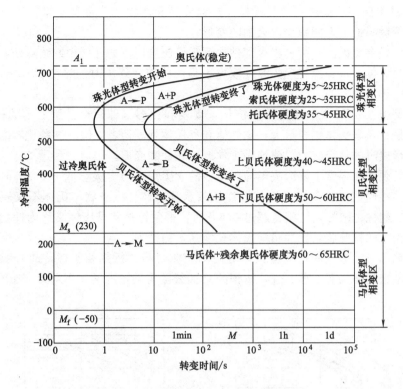

图 2-6 共析碳钢过冷奥氏体等温转变曲线

有更高的硬度。

根据转变产物的形态及转变温度,可将贝氏体组织分为上贝氏体和下贝氏体两种。在 550~350℃ 转变得到的产物称为上贝氏体($B_上$)。其组织特征为一排排由晶界向晶内生长的**铁素体条**,在铁素体条之间断续地分布着渗碳体。这种组织在显微镜下呈羽毛状,其强度和硬度比珠光体型组织高,而塑性和韧性较差。在 350℃~M_s 转变得到的产物称为下贝氏体($B_下$)。它由含碳过饱和度更大的铁素体构成,并呈黑色针叶状形态。碳化物呈非常细小的质点,有规律地排列在铁素体里面。下贝氏体既有较高的强度和硬度,又有较高的塑性和韧性。从性能上讲,上贝氏体脆性大,基本上无实用价值,而下贝氏体则具有较高的硬度、强度、塑性和韧性相配合的综合机械性能。因此,生产中常用等温淬火来获得下贝氏体组织。

③ 马氏体转变 共析钢奥氏体过冷到 230℃(M_s)以下,就转变为马氏体。此时,温度已低至使碳原子无法进行扩散,只有铁原子可在原子间进行小间距活动。当 γ-Fe 转变成 α-Fe 后,碳原子只能保留在 α-Fe 晶格中间,所以马氏体实际上就是碳在 α-Fe 中的过饱和固溶体,其特征是非扩散型的组织。

马氏体转变的另一特征是:在奥氏体冷却到马氏体开始转变的温度 M_s 以下时,立即形成一定量的马氏体。若在 M_s 温度下保持恒温,就不会有新的马氏体形成;只有继续冷却,才会产生新的马氏体,原有的马氏体并不长大。马氏体转变量与其转变温度有关,平衡后与时间无关。

马氏体转变的第三个特征是:在 M_s 点温度以下,每一个不同温度都有相应的马氏体量。温度愈低,马氏体量愈多,至 M_f 点时,奥氏体转变为马氏体的过程才停止。

马氏体转变的第四个特征是:马氏体转变具有不完全性。共析钢奥氏体冷却到室温时还有 3%～6% 的奥氏体不能转变为马氏体，这部分奥氏体称为残余奥氏体。残余奥氏体会使钢的强度和硬度降低，但能减少淬火钢的变形。

为了消除残余奥氏体，可将淬火钢件放到零摄氏度以下的介质中继续冷却，使残余奥体继续转变为马氏体。这种冷处理的温度取决于马氏体转变终了时的温度 M_f，一般冷处理温度为 $-50 \sim -80$ ℃。

马氏体是碳在 α-Fe 中的过饱和固溶体，硬度和比容（即每个晶胞所占的体积）较大。奥氏体比容最小，马氏体比容最大，珠光体和贝氏体处于两者之间。这种比容的差异，就引起了马氏体形成时的组织应力，使淬火工件产生脆性和变形。

马氏体的硬度和强度主要取决于马氏体中的含碳量，当含碳量低于 0.2% 时，可获得一束束尺寸大体相同的平行条状马氏体，称板条状马氏体。板条状马氏体不仅硬度、强度较高，且韧性、塑性也较好。含碳量超过 0.6% 时，得到针片状马氏体又称为针状马氏体，其显微组织呈交叉的针叶状，针片状马氏体硬度高、脆性大。

亚共析钢和过共析钢的过冷奥氏体等温转变曲线与共析钢相类似，通常亚共析钢的 C 曲线随着含碳量的增加而右移，过共析钢的 C 曲线随含碳量的增加而左移，如图 2-7 所示。

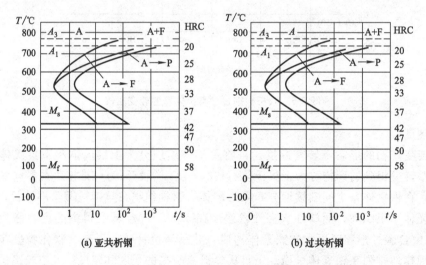

(a) 亚共析钢　　　　　　　(b) 过共析钢

图 2-7　亚共析钢和过共析钢的过冷奥氏体等温转变曲线

（2）过冷奥氏体连续冷却转变

① 过冷奥氏体连续冷却转变曲线　在实际生产中，过冷奥氏体大多是在连续冷却中转变的，这就需要研究过冷奥氏体连续转变曲线，图 2-8 为共析钢连续冷却转变曲线。连续冷却转变的组织和性能取决于冷却速度。采用炉冷或空冷时，转变可以在高温区完成，得到的组织为珠光体和索氏体。采用油冷时，过冷奥氏体在高温下只有一部分转变为屈氏体，另一部分却要冷却到 M_s 点以下转变为马氏体组织，即得到屈氏体和马氏体的混合组织。采用水冷时，因冷却速度很快，冷却曲线不能与转变开始线相交，不形成珠光体组织，过冷到 M_s 点以下转变成为马氏体组织。v_K 是奥氏体全部过冷到 M_s 点以下

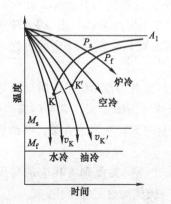

图 2-8　共析钢连续冷却转变曲线

转变为马氏体的最小冷却速度，通常称为马氏体临界冷却速度。

② 过冷奥氏体等温转变曲线在连续冷却转变中的应用　过冷奥氏体连续冷却转变曲线测定困难，目前生产中，常用过冷奥氏体等温转变曲线来近似地分析过冷奥氏体连续冷却的转变过程，估计转变产物与性能，如图2-9所示。v_1 冷却速度相当于炉冷，与等温冷却 C 曲线约交于 700~650℃附近，可以判断是发生珠光体转变，最终组织为珠光体，其硬度为 170~230HBS；v_2 冷却速度相当于空冷，大约在 650~600℃发生组织转变，可判断其转变产物是索氏体，其硬度为 230~320HBS；v_3 冷却速度相当于油中冷，一部分奥氏体转变为屈氏体，其余奥氏体在 M_s 点以下转变为马氏体，最终

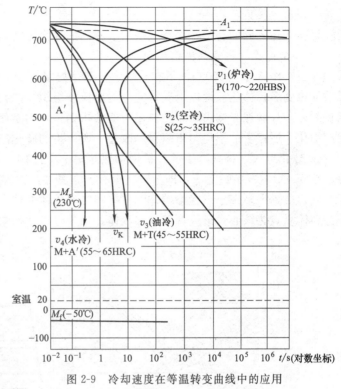

图 2-9　冷却速度在等温转变曲线中的应用

产物为屈氏体和马氏体，其硬度为 45~47HRC 左右；v_4 冷却速度相当于水中淬火，冷却至 M_s 点以下转变为马氏体，其硬度为 60~65HRC。

2.2　钢的退火与正火

2.2.1　钢的退火

退火是将钢件加热到高于或低于钢的相变点适当温度，保温一定时间。随后缓慢冷却，以获得接近平衡状态组织的一种热处理工艺。

（1）退火的目的

① 降低钢件硬度，便于切削加工。铸、锻、焊成形工件，由于冷却速度过快，一般硬度偏高，不易切削加工。退火后，硬度降低到 200~240HB，切削加工性较好。

② 消除残余应力，防止变形和开裂。退火可消除铸、锻、焊件的残余内应力，稳定工件尺寸，并减少淬火时变形和开裂的倾向。

③ 消除缺陷，改善组织，细化晶粒，提高钢的机械性能。铸、锻、焊件中往往存在粗大晶粒的过热组织或带状组织缺陷，退火时进行一次重结晶，可消除上述组织缺陷，改善性能，并为以后淬火热处理作组织准备。

④ 消除前一道工序（铸造、锻造、冷加工等）所产生的内应力，为下道工序最终热处理（淬火、回火）做好组织准备。

⑤ 消除冷作硬化，提高塑性以利于继续冷加工。冷加工使工件产生加工硬化，退火可消除加工硬化，提高塑性、韧性，以利于继续冷变形加工。

此外，退火还可以消除铸造偏析。

(2) 退火类型

根据上述不同的目的，生产上采用了不同的退火工艺，主要有以下几类。

① 完全退火　将亚共析钢加热到 A_{c3} 以上 30~50℃，保温一定时间后，随炉缓慢冷却或埋入石灰中冷却至 500℃ 以下在空气中冷却，如图 2-10 所示。所谓"完全"是指退火时钢件被加热到奥氏体化温度以上获得完全的奥氏体组织，并在冷却至室温时获得接近平衡状况的铁素体和片状珠光体组织。主要用于亚共析钢，目的是使铸造、锻造或焊接所产生的粗大组织细化、所产生的不均匀组织得到改善、所产生的硬化层得到消除，以便于切削加工。

② 球化退火　将共析或过共析钢加热至 A_{c1} 以上 10~20℃，保温一定时间，然后随炉冷却至 600℃ 左右出炉空冷，即为球化退火。在其加热保温过程中，网状渗碳体不完全溶解而断开，成为许多细小点状渗碳体弥散分布在奥氏体基体上。在随后缓慢冷却过程中，以细小渗碳体质点为核心，形成颗粒状渗碳体，均匀分布在铁素体基体上，成为球状珠光体。

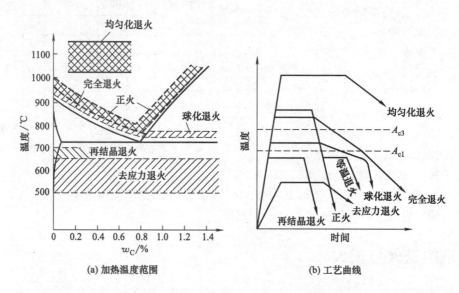

图 2-10　各种退火与正火的工艺示意图

球化退火主要用于消除过共析碳钢及合金工具钢中网状二次渗碳体及珠光体中的片状渗碳体。由于过共析钢的层片状珠光体较硬，再加上网状渗碳体的存在，不仅给切削加工带来困难，使刀具磨损增加，切削加工性变差，而且还容易引起淬火变形和开裂。为了克服这一缺点，可在热加工之后安排一道球化退火工序，使珠光体中的网状二次渗碳体和片状渗碳体都球化，以降低硬度、改善切削加工性，并为淬火作组织准备。

对存在严重网状二次渗碳体的过共析钢，应先进行一次正火处理，使网状渗碳体溶解，然后再进行球化退火。

③ 去应力退火　将钢件随炉缓慢加热到 A_{c1} 以下 100~200℃，保温一定时间后，随炉缓慢冷却至 200℃ 再出炉空冷，称为去应力退火。

去应力退火又称低温退火，主要用于消除铸件、锻件、焊接件、冷冲压件及机加工件中的残余应力，以稳定尺寸、减少变形，钢件在低温退火过程中无组织变化。

④ 等温退火　等温退火与完全退火目的相同，但可将整个退火时间缩短大约一半，而且可获得更为均匀的组织和硬度。等温退火主要用于奥氏体比较稳定的合金工具钢和高合金

钢等。

⑤ 再结晶退火　将钢件加热到再结晶温度以上，保温后炉冷称为再结晶退火。通过再结晶使钢材的塑性恢复到冷变形以前的状况。这种退火也是一种低温退火，用于处理冷轧、冷拉、冷压等产生加工硬化的钢材。

⑥ 扩散退火　扩散退火又称均匀化退火，主要用于合金钢铸锭和铸件，以消除枝晶偏析，使成分均匀化。

扩散退火是把铸锭或铸件加热到 A_{c3} 以上 150～200℃（一般为 1000～1200℃），长时间保温后随炉冷却。由于退火时间长，零件烧损严重，能量耗费很大，因此主要用于质量要求高的优质高合金铸锭和铸件的退火。

因为温度高、时间长，扩散退火后晶粒剧烈长大，所以还要经过一次完全退火或正火来细化晶粒。

2.2.2 钢的正火

正火是将亚共析钢加热到 A_{c3} 以上 30～50℃、过共析钢加热到 A_{ccm} 以上 30～50℃，保温一定时间后在空气中冷却的热处理工艺方法。正火与退火主要区别是正火冷却速度较快，所获得的组织较细，强度和硬度较高。

正火的主要应用有以下几点。

① 对于机械性能要求不高的普通结构零件，正火可细化晶粒、提高机械性能。因此可作为最终热处理。

② 对于低中碳结构钢，正火作为预先热处理，可获得合适的硬度、有利于切削加工。

③ 对于过共析钢，正火可以抑制或消除网状二次渗碳体的形成。因为在空气中冷却速度较快，二次渗碳体不能像退火时那样沿晶界完全析出形成连续网状，这样有利于球化退火。

④ 正火比退火生产周期短，节省能源，所以低碳钢多采用正火而不采用退火。

常用退火与正火的加热温度范围和工艺曲线如图 2-10 所示。

2.3　钢的淬火与回火

2.3.1　钢的淬火

淬火是将钢件加热到 A_{c1} 或 A_{c3} 以上 30～50℃，保温一定时间，然后以大于临界冷却速度冷却获得马氏体或贝氏体组织的热处理工艺，称为淬火。淬火的目的是为了得到马氏体组织，提高钢的硬度和耐磨性，是强化钢材重要的工艺方法。

淬火质量取决于加热温度、保温时间和冷却速度。

（1）淬火工艺

① 淬火加热温度　碳钢的淬火加热温度可由 Fe-Fe$_3$C 相图来确定。如图 2-11 所示，对于亚共析钢，适宜的淬火温度为 A_{c3} 以上 30～

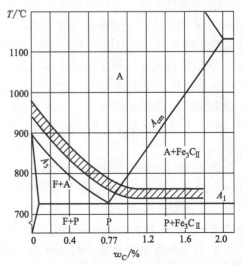

图 2-11　碳钢淬火加热温度范围

50℃，淬火后获得均匀细小的马氏体组织，若加热温度过低（小于 A_{c3}），则在淬火组织中将出现大块未熔铁素体，使淬火组织出现软点，造成淬火硬度不足。若加热温度过高，不仅会出现粗大的马氏体组织，还会导致淬火钢的变形。

对于共析钢和过共析钢，适宜的淬火温度为 A_{c1} 以上 30～50℃，淬火后，共析钢的组织为均匀细小的马氏体和少量残余奥氏体，过共析钢的组织为均匀细小的马氏体和粒状二次渗碳体、少量残余奥氏体。这种组织具有高强度、高硬度、高耐磨性，还具有较好的韧性。如果加热温度超过 A_{ccm} 不仅会得到粗片状马氏体组织，脆性极大，而且由于奥氏体碳含量过高，使淬火钢中残留奥氏体量增加，会降低钢的硬度和耐磨性。

对于合金钢的淬火加热温度，由于大多数合金元素阻碍奥氏体晶粒长大，所以淬火温度允许比碳钢稍微高一些，这样可使合金元素充分溶解和均匀化，以取得较好的淬火效果。

② 保温时间　保温时间也是影响淬火质量的因素，如保温时间太短，则奥氏体成分不均匀，甚至工件心部未热透，淬火后出现软点或淬不硬。如保温时间太长，则将助长氧化、脱碳和晶粒粗化。

保温时间的长短与加热介质、钢的成分、工件尺寸和形状等有关。常用的计算工件装炉后达到淬火温度所需时间的方法是：用每毫米的加热时间乘上工件的有效厚度。有效厚度的加热时间为：

在箱式炉中，碳钢为 1～1.3min/mm，合金钢为 1.5～2min/mm；

在盐浴炉中，碳钢为 0.4～0.5min/mm，合金钢为 0.5～1min/mm。

③ 淬火介质及冷却方法　淬火介质的冷却能力决定了工件淬火时的冷却能力。为了减小淬火内应力，防止工件变形和开裂，在保证获得马氏体的基础上，应选用冷却能力弱的淬火介质。

水是常用的淬火的冷却介质，水在 400～650℃ 范围内具有很大的冷却能力（大于 600℃/s），它使工件易获得马氏体组织，但会产生大的淬火内应力，引起工件变形和开裂。

油类也是常用的淬火介质。淬火用油几乎全部为矿物油，油的冷却能力比水弱，能减小工件淬火应力，防止工件的变形和开裂，但不利于碳钢的淬硬，因此，在生产中油多用于合金钢和尺寸较小的碳钢零件的淬火介质。

(2) 常用淬火方法

① 单液淬火法　是将奥氏体化的工件放入一种淬火介质中连续冷却至室温的淬火方法，如图 2-12 中 1 所示。这种方法操作简单，易实现机械化、自动化。但对形状复杂的零件易造成变形和开裂，故只适用于形状简单的碳钢和合金钢工件。

② 双液淬火法　是先将奥氏体化的工件放入冷却能力较强的介质中冷却至接近 M_s 点温度时快速转入冷却能力较弱的介质中冷却，直至完成马氏体转变，如图 2-12 中 2 所示。这种方法的优点是高温冷却快，在低温冷却较慢，既能保证淬硬，又能减小工件的淬火应力，防止工件的变形和开裂。但对操作者技术要求较高。生产中常用水和油分别作为两种介质。

③ 分级淬火法　是将奥氏体化的工件放入稍高（或稍低）于 M_s 的盐槽或碱槽中，保温一定时间，使表面和心部的温度均匀，然后取出空冷，以获得马氏体组织，如图 2-12 中 3 所示。这种方法的优点是可大大减少淬火应力，更为有效地防止工件的变形和开裂。但由于盐浴或碱浴冷却能力有限，只适宜形状复杂的小零件。

④ 贝氏体等温淬火法　将淬火加热后的钢件放入到温度高于 M_s 点（260～400℃）的盐槽或碱槽中，保温使其发生下贝氏体转变后在空气中冷却的淬火方法，如图 2-12 中 4 所

示。这种淬火方法可有效减少工件的变形和开裂,适用于尺寸要求精确、形状复杂、且要求有较高韧性的小型工件和工模具。例如,螺丝刀、弹簧、螺栓和小齿轮轴等。

(3) 钢的淬透性与淬硬性

① 钢的淬透性 是指钢在规定条件下淬火后获得淬硬层深度的能力。它是钢的主要热处理工艺性能之一。所谓淬硬层深度,一般指由钢的表面到有 50% 马氏体组织处的深度。由表面至半马氏体层的深度越大,则钢的淬透性越高。

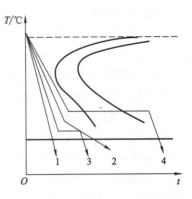

图 2-12 各种淬火方法的冷却速度
1—单液淬火;2—双液淬火;
3—分级淬火;4—贝氏体等温淬火

淬火时,同一工件表面和心部的冷却速度不同。表面冷却速度最快,越靠心部冷却速度越慢。冷却速度大于 v_K 的表层将获得马氏体组织,而心部则得到非马氏体组织,这时工件未被淬透。若工件截面较小,工件表层和心部均可获得马氏体组织,则整个工件已被淬透。

钢的淬透性主要取决于钢的临界冷却速度,临界冷却速度越小,淬透性也就越好。

钢的淬透性是合理选用钢材和制订热处理工艺的重要依据之一。如某种钢的淬透性高,则工件能被淬透,经回火后力学性能能沿整个截面均匀一致,对于承受交变应力及冲击载荷等截面大且复杂的重要件,例如连杆、模具和板簧等零件,应保证工件截面各处的组织和性能均匀一致,应选用淬透性好的材料。如某种钢的淬透性小,工件未被淬透,经回火后表面和心部的组织和性能存在差异,如对于承受交变弯曲、扭转、冲击载荷或局部磨损的轴类、齿轮类、活塞销、转向节等零件,要求表面淬硬且耐磨,内部韧性好,可选用淬透性低的钢。

② 钢的淬硬性 是指钢在淬火后马氏体所能达到的最高硬度。它主要取决于马氏体中的碳含量,碳含量越高,钢的淬硬性越大。

2.3.2 钢的回火

工件淬火后得到马氏体和残余奥氏体组织,这种组织不稳定并存在很大的内应力,因此,淬火钢一般不直接使用,必须回火。回火不仅能消除内应力,稳定工件尺寸,还能获得良好的性能组合。

将淬火工件重新加热至 A_{c1} 点以下的某一温度,保持一定时间,然后以一定速度冷却到室温,这种热处理工艺称为回火。

(1) 淬火钢回火时的组织变化

钢在淬火后的组织是不稳定的,具有向稳定组织转变的自发倾向。但在室温下,这种转变进行得十分缓慢,通过回火加热和保温将促使这种转变的进行。按回火温度的不同,淬火钢的组织转变分为四个阶段。

① 马氏体的分解 淬火钢在 100℃ 以下,内部组织的变化并不明显,硬度基本上也不下降。当回火温度大于 100℃ 时,马氏体开始分解,马氏体中过饱和碳原子析出,以形成碳化物 (Fe_xC),使马氏体中碳的饱和量降低。这种组织称为回火马氏体。

② 残余奥氏体的转变 回火温度达到 200~300℃ 时,马氏体继续分解,残余奥氏体也开始发生转变,转变为下贝氏体。下贝氏体与回火马氏体相似,这一转变后的主要组织仍为回火马氏体,此时硬度没有明显下降,但淬火应力进一步减小。

③ 碳化物的转变 回火温度在 250~450℃ 时,因碳原子的扩散能力增大,碳原子析出

使过饱和 α 固溶体转变为铁素体，回火马氏体中的碳化物（Fe_xC）逐渐转变为稳定的渗碳体（Fe_3C）。淬火内应力基本消除，硬度有所降低，塑性和韧性得到提高，此时组织由保持马氏体形态的铁素体和弥散分布的极细小的片状或粒状渗碳体组成，称为回火托氏体。

④ 渗碳体的聚集长大和铁素体的再结晶　回火温度大于450℃时，渗碳体颗粒将逐渐聚集长大，随着回火温度升到600℃时，铁素体发生再结晶，使铁素体完全失去原来的板条状或片状，而成为多边形晶粒，此时组织由多边形铁素体和粒状渗碳体组成，称为回火索氏体，淬火应力完全消除，硬度明显下降。

(2) 回火的分类和应用

根据回火温度的范围不同，钢的回火可分为以下三类。

① 低温回火（150～250℃）　低温回火后的组织为回火马氏体，其硬度可达 58～64HRC。低温回火后降低了淬火内应力和脆性，保持淬火钢的高硬度和高耐磨性。对中高碳钢工具、冷作模具、滚动轴承、渗碳或表面淬火零件，常采用低温回火。

② 中温回火（350～500℃）　中温回火所得到的组织为回火屈氏体（或托氏体），硬度为 35～45 HRC。中温回火后具有高的弹性极限和屈服强度，同时有较好的韧性，主要用于弹簧、弹簧夹头、轴套及某些强度要求较高的零件，如枪械击针、刃杆、销钉、扳手、螺丝刀等。

③ 高温回火（500～650℃）　高温回火所得的组织为回火索氏体，其硬度可达 25～35HRC。具有适当的强度、塑性、韧性的综合机械性能，所以生产中常把"淬火＋高温回火"称为调质处理。常用于各种重要的结构零件，特别是在交变载荷下工作的连杆、连接螺栓、齿轮及轴类零件。

调质处理还可作为某些精密零件（如精密量具、模具等）的预先热处理，以减少最终热处理（淬火）时的变形。

2.4　钢的表面热处理

有些零件，如汽车、拖拉机的传动齿轮、凸轮轴和曲轴等，要求工作表面具有高的硬度和耐磨性，而心部又要求有足够的韧性和塑性以承受冲击。但一般的整体热处理方法，不能满足上述要求，采用表面热处理可满足工件的这种性能要求。

2.4.1　钢的表面淬火

表面淬火是将钢件表层快速加热至奥氏体化温度，不等热量传到心部就立即快速冷却，使表层获得马氏体组织，而心部仍保持原始组织。

目前生产中应用最广的是感应加热及火焰加热表面淬火。

(1) 感应加热表面淬火

感应加热表面淬火是将工件放入感应器中，感应器通交流电，使工件表面产生集肤效应，将工件表面层在短时间内加热到淬火温度，然后快速冷却，工件表层被淬硬（如图 2-13 所示）。按电源频率的不同，感应加热表面淬火可分为高频（200～300kHz）、中频（2500～8000Hz）和工频（50Hz）三种。电流频率越高，则加热层越薄。因此，可选用不同的电源频率来达到不同要求的淬硬层深度。

感应加热表面淬火一般用于中碳钢或中碳合金钢，如 40、45、40Cr 等。

(2) 火焰加热表面淬火

火焰加热表面淬火是以高温火焰作为加热热源的一种表面淬火方法。常用火焰为乙炔-

氧火焰（最高温度为3200℃）或煤气-氧火焰（最高温度为3200℃）。高温火焰将钢件表面迅速加热到淬火温度，随即喷水快冷使表面淬硬（如图2-14所示）。火焰加热表面硬化层通常为2~8mm。

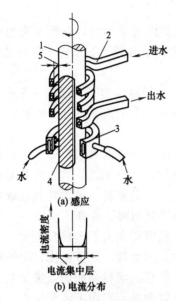

图2-13 感应加热表面淬火
1—工件；2—加热感应圈；3—淬火喷水套；
4—加热淬硬层；5—间隙

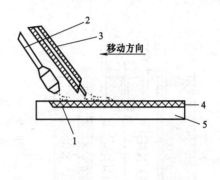

图2-14 火焰加热表面淬火
1—加热层；2—烧嘴；3—喷水管；
4—淬硬层；5—工件

火焰淬火设备简单、操作方便、灵活性大。但加热温度不易控制，工件表面易过热，淬火质量不稳定。主要用于单件、小批生产以及大型零件（如大型齿轮、大型轴类）的表面淬火。

一般表面淬火前应对工件正火或调质，以保证心部有良好的力学性能，并为表层加热作好组织准备。表面淬火后应进行低温回火，以降低淬火应力和脆性。

2.4.2 钢的化学热处理

化学热处理是将工件置于一定的活性元素的介质中加热和保温，使一种或几种元素渗入工件表面，以改变工件表层的化学成分、组织和性能的一种热处理工艺。

化学热处理不仅可提高零件表面强度、耐磨性、抗氧化性、抗蚀性和抗疲劳性，而且能够保证工件心部具有良好的强韧性。因此，在工业上应用广泛。

常用的化学热处理有：渗碳、渗氮、碳氮共渗等。

(1) 渗碳

渗碳是将低碳钢工件置于富碳介质中，加热至900~950℃并保温，使活性碳原子渗入表层的工艺，这种化学热处理称为渗碳。

渗碳的目的是提高工件表层的含碳量。经过渗碳及随后的淬火和低温回火，提高工件表面的硬度、耐磨性和疲劳强度，而心部仍保持良好的塑性和韧性。进行渗碳处理的钢材为低碳钢或低碳合金钢，如20、20Cr、20CrMnTi等。渗层厚度按使用要求，一般为0.5~2.0mm，渗层含碳量在0.85%~1.1%范围内。

根据渗碳剂不同,渗碳可分为气体渗碳、固体渗碳和液体渗碳等。在生产中,应用广泛的是气体渗碳和固体渗碳。

如图 2-15 所示是气体渗碳示意图。将工件置于密封的加热炉内,加热至 900~950℃,通入渗碳剂如甲烷、煤气、甲苯、煤油等,渗碳介质在高温下分解出的活性碳原子渗入工件表面。

气体渗碳炉内应保证一定的正压,并装有风扇,使炉内气氛均匀,以便正确地控制碳势。气体渗碳的碳含量及渗层深度容易控制,易于实现渗后直接淬火。适用于各种批量、各种尺寸的工件,因而应用很广泛。

一般渗碳零件的工艺路线如下:锻造→正火→粗加工→半精加工→渗碳→淬火+低温回火→磨削。

（2）渗氮

渗氮是在一定温度（一般在 A_{c_1} 以下）,使活性氮原子渗入工件表面的化学热处理工艺。其目的是提高工件表面的硬度、耐磨性、疲劳强度、耐蚀性及热硬性。常用的渗氮方式有气体渗氮和离子渗氮。

与渗碳相比,渗氮温度大大低于渗碳温度,工件变形小。渗氮层的硬度、耐磨性、疲劳强度、耐蚀性及热硬性均高于渗碳层。但渗氮层较薄而脆,渗氮处理时间比渗碳长得多,生产效率低。常用于承受冲击力不大的耐磨零件,如镗床主轴、精密传动齿轮、精密丝杠等。

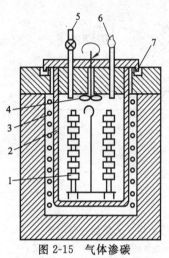

图 2-15 气体渗碳
1—渗碳工件;2—耐热罐;3—加热组件;4—风扇;5—液体渗碳剂;6—废气;7—砂封

（3）钢的碳氮共渗

钢的碳氮共渗是指在一定温度下同时将碳、氮渗入工件表层奥氏体中,并以渗碳为主的化学热处理工艺。

钢的碳氮共渗一般采用气体碳氮共渗,由于共渗温度（850~880℃）较高,它是以渗碳为主的碳氮共渗过程,碳氮共渗必须进行淬火和低温回火处理。共渗层深度一般为 0.3~0.8mm,表面硬度可达 58~64HRC,具有高硬度的耐磨表层。

气体碳氮共渗所用的钢,大多为低碳钢或中碳钢和合金钢,如 20CrMnTi、40Cr 等。气体碳氮共渗与渗碳相比,具有温度低、时间短、变形小、硬度高、耐磨性好、生产效率高等优点。主要用于汽车和机床上的各种齿轮、蜗轮、蜗杆和轴类等零件。

2.5 热处理工序位置安排及其应用实例

2.5.1 热处理工序位置安排

零件的加工都是按一定的工艺路线进行的,合理安排热处理的工序位置,对于保证零件质量和改善切削加工性,具有重要意义。根据热处理目的,热处理可分为预先热处理、最终热处理。其工序位置安排的一般规律如下。

（1）预先热处理

预先热处理包括正火、退火、调质等。

① 退火、正火的工序位置　凡经过热加工（锻、轧、铸、焊等）的零件毛坯,都先要

进行退火或正火处理,以消除毛坯的内应力,细化晶粒,均匀组织,改善切削加工性,或为最后热处理作组织准备。其工序位置均安排在毛坯生产之后,机械加工之前,工艺路线为:毛坯生产→退火(正火)→切削加工。

② 调质的工序位置 调质主要是为了提高零件的综合力学性能,或为以后表面淬火作组织准备。调质工序一般在粗加工之后,半精加工之前进行。其工艺路线一般为:下料→锻造→正火(退火)→粗加工→调质→半精加工。

(2) 最终热处理

最终热处理包括各种淬火、回火、渗碳及渗氮等。零件经这类热处理获得所需的性能,因此,硬度高,除磨削外,不适于其他切削加工,所以其工序位置一般均安排在半精加工之后,精加工之前进行。

① 淬火的工序位置 淬火分整体淬火和表面淬火。整体淬火零件一般在淬火前留精加工所需余量,在淬火、回火后进行磨削。表面淬火的变形及氧化、脱碳均较小,故留余量小或不留余量,为提高表面淬火零件的心部性能,在淬火前需进行调质或正火。

a. 整体淬火零件(局部淬火零件)的工艺路线为:下料→锻造→退火(正火)→粗、半精加工→淬火→回火→精加工。

b. 表面淬火零件的工艺路线一般为:下料→锻造→正火(退火)→粗加工→调质→半精加工→表面淬火→回火→精加工。

② 渗碳淬火的工序位置 渗碳零件的工艺路线一般为:下料→锻造→正火→粗、半精加工→渗碳→切削防渗层→淬火→回火→精加工。

③ 渗氮的工艺位置 由于渗氮温度低、变形小、氮化层薄而硬,一般渗氮后不再进行加工,因此渗氮工序安排在最后。

渗氮零件的工艺路线一般为:下料→锻造→退火→粗加工→调质→半精加工→去应力回火→粗磨→渗氮→精磨、超精磨。

2.5.2 热处理工艺应用实例

(1) 机床主轴

机床主轴主要用于传递运动和扭矩,在工作中承载和转速均不高,冲击作用也不大,因此要求具有良好的综合力学性能、高的疲劳强度。例如 CA6140 卧式车床主轴根据使用要求材料为 45 钢。热处理要求为:整体调质,硬度 220~250HBS,外圆硬度 52HRC,锥孔硬度 48HRC。

该主轴的加工工艺路线:锻造→正火→粗加工→调质→半精加工(内外圆留磨削余量 0.4~0.5mm)→高频感应表面淬火→低温回火→精加工。

(2) 汽车、拖拉机变速齿轮

汽车、拖拉机变速齿轮主要用于传递运动和动力,在工作中承受较重的载荷和较大的冲击作用,因此各方面的性能要求较高。要求齿面有较高的硬度和耐磨性,心部有足够的强度和韧性。根据要求材料为 20CrMnTi。热处理要求为:齿部硬度 58~62HRC,心部硬度 180~207HBS。

该齿轮的加工工艺路线:锻造→正火→切削加工→渗碳、淬火→低温回火→齿形精加工。

习 题

2-1 热处理的目的是什么?热处理有哪些基本类型?

2-2 试述共析钢过冷奥氏体等温转变时不同温度转变的产物与性能。

2-3 什么是退火？退火的种类和目的各是什么？

2-4 何谓正火？正火目的是什么？

2-5 淬火目的是什么？淬火加热温度应如何确定？为什么？

2-6 常用淬火方法有哪些？各有何特点？

2-7 为什么淬火后的钢一般都要进行回火？按回火温度不同，回火分为哪几种？指出各种回火后得到的组织及性能。

2-8 什么是表面淬火？感应表面淬火的特点和应用场合是什么？

2-9 什么是化学热处理？常用的化学热处理方法有哪些？

2-10 渗碳后的零件为什么必须淬火和回火？

2-11 某厂用 20 钢制造齿轮，其加工路线为：下料→锻造→正火→粗加工、半精加工→渗碳→淬火→低温回火→磨削，试回答下列问题：

(1) 说明各热处理工序的作用；

(2) 制订最终热处理工艺规范（温度、冷却介质）；

(3) 最终热处理后表面组织和性能。

第3章 常用金属材料及选用

本章重点

常用金属材料的分类、牌号、性能特点及用途。

学习目的

掌握常用碳素结构钢、合金结构钢和特殊性能钢的分类、编号、性能及用途；常用铸铁的类型、牌号、性能及用途。

教学参考素材

各类金属材料制成的机器零件的实物与图片，生产过程视频及工厂参观等。

金属材料主要包括工业用钢、铸铁和有色金属三大类。在机械工业中，金属材料发挥着非常重要的作用。

3.1 钢

钢是指以铁为主要元素、含碳量一般在2%以下并含有其他元素的材料。钢品种多，规格全，性能好，价格低，并可用热处理的方法改善其力学性能，是工业中应用最广的材料。

3.1.1 常存元素对钢性能的影响

钢除了以铁为主要元素、含碳量一般在2%以下外，还有由炼钢原料中带入及炼钢过程中产生并残留下来的常存元素（锰、硅、硫、磷等），它们会对钢的性能有较大的影响。

(1) 锰

锰是炼钢时加入锰铁脱氧而残留在钢中的，锰在钢中是一种有益元素。锰的脱氧能力较好，能清除钢中的FeO，降低钢的脆性；锰还能与硫形成MnS，以减轻硫的有害作用。在非合金钢中，锰作为常存元素，w_{Mn}一般<1%。

(2) 硅

硅是炼钢时加入硅铁脱氧而残留在钢中的，硅在钢中是一种有益元素。硅的脱氧能力比锰强，可有效清除钢中的FeO。在室温下能溶入铁素体，提高钢的强度和硬度。硅作为常存元素一般w_{Si}<0.5%。

(3) 硫

硫是炼钢时由矿石和燃料带入钢中的，硫在钢中是一种有害元素。在钢中主要以FeS形态存在。由于FeS的塑性差，则含硫量较多的钢脆性较大。更严重的是FeS与Fe可形成低熔点（850℃）的共晶体分布在奥氏体的晶面上，当钢加热到1100～1200℃进行热加工时，晶界上的共晶体已熔化，造成钢在热加工过程中开裂，这种现象称为"热脆"。因此，在钢中必须严格控制硫的含量，一般w_s≤0.05%。

(4) 磷

磷是炼钢时由矿石带入钢中的,磷在钢中是一种有害元素。磷可全部溶入铁素体,产生强烈的固溶强化,使钢的强度、硬度增加,但塑性、韧性显著下降。这种脆化现象在低温时更为严重,故称为"冷脆"。因此,在钢中必须严格控制磷的含量,一般 $w_P \leqslant 0.045\%$。

3.1.2 钢的分类、命名及编号

钢的种类很多,为了便于管理、选用及研究,可以按照不同的方法对钢进行分类。

根据分类目的的不同,常用的分类方法有:按冶金方法分类、按化学成分分类、按冶金质量分类、按金相组织分类、按使用加工方法和按用途分类。

(1) 钢的分类

① 按冶金方法分类 根据冶炼方法和冶炼设备的不同,钢可以分为电炉钢、平炉钢和转炉钢三大类。电炉钢还可以分为电弧炉钢、感应炉钢、真空感应炉钢和电渣炉钢等。转炉钢还可以分为底吹、侧吹、顶吹和纯氧吹炼等转炉钢。平炉钢由于冶炼时间长、能耗高,正在逐步被淘汰。按脱氧程度和浇注制度的不同可分为沸腾钢(F)、半镇静钢(b)、镇静钢(Z)和特殊镇静钢(TZ)。

② 按化学成分分类 根据国家标准 GB/T 13304—1999,按照化学成分分类可以把钢分为非合金钢(碳素结构钢)、低合金钢和合金钢。

③ 按冶金质量分类 按冶金质量分类钢可以分为普通质量钢($w_P \leqslant 0.035\% \sim 0.045\%$、$w_S \leqslant 0.035\% \sim 0.050\%$)、优质钢($w_P$、$w_S \leqslant 0.035\%$)和高级优质钢($w_P$、$w_S \leqslant 0.025\%$,牌号后加"A"表示)。

④ 按使用加工方法分类 按在钢材使用时的制造加工方式可以将钢分为压力加工用钢、切削加工用钢和冷顶锻用钢。

压力加工用钢是供用户经塑性变形制作零件和产品用的钢。按加工前钢是否经过加热,又分为热压力加工用钢和冷压力加工用钢。

切削加工用钢是供切削机床(如车、铣、刨、磨等)在常温下切削加工成零件用的钢。

冷顶锻用钢是将钢材在常温下进行锻粗,做成零件或零件毛坯,如铆钉、螺栓及带凸缘的毛坯等,这种钢也称为冷锻钢。

⑤ 按用途分类 按用途不同可以把钢分为碳素结构钢、优质碳素结构钢、低合金高强度结构钢、合金结构钢、弹簧钢、碳素工具钢、合金工具钢、高速工具钢、轴承钢、不锈耐酸钢、耐热钢和电工用硅钢十二大类。

(2) 钢的编号

按用途分类钢的编号和命名方法如表 3-1 和表 3-2 所示。

表 3-1 非合金钢的编号方法

分类	举例	编号说明
碳素结构钢	Q235-A·F	Q 为"屈"字的汉语拼音字首,后面的数字为屈服点(MPa)。A、B、C、D 表示质量等级,从左到右,质量依次提高。F、b、Z、TZ 依次表示沸腾钢、半镇静钢、镇静钢、特殊镇静钢。Q235-A·F 表示屈服点为 235MPa、质量为 A 级的沸腾钢
优质碳素结构钢	45 40Mn	两位数字表示平均含碳量,以万分之几表示。如钢号 45,表示平均含碳量为 0.45%的优质碳素结构钢。化学元素符号 Mn 表示钢的含锰量较高
碳素工具钢	T8 T8A	T 为"碳"字的汉语拼音字首,后面的数字表示钢的平均含碳量,以千分之几表示。如 T8 表示平均含碳量为 0.8%的碳素工具钢,A 表示高级优质
一般工程用铸造碳钢	ZG200-400	ZG 代表铸钢,其后面第一组数字为屈服点(MPa);第二组数字为抗拉强度(MPa)。如 ZG200-400 表示屈服点为 200MPa、抗拉强度为 400MPa 的铸钢

表 3-2 合金钢的编号方法

分类	编号说明	举例
低合金高强度结构钢	钢的牌号由代表屈服点的汉语拼音字母(Q)、屈服点数值、质量等级符号(A、B、C、D、E)3个部分按顺利排列	Q 345 C └─ 质量等级符号 └── 屈服点数字,单位为MPa └──── 屈服点的"屈"字汉语拼音首字母
合金结构钢	数字+化学元素符号+数字,前面的数字表示钢的平均含碳量,以万分之几表示。后面的数字表示合金元素的含量,以平均含量的百分之几表示,含量少于或等于1.5%时,一般不标明含量。若为高级优质钢,则在钢号的最后加A。滚动轴承钢在钢号前面加G,含铬量用千分之几表示	60 Si2 Mn └─ 平均含锰量不大于1.5% └── 平均含硅量2% └──── 平均含碳量0.6% GCr15SiMn 平均含铬量1.5%
合金工具钢	平均含碳量不小于1.0%时不标出,小于1.0%时以千分之几表示。高速钢例外,其平均含量小于1.0%时也不标出。合金元素含量的表示方法与合金结构钢相同	5CrMnMo └─ 平均含碳量0.5%,铬、锰、钼的平均含量小于1.5% CrWMn 平均含碳量不小于1.0%,铬、钨、锰平均含量小于1.5%
特殊性能钢	平均含碳量以千分之几表示,但当平均含碳量不大于0.03%及0.08%时,钢号前分别冠以00及0表示。合金元素含量的表示方法与合金结构钢相同	2Cr 13 └─ 平均含铬量1.3% └── 平均含碳量0.2%

3.2 碳素结构钢和合金结构钢

3.2.1 碳素结构钢

碳素结构钢价格低、工艺性能好、力学性能能满足一般工程和机械制造的使用要求,是工业生产中用量最大的工程材料。

按用途可以把碳素结构钢分为碳素结构钢、优质碳素结构钢和碳素工具钢。

(1) 碳素结构钢

钢的牌号由代表屈服点的汉语拼音"Q"、屈服点数值(单位为MPa)、质量等级符号(A、B、C、D)、脱氧方法符号(F、b、Z、TZ)按顺序组成,如Q235-AF。

碳素结构钢按钢中硫、磷含量划分质量等级,从A级到D级,钢中磷、硫含量依次减少。如Q195和Q275不分质量等级;Q215和Q255各分为A和B两级;Q235分为A、B、C、D四个等级。

按冶炼时脱氧程度的不同,碳素结构钢又可分为沸腾钢(F)、半镇静钢(b)和镇静钢(Z)。镇静钢和特殊镇静钢的牌号中脱氧方法符号可省略。

表 3-3 列出了碳素结构钢的牌号和化学成分。

碳素结构钢是一种普通碳素钢,不含合金元素,通常也称为普碳钢。在各类钢中碳素结构钢的价格最低,具有适当的强度、良好的塑性、韧性、工艺性能和加工性能。这类钢的产量最高,用途很广,多轧制成板材、型材(圆、方、扁、工、槽、角等)、线材和异型材,用于制造厂房、桥梁和船舶等建筑工程结构。这类钢材一般在热轧状态下直接使用。

表 3-4 列出了碳素结构钢的性能和应用。

表 3-3 碳素结构钢牌号及化学成分（摘自 GB/T 700—1988）

牌号	等级	化学成分/%					脱氧方法
		w_C	w_{Mn}	w_{Si}	w_S	w_P	
					不大于		
Q195	—	0.06~0.12	0.25~0.50	0.30	0.050	0.045	F、b、Z
Q215	A	0.09~0.15	0.25~0.55	0.30	0.050	0.045	F、b、Z
	B				0.045		
Q235	A	0.14~0.22	0.30~0.65	0.30	0.050	0.045	F、b、Z
	B	0.12~0.20	0.30~0.70		0.045		
	C	≤0.18	0.35~0.80		0.040	0.040	Z
	D	≤0.17			0.035	0.035	TZ
Q255	A	0.18~0.28	0.40~0.70	0.30	0.050	0.045	Z
	B				0.045		
Q275	—	0.28~0.38	0.50~0.80	0.35	0.050	0.045	Z

注：Q235A、B 级沸腾钢锰的质量分数上限为 0.06%。

表 3-4 碳素结构钢力学性能和应用举例

牌号	等级	力学性能						应用举例
		屈服点 σ_s/MPa					抗拉强度 σ_b/MPa	
		钢材厚度（直径）/mm						
		≤16	>16~40	>40~60	>60~100	>100~150	>150	
		不小于						
Q195	—	(195)	(185)	—	—	—	—	315~390	塑性好，有一定的强度，可制作受力不大的零件，如螺钉、螺母、垫圈、冲压件、焊接结构件等
Q215	A	215	205	195	185	175	165	335~410	
	B								
Q235	A	235	225	215	205	195	185	375~460	
	B								
	C								
	D								
Q255	A	255	245	235	225	215	205	410~510	强度较高，可用于制造承受中等载荷的某些零件，如小轴、销、齿轮、链轮等
	B								
Q275	—	275	265	255	245	235	225	490~610	

(2) 优质碳素结构钢

优质碳素结构钢牌号用两位数字表示。两位数字表示钢中平均碳质量分数的万倍。如 45 钢表示钢中平均 $w_C=0.45\%$；08 钢表示钢中平均 $w_C=0.08\%$。较高锰含量（0.70%~1.20%）的优质碳素结构钢在表示平均含碳量的阿拉伯数字后面加上化学元素 Mn 符号，例如"65Mn"即是平均含碳量为 0.65%、含锰量为 0.90%~1.20% 的优质碳素结构钢。

优质碳素结构钢按冶金质量分为优质碳素钢、高级优质碳素钢和特级优质碳素钢。高级优质碳素钢在牌号后面加 A；特级优质碳素钢加 E；优质碳素钢在牌号上不另外加符号。例如：平均含碳量为 0.20% 的高级优质碳素结构钢的牌号表示为"20A"。

优质碳素结构钢根据含碳量不同又可分为低碳钢（$w_C<0.25\%$）、中碳钢（$w_C=0.25\%\sim0.6\%$）、高碳钢（$w_C>0.6\%$）。

① 低碳钢（$w_C<0.25\%$） 低碳钢如 08、08F、10、10F，塑性、韧性好，具有优良的冷成形性能和焊接性能，主要用于冷加工和焊接结构；15、20、25 钢属于渗碳钢，经表面渗碳，淬火＋低温回火的热处理，能使零件表面具有良好的耐磨性和疲劳强度，心部有良好的韧性和足够的强度。用于制造尺寸较小、负荷较轻、表面要求耐磨、心部强度要求不高的渗碳零件，如活塞杆、样板等。

② 中碳钢（$w_C=0.25\%\sim0.6\%$） 如 30、35、40、45、50 钢经调质热处理（淬火＋高温回火）后具有良好的综合机械性能，即具有较高的强度和较高的塑性、韧性，主要用于强度要求较高的机械零件，如制作轴类零件。

③ 高碳钢（$w_C>0.6\%$） 高碳钢主要用于制造弹簧和耐磨损机械零件，55、60、65 钢属于弹簧钢，经热处理（淬火＋中温回火）后具有高的弹性极限，常用作弹簧。

表 3-5 列出了优质碳素结构钢的牌号、性能和用途。

表 3-5 优质碳素结钢牌号、力学性能和用途

牌号	力学性能					用 途
	σ_b/MPa	σ_s/MPa	δ_5/%	ψ/%	A_{KU}/J	
	不 小 于					
08F	295	175	35	60		低碳钢强度低，塑性、韧性好，主要用于冷加工和焊接结构，如冲压件和压力容器；经渗碳后可用作表面要求耐磨的零件，如凸轮
10F	315	185	33	55		
15F	355	205	29	55		
08	325	195	33	60		
10	335	205	31	55		
15	375	225	27	55		
20	410	245	25	55		
25	450	275	23	50	71	
30	490	295	21	50	63	中碳钢具有良好的综合机械性能和切削加工性，主要用于强度要求较高的机械零件，如轴、齿轮等
35	530	315	20	45	55	
40	570	335	19	45	47	
45	600	355	16	40	39	
50	630	375	14	40	31	
55	645	380	13	35		高碳钢具有较高的强度、弹性和耐磨性，主要用于制造弹簧和钢丝绳等
60	675	400	12	35		
65	695	410	10	30		
65Mn	735	430	9	30		

(3) 碳素工具钢

碳素工具钢可分为优质碳素工具钢（简称为碳素工具钢）与高级优质碳素工具钢两类。

碳素工具钢的牌号用汉字"碳"的拼音首字母"T"、阿拉伯数字和化学符号来表示。阿拉伯数字表示平均含碳量（以千分之几计）。若为高级优质碳素工具钢，则在数字后面再加"A"字。如 T8 钢，表示平均 $w_C=0.8\%$ 的优质碳素工具钢；T10A 钢，表示平均 $w_C=$

1.0%的高级优质碳素工具钢。较高含锰量（0.40%～0.60%）的碳素工具钢的牌号，在"T"和阿拉伯数字后加锰元素符号，如T8Mn。

碳素工具钢是一种高碳钢（$w_C=0.65\%\sim1.35\%$），使用前要进行热处理（淬火+低温回火），以保证有足够高的硬度，耐磨性。这类钢材主要用于制造各种工具，如车刀、锉刀、刨刀、锯条等，还用来制造形状简单、精度较低的量具和刃具等。

碳素工具钢钢材制造的刀具，当工作温度大于250℃时，刀具的硬度和耐磨性（即钢的红硬性）急剧下降，性能变差。

表3-6列出了碳素工具钢的牌号及用途。

表3-6 碳素工具钢的牌号及用途

牌号	w_C/%	硬度 退火后 HBS≤	硬度 淬火后 HRC≥	用途
T7、T7A	0.65～0.74	187	62	承受冲击，韧性较好、硬度适当的工具，如扁铲、手钳、大锤、改锥、木工工具
T8、T8A	0.75～0.84	187	62	承受冲击，要求较高硬度的工具，如冲头、简单模具、木工铣刀、圆锯片
T8Mn、T8MnA	0.80～0.90	187	62	同T8，但淬透性较好，可制断面较大的工具
T9、T9A	0.85～0.94	192	62	韧性中等，硬度高的工具，如冲头、木工工具、凿岩工具
T10、T10A	0.95～1.04	197	62	不受剧烈冲击，高硬度耐磨的工具，如车刀、刨刀、冲头、丝锥、钻头、手锯条
T11、T11A	1.05～1.14	207	62	
T12、T12A	1.15～1.24	207	62	不受冲击，要求高硬度高耐磨的工具，如锉刀、刮刀、精车刀、丝锥、量具
T13、T13A	1.25～1.34	217	62	同T12，要求更耐磨的工具，如刮刀、剃刀

（4）碳素铸钢

用钢液直接浇注成零件毛坯的钢称为碳素铸钢，一般用于制造形状复杂或大型的，难以锻造而又要求具有较高的强度，并承受冲击载荷的零件，如水压机横梁、重载大齿轮等。所以，铸钢在重型机械制造中应用非常广泛。

铸钢的牌号用字母"ZG"和两组数字表示，第一组数字代表最低屈服点的值，第二组数字代表最低抗拉强度的值。

表3-7列出了铸钢的成分、力学性能及用途。

表3-7 碳素铸钢的成分、力学性能及用途

牌号	w_C/%	力学性能（不小于） σ_s/MPa	σ_b/MPa	δ_5/%	Ψ/%	A_{KU}/J	用途
ZG200-400	0.12～0.22	200	400	25	40	30	机座、变速箱壳
ZG230-450	0.22～0.32	230	450	22	32	25	机座、锤轮、箱体
ZG270-500	0.32～0.42	270	500	18	25	22	飞轮、机架、蒸汽锤、水压机工作缸、横梁
ZG310-570	0.42～0.52	310	570	15	21	15	联轴器、汽缸、齿轮、齿轮圈
ZG340-640	0.52～0.62	340	640	10	18	10	起重运输机中的齿轮、联轴器及重要的机件

3.2.2 合金结构钢

(1) 低合金高强度结构钢

低合金高强度钢是在碳素结构钢的基础上加入少量合金元素（一般含量 $w_{Me}<3\%$），用以提高钢的性能。

低合金高强度结构钢的牌号由代表屈服点的汉语拼音字母（Q）、屈服点数值、质量等级符号（A、B、C、D、E）三个部分按顺序排列，例如 Q390A、Q420E 等。

低合金高强度结构钢通常也可以采用两位阿拉伯数字和化学元素符号表示，例如："16Mn"。

低合金高强度结构钢碳含量低（不超过 0.2%），合金元素主要有钒、铌、钛、锰、硼等，这类钢与碳素结构钢相比，强度较高、韧性好，有较好的加工性能、焊接性能和耐蚀性。低合金高强度结构钢大多数是在热轧、正火状态下使用，主要用来制造强度要求较高的工程结构，如桥梁、船舶、高压容器、车辆。它在建筑、船舶、锅炉容器、车辆、石油化工设备、农业机械中应用广泛。

目前我国低合金高强度结构钢成本与碳素结构钢相近，故推广使用低合金高强度结构钢在经济上具有重大意义。

表 3-8、表 3-9 列出了常用的低合金高强度结构钢的牌号、性能和用途。

表 3-8 低合金高强度结构钢牌号和性能

牌号	质量等级	屈服点 σ_s/MPa 厚度(直径、边长)/mm ≤16	>16～35	>35～50	>50～100	抗拉强度 σ_b/MPa	伸长率 δ_5/%	冲击吸收功 AKV(纵向)/J +20℃	0℃	-20℃	+40℃
		不小于					不小于				
Q295	A	295	275	255	235	390～570	23				
	B	295	275	255	235	390～570	23	34			
Q345	A	345	325	295	275	470～630	21				
	B	345	325	295	275	470～630	21	34			
	C	345	325	295	275	470～630	22		34		
	D	345	325	295	275	470～630	22			34	
	E	345	325	295	275	470～630	22				27
Q390	A	390	370	350	330	490～650	19				
	B	390	370	350	330	490～650	19	34			
	C	390	370	350	330	490～650	20		34		
	D	390	370	350	330	490～650	20			34	
	E	390	370	350	330	490～650	20				27
Q420	A	420	400	380	360	520～680	18				
	B	420	400	380	360	520～680	18	34			
	C	420	400	380	360	520～680	18		34		
	D	420	400	380	360	520～680	18			34	
	E	420	400	380	360	520～680	18				27
Q460	C	460	440	420	400	550～720	17		34		
	D	460	440	420	400	550～720	17			34	
	E	460	440	420	400	550～720	17				27

(2) 合金结构钢

合金结构钢是在碳素结构钢的基础上，加入一种或几种合金元素（主加元素一般为锰、硅、铬、硼等，辅加元素主要有钨、钼、钒、钛、铌等），用以提高钢的强度、韧性和淬透性。

表 3-9 低合金高强度结构钢牌号和用途

牌号	用途
Q295	车辆的冲压件、冷弯型钢、螺旋焊管、拖拉机轮圈、低压锅炉气包、中低压化工容器、输油管道、储油罐和油船
Q345	船舶、铁路车辆、桥梁、管道锅炉、压力容器、石油储罐、起重及矿山机械、电站设备厂房钢架
Q390	中高压锅炉气包、中高压石油化工容器、大型船舶、桥梁、车辆、起重机及其他较高载荷的焊接结构件等
Q420	大型船舶、桥梁、电站设备、起重机械、机车车辆、中高压锅炉及容器、大型焊接结构件等
Q460	淬火加回火后用于大型挖掘机、起重运输机械、钻井平台等

合金结构钢的牌号表示方法由三部分组成,即"数字+元素符号+数字"。前面两位数表示平均碳质量分数的万倍;合金元素以化学符号表示;合金元素符号后面的数字表示合金元素质量分数的百倍,当其平均质量分数<1.5%时,牌号中一般只标出元素符号,而不标明数字,当其平均质量分数≥1.5%、≥2.5%、≥3.5%…时,则在元素符号后相应标出2、3、4…。

合金结构钢按冶金合金质量的不同分为优质合金钢、高级优质合金钢和特级优质合金钢。高级优质合金钢在牌号后面加A;特级优质合金钢加E;优质合金钢在牌号上不另外加符号。按其用途及工艺特点可分为合金渗碳钢、合金调质钢和合金弹簧钢等。

① 合金渗碳钢 合金渗碳钢的含碳量在 $w_C=0.10\%\sim0.25\%$ 之间,属低碳范围。通常经渗碳、淬火+低温回火后,表面渗碳层硬度高,心部具有高的韧性和足够的强度。主要用于制造表面承受高耐磨、并承受动载荷的零件(如运动机械中的变速齿轮等)。这类零件要求钢表面具有高硬度,心部要有较高的韧性和足够的强度。

渗碳钢的预先热处理常采用正火以改善钢的切削加工性。最终热处理通常都是在渗碳后进行直接淬火或一次淬火及180~200℃低温回火,处理后表面组织为碳化物、回火马氏体及少量残留奥氏体,工件表面硬度一般为58~64HRC;心部组织和硬度由淬火钢的淬透性和尺寸而定,当全部淬透时心部组织为低碳回火马氏体,硬度可达40~48HRC;未淬透时心部组织通常为托氏体、低碳回火马氏体及少量铁素体,硬度为20~40HRC左右。

合金渗碳钢又可根据其淬透性大小分为低淬透性渗碳钢、中渗透性渗碳钢、高渗透性渗碳钢三类。

常用合金渗碳钢的牌号、力学性能及用途见表3-10。

表 3-10 常用合金渗碳钢的牌号、力学性能及用途

种类	钢号	力学性能(不小于)①					用途举例
		σ_s /MPa	σ_b /MPa	δ_5 /%	Ψ /%	A_{KU} /J	
低淬透性合金渗碳钢	20Mn2	590	785	10	40	47	代替20Cr
	15Cr	490	735	11	45	55	船舶主机螺钉、活塞销、凸轮、机车小零件及心部韧性高的渗碳零件
	20Cr	540	835	10	40	47	机床齿轮、齿轮轴、蜗杆、活塞销及气门顶杆等
	20MnV	590	735	10	40	55	代替20Cr
中淬透性合金渗碳钢	20CrMnTi	853	1080	10	45	55	工艺性优良,可作汽车、拖拉机的齿轮、凸轮,是CrNi钢的代用品
	20MnMoB	885	1080	10	50	55	代替20Cr、20CrMnTi

续表

种类	钢号	力学性能(不小于)[①]					用途举例
		σ_s/MPa	σ_b/MPa	δ_5/%	Ψ/%	A_{KU}/J	
中淬透性合金渗碳钢	12CrNi3	685	930	11	50	71	大齿轮,轴
	20CrMnMo	885	1175	10	45	55	代替含镍较高的渗碳钢作大型拖拉机齿轮、活塞销等大截面渗碳件
	20MnVB	885	1080	10	45	55	代替20CrNi,20CrMnTi
高淬透性合金渗碳钢	12Cr2Ni4	835	1080	10	50	71	大齿轮,轴
	20Cr2Ni4	1080	1175	10	45	63	大型渗碳齿轮、轴及飞机发动机齿轮
	18Cr2Ni4WA	835	1175	10	45	78	同12Cr2Ni4,作高级渗碳零件

① 力学性能试验用试样尺寸为碳钢直径25mm,合金钢直径15mm。

② 合金调质钢 合金调质钢含碳量在 $w_C = 0.25\% \sim 0.50\%$ 之间,属中碳范围。通常是经调质后使用的合金结构钢。主要用于制造承受很大变动载荷与冲击载荷或受力复杂的零件,如机器中传递动力的主轴、连杆、齿轮等。这类零件要求钢材具有较高的综合力学性能,即强度、硬度、塑性、韧性有良好的配合。40Cr是最常用的一种合金调质钢。

调质钢的预先热处理一般采用正火或退火,以改善其切削加工性能;最终热处理一般采用淬火+高温回火处理,以获得回火索氏体,使钢件具有高的综合力学性能。

合金调质钢又可根据其淬透性大小分为低淬透性合金调质钢、中渗透性合金调质钢、高渗透性合金调质钢三类。

常用合金调质钢的牌号、力学性能及用途见表3-11。

表3-11 常用合金调质钢的牌号、力学性能及用途

种类	钢号	力学性能(不大于)					用途举例
		σ_s/MPa	σ_b/MPa	δ/%	ψ/%	A_{KU}/J	
低淬透性合金调质钢	45Mn2	735	685	10	45	47	直径60mm以下时性能与40Cr相当,制作万向接头轴、蜗杆、齿轮、连杆、摩擦盘
	40Cr	785	980	9	45	47	重要调质零件,如齿轮、轴、曲轴、连杆螺栓
	35SiMn	735	885	15	45	47	除要求低温(-20℃以下)韧性很高的情况外,可全面代替40Cr作调质零件
	42SiMn	735	885	15	40	47	与35SiMn同,并可作表面淬火零件
	42MnB	785	980	10	45	47	代替40Cr
	40CrV	735	885	10	50	71	机车连杆、强力双头螺栓、高压锅炉给水泵轴
中淬透性合金调质钢	40CrMn	835	980	9	45	47	代替40CrNi、42CrMo作高速高载荷而冲击载荷不大的零件
	40CrNi	785	980	10	45	55	汽车、拖拉机、机床、柴油机的轴、齿轮、连接机件螺栓、电动机轴
	42CrMo	930	1080	12	45	63	代替含镍较高的调质钢,作重大锻件用钢,机车牵引大齿轮
	30CrMnSi	885	1080	10	45	39	高强度钢、高速载荷砂轮轴、齿轮、轴、联轴器、离合器等重要调质件
	35CrMo	835	980	12	45	63	代替40CrNi制作大断面齿轮与轴、汽轮发电机转子、480℃以下工件的紧固件
	38CrMoAl	835	980	14	50	71	高级氮化钢,制作>900HV氮化件,如镗床镗杆、蜗杆、高压阀门

续表

种类	钢号	力学性能（不大于）					用途举例
		σ_s/MPa	σ_b/MPa	δ/%	ψ/%	A_{KU}/J	
高淬透性合金调质钢	37CrNi3	980	1130	10	50	47	高强度、韧性的重要零件，如活塞销、凸轮轴、齿轮、重要螺栓、拉杆
	40CrNiMoA	835	980	12	55	78	受冲击载荷的高强度零件，如锻压机床的传动偏心轴、压力机曲轴等大断面重要零件
	25Cr2Ni4WA	930	1080	11	45	71	断面200mm以下，完全淬透的重要零件，也与12Cr2Ni4相同，可作高级渗面零件
	40CrMnMo	785	980	10	45	63	代替40CrNiMoA

③ 合金弹簧钢 合金弹簧钢的 $w_C=0.45\%\sim0.7\%$，属高碳范围。合金弹簧钢主要用来制造各种弹簧等。代表钢种有60Si2Mn。

弹簧依靠其工作时产生的弹性变形，在各种机械中起缓冲、吸振的作用，并利用其储存能量，使机械完成规定的动作。因此弹簧材料应具有高的弹性极限、疲劳强度，并具有一定的塑性、韧性。对于特殊条件下工作的弹簧，还有某些特殊要求，如耐热、耐腐蚀等。

常用合金弹簧钢的牌号、力学性能及用途如表3-12所示。

表3-12 常用弹簧钢的牌号、力学性能及用途

种类	钢号	力学性能（不小于）				用途举例
		σ_s/MPa	σ_b/MPa	δ/%	ψ/%	
合金弹簧钢	55Si2MnB	1200	1300	6	30	用于ϕ25mm～ϕ30mm减振板簧与螺旋弹簧，工作温度低于230℃
	60Si2Mn	1200	1300	5	25	同55Si2MnB钢
	50CrVA	1150	1300	10(δ_5)	40	用于ϕ30mm～ϕ50mm与承受大应力的各种重要的螺旋弹簧，也可用作大截面的及工作温度低于400℃的气阀弹簧、喷油弹簧等
	60Si2CrVA	1700	1900	6(δ_5)	20	用于线径与板厚＜50mm弹簧，工作温度低于250℃的极重要的和重载荷下工作的板簧与螺旋弹簧
	30W4Cr2VA	1350	1500	7(δ_5)	45	用于高温下（500℃以下）的弹簧，如锅炉安全阀用弹簧

④ 轴承钢 轴承钢是用于制造滚动轴承中的滚动体及内、外滚道的专用钢。滚动轴承在交变应力下工作，接触应力很大，同时滚动体与内外圈之间还产生强烈的摩擦，并受到冲击载荷的作用，以及大气和润滑介质的腐蚀作用，易使轴承工作表面产生接触疲劳破坏与磨损，所以要求滚动轴承钢必须具有高的硬度和耐磨性，高的弹性极限和接触疲劳强度、足够的韧性和抗蚀性。

轴承钢还可用于制造某些形状复杂的工具、冷冲模具、精密量具以及要求硬度高、耐磨性高的结构零件。

轴承钢按化学成分和使用特性分为高碳铬轴承钢、渗碳轴承钢、高碳铬不锈轴承钢和高温轴承钢四大类。

高碳铬轴承钢的牌号前冠以字母G，其后以铬（Cr）加数字来表示。数字表示平均铬质量分数千分之几，碳质量分数不予标出。若再含其他元素，则表示方法同合金结构钢。例

如：平均含铬量为 1.5% 的轴承钢其牌号是 "GCr15"。

目前常用的是高碳铬轴承钢，碳含量一般为 $w_C=0.95\%\sim1.15\%$。以保证轴承钢具有高强度和高硬度，并形成足够的合金碳化物以提高耐磨性。

滚动轴承钢的热处理包括预先热处理（球化退火）及最终热处理（淬火与低温回火）。球化退火的目的是降低锻造后钢的硬度以利于切削加工，并为淬火做好组织上的准备。淬火、低温回火目的是使钢的力学性能满足使用要求，淬火、低温回火后，组织应为极细的回火马氏体、细小而均匀分布的碳化物及少量残余奥氏体，硬度为 61~65HRC。

GCr15 为常用的轴承钢，具有高强度、高耐磨性和稳定的力学性能。

常用的滚动轴承钢牌号、成分、热处理及用途如表 3-13 所示。

表 3-13 常用滚动轴承钢牌号、成分、热处理及用途

牌号	化学成分/%				热处理		回火后硬度 HRC	用途举例
	w_C	w_{Cr}	w_{Si}	w_{Mn}	淬火温度/℃	回火温度/℃		
GCr9	1.00~1.10	0.90~1.20	0.15~0.35	0.25~0.45	810~830 水、油	150~170	62~64	直径小于 20mm 的滚珠及滚针
GCr95SiMn	1.00~1.10	0.90~1.20	0.45~0.75	0.95~1.25	810~830 水、油	150~160	62~64	壁厚小于 12mm、外径小于 250mm 的套圈；直径为 25~50mm 的钢球；直径小于 22mm 的滚子
GCr15	0.95~1.05	1.45~1.65	0.15~0.35	0.25~0.45	820~846 油	150~160	62~64	与 GCr95SiMn 相同
GCr15SiMn	0.95~1.05	1.45~1.65	0.45~0.75	0.95~1.25	820~840 油	150~170	62~64	壁厚大于等于 12mm、外径大于 250mm 的套圈；直径大于 50mm 的钢球；直径大于 22mm 的滚子

3.2.3 合金工具钢与高速工具钢

(1) 合金工具钢

合金工具钢按用途分为量具刃具用钢、耐冲击工具用钢、热作模具钢、冷作模具钢、无磁模具钢和塑料模具钢等。

合金工具钢的牌号表示方法与合金结构钢基本相同，只是含碳量的表示方法不同，当平均碳含量 $w_C<1.00\%$ 时，采用一位阿拉伯数字表示含碳量（以千分之几计），放在牌号头部；当平均碳含量 $w_C>1.00\%$ 时，一般不标出平均含碳量。合金元素符号的表示方法与合金结构钢相同。

合金工具钢不仅具有很高的碳含量，而且铬、钨、钼、钒等合金元素的含量也很高。因此，合金工具钢比碳素工具钢具有更高的硬度、耐磨性和韧性，特别是具有碳素工具钢所达不到的淬透性和红硬性。

① 量具刃具钢（合金刃具钢） 刃具在工作时，受到复杂的切削力作用（如局部压力、弯曲、扭转等），刃部与切屑间产生强烈的摩擦，使刀刃磨损并发热。切削量愈大，刃部温度愈高（可达 800~1000℃），会使刃部硬度降低，甚至丧失切削功能。另外，刃具还承受冲击与震动。因此，要求刃具钢具有下列性能：高的硬度与耐磨性；通常硬度愈高，耐磨性愈好，如硬度由 62~63HRC 降至 60HRC 时，耐磨性降低 25%~30%；高的红硬性，即刀刃在高温下保持高硬度（>60HRC）的能力；足够的强度与韧性，避免刃具在复杂切削力的作用下及冲击震动时发生脆断或崩刃。

量具刃具钢（合金刃具钢）是在碳素工具钢基础上加入少量合金元素（$w_{Me}<5\%$），其特点是高碳、低合金。碳含量 $w_C=0.9\%\sim1.5\%$，以保证足够的硬度和耐磨性。这类钢的最高温度不超过 300℃。因此，量具刃具钢（合金刃具钢）主要用于制造形状复杂、截面尺寸较大的低速切削刃具，如锉刀、车刀、丝锥、板牙、钻头、铰刀、冷冲模等和测量工具，如样板、卡尺等。

常用量具刃具钢（合金刃具钢）有 9SiCr、9Mn2V、8MnSi 等，其中以 9SiCr 应用最为广泛。

② 模具钢 根据工作条件的不同，模具钢可分为冷作模具钢、热作模具钢及塑料模具用钢等。

a. 冷作模具钢。冷作模具包括冷冲模、冷挤压模等，工作温度不超过 200～300℃。它们都要使金属在模具中产生塑性变形，因而受到很大压力、摩擦或冲击。因此，冷作模具钢要求高硬度、高耐磨性及足够的强度和韧性。

按冷作模具钢使用条件，大部分量具刃具钢（合金刃具钢）都可以用作制造某些冷作模具。如 T8A、Cr2 等可制作尺寸较小、形状简单而且工作负荷不大的模具，这类钢的主要缺点是淬透性差，热处理变形大，耐磨性差，使用寿命短。

目前最常用的冷作模具钢是 Cr12 和 Cr12MoV 钢。其成分特点是高碳高铬（$w_C=1.45\%\sim2.30\%$，$w_{Cr}=11\%\sim13\%$）。因而这类钢具有高硬度、高强度及极高的耐磨性。

b. 热作模具钢。热作模具钢是用来制造温成型的模具，如热锻模（包括热挤模）、压铸模等。

热作模具工作时承受大的压力和冲击，型腔表面温度高达 400～600℃，并反复受热和冷却，导致模具工作表面产生热疲劳裂纹（龟裂）。因此，要求热锻模钢在 400～600℃ 高温下应具有足够的强度、韧性与耐磨性（硬度 40～50HRC）；有较好的热疲劳抗力；还要求大型锻模有高的淬透性，以提高模具热处理后整体性能。

热作模具钢一般为中碳合金钢，含碳量 $w_C=0.3\%\sim0.6\%$，以保证高强度、高韧性、较高的硬度和较高的抗热疲劳力。

常用的热作模具钢的牌号及用途：5CrMnMo，用于中小型锻模；4Cr5W2VSi，用于热挤压模（挤压铝、镁）、高速锤锻模；5CrNiMo、4Cr5MoSiV，用于形状复杂、重载荷的大锻模；3Cr2W8V，热挤压模（挤压铜、钢）、压铸模。

(2) 高速工具钢（高速钢）

高速工具钢俗称锋钢。钢中碳含量高（$w_C=0.7\%\sim1.2\%$），合金元素钨、钼、铬、钒、钴的含量高。经热处理后具有很高的硬度（63～70HRC）、高温硬度和耐磨性。用其制造的刀具和刃具在温度 500℃～600℃ 下高温切削时，仍能保持高的硬度（62HRC），切削速度比碳素工具钢和合金工具钢制造的刀具提高 1～3 倍，使用寿命提高 7～14 倍。

高速钢用于制作刀具，如车刀、铣刀、铰刀、拉刀、麻花钻等。高速工具钢牌号表示方法与合金结构钢的相同，采用合金元素符号和阿拉伯数字表示。高速工具钢所有牌号都是高碳钢，故不用标明含碳量数字，阿拉伯数字仅表示合金元素的平均含量。若合金元素含量小于 1.5%，牌号中仅标明元素，不标出含量。例如：平均含碳量为 0.85%、含钨量 6.00%、含钼量 5.00%、含铬量 4.00%、含钒量 2.00% 的高速工具钢，其牌号表示为"W6Mo5Cr4V2"。

按合金元素含量和性能特点，高速钢可分为钨系、钨钼系和超硬系三大类。钨系以 W18Cr4V 为代表；钨钼系以 W6Mo5Cr4V2 为代表，其韧性、塑性优于钨系，但加热时易脱碳；超硬系以 W2Mo9Cr4VCo8 为代表，硬度可高达 70HRC。

高速钢的加工、热处理特点如下。

① 锻造　高速钢的铸态组织中有粗大的鱼骨状合金碳化物，使钢的机械性能降低。这种碳化物不能用热处理来消除，只有采用反复锻击的办法将其击碎，并均匀分布在基体上。因此高速钢的锻造具有成形和改善碳化物形态和分布的双重作用。

② 热处理

a. 退火。高速钢经锻造后，存在锻造应力及较高硬度。经退火处理可改善其切削加工性能及消除内应力，并为随后的淬火做组织准备。生产中常用的等温球化退火，即在 860～880℃保温后，迅速冷却至 740～760℃等温。退火后硬度为 207～255HBW。

b. 淬火和回火。如图 3-1 所示为 W18Cr4V 钢的最终热处理工艺曲线。

由于高速钢的导热性较差，淬火温度又很高，所以淬火加热时必须进行预热。淬火时淬火加热温度为 1270～1280℃，采用高的淬火加热温度是为了使钨、钼、钒等合金元素最大限度地溶入奥氏体，最终使马氏体中钨、钼、钒等合金元素含量足够高，以提高钢的热硬性。淬火后一般采用 550℃左右的回火三次，高的回火温度是因为马氏体中碳化物形成元素含量高，阻碍回火，因而耐回火性高。多次回火是因为高速钢淬火后残留奥氏体量多，需多次回火才能消除。

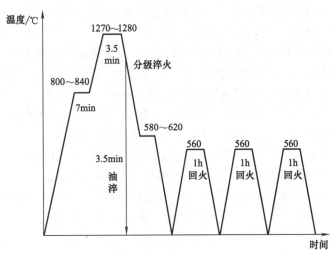

图 3-1　W18Cr4V 钢淬火与回火工艺曲线

3.2.4　特殊性能钢

特殊性能钢具有特殊物理或化学性能，并可在特殊环境下工作的钢，其种类很多，机械制造行业主要使用不锈钢、耐热钢、耐磨钢。

(1) 不锈钢

一般来讲，能抵抗大气、水、酸、碱和盐溶液或其他腐蚀介质的具有高度化学稳定性的钢称为不锈钢。而在一些化学介质（如酸、碱和盐等）中能抵抗腐蚀的钢称为耐酸钢（耐蚀钢）。

不锈钢按化学成分可分为铬不锈钢、铬镍不锈钢、铬锰不锈钢等。按金相组织特点则可分为马氏体型不锈钢、铁素体型不锈钢、奥氏体型不锈钢等类型。

不锈钢牌号的表示方法采用合金元素符号和阿拉伯数字表示。一般用一位阿拉伯数字表示含碳量（以千分之几计），当平均含碳量不小于 1.00%时，采用二位阿拉伯数字表示。当含碳量上限小于 0.10% 时，以 "0" 表示含碳量；当含碳量上限大于 0.01% 且小于等于 0.03%（超低碳）时，以 "03" 表示含碳量；当含碳量上限不大于 0.01%（极低碳）时，以 "01" 表示含碳量。不规定含碳量下限，仅采用阿拉伯数字表示含碳量上限。

合金元素含量的表示方法与合金结构钢的表示相同。例如：平均含碳量为 0.20%、含铬量为 13% 的不锈钢，其牌号表示为 "2Cr13"；含碳量上限为 0.08%、平均含铬量为 18%、含镍量为 9% 的铬镍不锈钢，其牌号表示为 "0Cr18Ni9"；平均含碳量为 1.10%、含铬量为 17% 的高碳铬不锈钢，其牌号表示为 "11Cr17"；含碳量上限为 0.03%、平均含铬量为 19%、含镍量为 10% 的超低碳不锈钢，其牌号表示为 "03Cr19Ni10"；含碳量上限为 0.01%、平均含铬量为 19%、含镍量为 11% 的极低碳不锈钢，其牌号表示为 "01Cr19Ni11"。

常用不锈钢的牌号及用途如下。

① 马氏体型　典型的有 1Cr13、2Cr13 等。主要合金元素为铬，属于铬不锈钢。

马氏体不锈钢只在氧化性介质中耐腐蚀，在非氧化性介质中耐腐蚀很低。这类钢中含碳量较低的 1Cr13、2Cr13 钢，具有良好的抗大气、海水、蒸汽等介质腐蚀的能力，且有较好的塑性和韧性。主要用于制造耐腐蚀的结构零件，如汽轮机叶片、水压机阀、螺栓、螺母等抗弱腐蚀介质并承受冲击的零件。

② 铁素体型　典型的有 1Cr17 等，主要合金元素为铬，属于铬不锈钢。这类钢由于含碳量降低，铬含量又较高，使钢从室温加热到高温（960～1100℃）时，其组织始终为单相铁素体，故其耐蚀性和抗氧化性均较好，但强度低，又不能用热处理强化，因此，主要用于制造要求、耐腐蚀性较高，而受力不大的构件，如化工设备中的容器、管道等。

③ 奥氏体型　奥氏体型不锈钢典型钢种是 1Cr18Ni9、1Cr18Ni9Ti（18～8），钢中主要合金元素为铬和镍，属于铬镍不锈钢。奥氏体不锈钢在室温下为单相奥氏体，加热时没有相变发生，故不能用热处理强化，只能用加工硬化来提高钢的强度。

奥氏体型不锈钢是不锈钢中最重要的一类，其产量和用量占不锈钢总量的 70%。是应用最广泛的不锈钢，这类钢韧性高，具有良好的耐蚀性和高温强度、较好的抗氧化性、良好的压力加工性能和焊接性能，缺点是强度和硬度偏低，且不能采用热处理方式强化。这类钢广泛应用于强腐蚀介质中工作的设备、管道等，还可应用于制作焊芯、抗磁仪表、医疗器械等。

(2) 耐热钢

在高温下具有一定的热稳定性的钢称为耐热钢。按照性能不同，耐热钢可分为抗氧化钢和热强钢。抗氧化钢在高温下具有较好的抗氧化及抗其他化学介质腐蚀的性能；热强钢在高温下具有较高的强度和良好的抗氧化、抗腐蚀的性能。

按耐热钢的金相组织分为奥氏体型、铁素体型、马氏体型等类型。

常用耐热钢牌号及用途如下。

① 奥氏体耐热钢　如 0Cr18Ni9、0Cr25Ni20，奥氏体耐热钢在室温和使用温度条件下的金相组织为奥氏体。这类钢在高温下具有较高的热强性和极优异的抗氧化性，并具有很好的冷塑性变形性能和焊接性能，塑性、韧性较好，但切削加工性差。因此，这类钢广泛用于制作在 600℃ 以上承受较高应力的部件，其抗氧化温度可高达 850～1250℃。如加热炉管、汽轮机叶片、轴等。

常用钢号有 0Cr18Ni10Ti、3Cr18Mn12Si2N、4Cr14Ni14W2Mo 等。

② 铁素体耐热钢　如 0Cr13 和 1Cr17，铁素体型耐热钢在室温和使用温度条件下的金

相组织为铁素体。这类钢的抗氧化性能高,但高温强度仍较低,焊接性较差。所以,主要用于制造工作温度较高、受力不大的构件,如喷嘴、退火炉罩等。在动力、石油化工等工业部门得到极为广泛的应用。

③ 马氏体耐热钢 如 1Cr17Ni2、2Cr12MoV,马氏体型耐热钢在室温下的金相组织为马氏体。这类钢的抗氧化性、热强性均高,硬度和耐磨性良好,淬透性很好。因此,这类钢主要用于制造蒸汽轮机、燃气轮机、内燃机、航空发动机的叶片、轮盘等部件及宇航导弹和核反应堆的部件等。但这类钢的焊接性能较差。

常用钢号有 1Cr13Mo、4Cr9Si2、1Cr12WMoV 等。这类钢一般在调质状态下使用。

(3) 耐磨钢

耐磨钢是指在强烈冲击载荷作用或高压力下发生表面硬化而具有高耐磨性的高锰钢。

耐磨钢高碳和高锰,一般 $w_C=1.0\%\sim1.5\%$,$w_{Mn}=11\%\sim14\%$。碳含量较高可以提高耐磨性,锰含量很高,可以保证热处理后得到单相奥氏体组织。

高锰钢室温组织为奥氏体组织,加热冷却并无相变。其热处理工艺一般都采用水韧处理——即经 1050~1100℃ 加热,使碳化物全部溶入奥氏体,然后在水中急冷,防止碳化物析出,保证得到均匀单相奥氏体组织($\sigma_b \geqslant 637\sim735$MPa,硬度$\leqslant 229$HBW)。当在工作时受到强烈的冲击、压力与摩擦,则表面因塑性变形会产生强烈的加工硬化,而使表面硬度提高到 500~550HBW。因而获得高的耐磨性,而心部仍保持原来奥氏体所具有的高的塑性与韧性。当旧表面磨损后,新露出的表面又可在冲击与摩擦作用下获得新的耐磨层,故这种钢具有很高的抗冲击能力与耐磨性。

常用的耐磨钢牌号是 ZGMn13 型,主要用于制造坦克、拖拉机的履带、碎石机颚板、铁路道岔、挖掘机铲斗的斗齿以及防弹钢板、保险箱钢板等。另外,还因高锰钢是非磁性的,也可用于制造既耐磨又抗磁化的零件,如吸料器的电磁铁罩等。

3.3 铸铁

铸铁是 $w_C>2.11\%$(一般为 $w_C=2.5\%\sim4\%$)的铁碳合金,并含有较多的硅、锰、硫、磷等元素。与钢相比,铸铁的抗拉强度、塑性及韧性较低,但具有优良的铸造性、减摩性、减振性、切削加工性及低的缺口敏感性且成本低廉,因此在机械工业生产中,铸铁仍是最重要的工程材料之一。

3.3.1 铸铁的分类

根据铸铁中碳存在形式的不同,铸铁可以分为三类。

① 白口铸铁 碳除少量溶于铁素体外,其余的碳都以渗碳体的形式存在于铸铁中,其断口呈银白色,故称白口铸铁。这类铸铁组织中都存在着共晶莱氏体,性能硬而脆,很难切削加工,所以很少直接用来制造各种零件。

② 灰口铸铁 全部或大部分以游离状态的石墨存在于铸铁中,其断口呈暗灰色,故称灰铸铁。

根据灰铸铁中石墨形态不同,灰铸铁又可分为:灰铸铁(石墨呈片状)、球墨铸铁(石墨呈球状)、可锻铸铁(石墨呈团絮状)、蠕墨铸铁(石墨呈蠕虫状)。

③ 麻口铸铁 一部分以石墨形式存在,另一部分以渗碳体形式存在。断口上呈黑白相间的麻点,故称麻口铸铁。这类铸铁也具有较大的硬脆性,因此工业上很少应用。

3.3.2 常用铸铁及其应用

(1) 灰铸铁

① 灰铸铁的组织和性能。灰铸铁组织是由钢的基体加片状石墨两部分组成,钢的基体可分为铁素体、铁素体+珠光体、珠光体三种。

灰铸铁性能主要取决于基体组织以及石墨的形态、数量、大小和分布。基体的强度不低于相应的钢,片状石墨的数量愈多,尺寸愈粗大,分布愈不均匀,对基体的割裂作用愈严重,则铸铁的抗拉强度、塑性与韧性就愈低。

灰铸铁的抗压强度、硬度与耐磨性主要取决于基体,石墨对其影响不大,故灰铸铁的抗压强度一般是其抗拉强度的3~4倍。同时,珠光体基体比其他两种基体的灰铸铁具有较高的强度、硬度与耐磨性。

② 灰铸铁的孕育处理。为了提高灰铸铁的力学性能,生产上常进行孕育处理。孕育处理就是在浇注前往铁液中加入少量孕育剂,改变铁液的结晶条件,从而获得细珠光体基体加上细小均匀分布的片状石墨的组织。生产中常用的孕育剂为硅铁和硅钙合金等,经孕育处理后的铸铁称为孕育铸铁。孕育铸铁不仅力学性能高于普通灰铸铁,而且组织与性能都均匀一致,断面敏感性小,因此,孕育铸铁常用作力学性能要求较高、且截面尺寸变化较大的大型铸件。

③ 灰铸铁的热处理。常用的灰铸铁热处理有退火和表面淬火。退火用于消除铸件内应力和白口组织。表面淬火可提高铸件表面的硬度和耐磨性,如机床导轨面进行表面淬火后,可使其寿命提高约1.5倍。

④ 灰铸铁的牌号和应用。灰铸铁的牌号由"HT"("灰铁"两字汉语拼音首字母)及后面三位数字(最低抗拉强度值,MPa)组成。如HT300,表示最低抗拉强度300MPa的灰铸铁。

灰铸铁生产工艺简单、价格低廉、铸造性能优良。在工业上应用最广泛,约占铸铁总量的80%以上。常用的牌号有HT150、HT200,主要用来制造各种机器的底座、机架、工作台、机身、齿轮箱箱体、阀体及内燃机的汽缸体、汽缸盖等。

表3-14列出了灰铸铁的牌号、力学性能及用途。

表3-14 灰铸铁的牌号、力学性能及用途

牌号	铸铁类别	铸件/mm	铸件最小抗拉强度 σ_b/MPa	适用范围及举例
HT100	铁素体灰铸铁	2.5~10	130	低载荷和不重要零件,如盖、外罩、手轮、支架、重锤等
		10~20	100	
		20~30	90	
		30~50	80	
HT150	珠光体+铁素体灰铸铁	2.5~10	175	承受中等应力(抗弯应力小于100MPa)的零件,如支柱、底座、齿轮箱、工作台、刀架、端盖、阀体、管路附件及一般无工作条件要求的零件
		10~20	145	
		20~30	130	
		30~50	120	
HT200	珠光体灰铸铁	2.5~10	220	承受高等应力(抗弯应力小于300MPa)和较重要的零件,如汽缸体、齿轮、机座、飞机、床身、缸套、活塞、刹车轮、联轴器、齿轮箱、轴承座、液压缸等
		10~20	195	
		20~30	170	
		30~50	160	

续表

牌号	铸铁类别	铸件/mm	铸件最小抗拉强度 σ_b/MPa	适用范围及举例
HT250	珠光体灰铸铁	4.0～10	270	承受高等应力（抗弯应力小于300MPa）和较重要的零件，如汽缸体、齿轮、机座、飞机、床身、缸套、活塞、刹车轮、联轴器、齿轮箱、轴承座、液压缸等
		10～20	240	
		20～30	220	
		30～50	200	
HT300	孕育铸铁	10～20	290	承受高弯曲应力（小于500MPa）及抗拉应力的重要零件，如齿轮、凸轮、车床卡盘、剪床和压力机的机身、床身、高压液压缸、滑体阀等
		20～30	250	
		30～50	230	
HT350		10～20	340	
		20～30	290	
		30～50	260	

由表可见，灰铸铁的强度与铸件壁厚有关，在同一牌号中，随着铸件壁厚的增加，其抗拉强度与硬度要降低。因此，根据零件的性能选择铸铁牌号时，必须注意铸件壁厚。

(2) 球墨铸铁

球墨铸铁是在浇注前向铁液中加入适量使石墨球化的球化剂（纯镁或稀土硅铁镁合金）和促进石墨化的孕育剂（硅铁），获得具有球状石墨的铸铁。

① 球墨铸铁的组织和性能。球墨铸铁是在钢的基体上分布着球状石墨，钢的基体可分为铁素体、铁素体+珠光体、珠光体三种。

由于球状石墨对基体的割裂作用较小，基体强度利用率可高达 70%～90%，而灰铸铁的基体强度利用率仅为 30%～50%。球墨铸铁中的石墨球愈小、愈分散，球墨铸铁的强度、塑性与韧性愈好，球墨铸铁的力学性能还与其基体组织有关，因此还可以通过热处理强化基体来提高其力学性能。

所以，球墨铸铁的抗拉强度、塑性、韧性不仅高于其他铸铁，而且可与相应组织的铸钢相媲美，如疲劳极限接近一般中碳钢；而冲击疲劳抗力则高于中碳钢；特别是球墨铸铁的屈强比几乎比钢提高一倍。一般钢的屈强比为 0.35～0.50，而球墨铸铁的屈强比达 0.7～0.8。但球墨铸铁的塑性与韧性却低于钢。

② 球墨铸铁热处理。常用的球墨铸铁热处理有以下几种。

退火：目的是为了获得铁素体。改善球墨铸铁的切削加工性能。当铸态组织中不仅有珠光体，还有渗碳体时，必须采用高温退火（900～950℃）。

正火：目的是为了获得珠光体基体。并细化组织，提高强度和耐磨性。

等温淬火：是获得高强度和超高强度球墨铸铁的重要热处理方法。等温淬火可有效防止变形和开裂。

调质处理：目的是为了获得回火索氏体基体并具有较高的综合力学性能。

③ 球墨铸铁的牌号和用途。球墨铸铁的牌号由"QT"（"球铁"二字汉语拼音首字母）加两组数字表示，前一组表示最低的抗拉强度值（MPa），后一组表示最小断后伸长率值（%）。

球墨铸铁在机械制造中得到了广泛的应用，它成功地代替了不少碳钢、合金钢和可锻铸铁，用来制造一些受力复杂，强度、韧性和耐磨性要求高的零件。如具有高强度与耐磨性的珠光体球墨铸铁,常用来制造拖拉机或柴油机中的曲轴、连杆、凸轮轴、各种齿轮、机床的主轴、蜗杆、蜗轮、轧钢机的轧辊、大齿轮及大型水压机的工作缸、缸套、活塞等;具有高的韧性和塑性铁素体基体的球墨铸铁,常用来制造受压阀门、机器底座、汽车后桥壳等。

表 3-15 列出了球墨铸铁的牌号、基体组织、力学性能和用途。

表 3-15 球墨铸铁的牌号、基体组织、力学性能和用途

牌号	基体组织	σ_b/MPa	$\sigma_{0.2}$/MPa	δ/%	HBW	用途
		不小于				
QT400-18	铁素体	400	250	18	130～180	汽车和拖拉机底盘零件、轮毂、电动机壳、联轴器、闸瓦、泵、阀体、法兰等
QT400-15	铁素体	400	250	15	130～180	
QT450-10	铁素体	450	310	10	160～210	
QT500-7	铁素体＋珠光体	500	320	7	170～230	电动机架、传动轴、直齿轮、链轮、罩壳、托架、连杆、摇臂、曲柄、离合器片等
QT600-3	珠光体＋铁素体	600	370	3	190～270	
QT700-2	珠光体	700	420	2	225～305	
QT800-2	珠光体或回火组织	800	480	2	245～335	汽车和拖拉机传动齿轮、曲轴、凸轮轴、缸体、缸套、转向节等
QT900-2	贝氏体或回火马氏体	900	600	2	280～360	

(3) 可锻铸铁

可锻铸铁是由一定化学成分的白口铸铁坯件经退火得到的具有团絮状石墨的铸铁。它的生产过程分两步:先浇注成白口铸铁,然后通过高温石墨化退火(也叫可锻化退火),使渗碳体分解得到团絮状石墨。

① 可锻铸铁的组织和性能。可锻铸铁分为铁素体基体的可锻铸铁(又称为黑心可锻铸铁)和珠光体基体的可锻铸铁。

由于可锻铸铁中团絮状的石墨对基体的割裂作用较小,可锻铸铁的力学性能比灰铸铁好,特别是低温冲击性能较好;与球墨铸铁相比,它还具有质量稳定、铁液处理简单和利于组织生产的特点;但可锻铸铁的力学性能比球墨铸铁稍差,而且可锻铸铁生产周期长、能耗大、工艺复杂、成本较高,随着稀土镁球墨铸铁的发展,不少可锻铸铁零件已逐渐被球墨铸铁所代替。可锻铸铁的耐磨性和减振性优于普通碳素钢,切削性能与灰铸铁接近。适合制作形状复杂的薄壁中小型零件和工作中受到振动而强度、韧性要求又较高的零件。可锻铸铁因其较高的强度、塑性和冲击韧度而得名,实际上并不能锻造。

② 可锻铸铁的牌号及用途。可锻铸铁的牌号由"KTH+数字+数字"或"KTZ+数字+数字"组成。"KTH"、"KTZ"分布代表"黑心可锻铸铁"和"珠光体可锻铸铁",符号后的第一组数字表示最低抗拉强度(MPa),第二组数字表示最小断后伸长率。可锻铸铁主要用于制作一些形状复杂而在工作中承受冲击振动的薄壁小型铸件。

表 3-16 列出了常用可锻铸铁的牌号、性能和用途。

(4) 蠕墨铸铁

蠕墨铸铁是在一定成分的铁液中加入适量的蠕化剂和孕育剂所获得的石墨形态似蠕虫状的铸铁。是 20 世纪 70 年代发展起来的一种新型铸铁。

① 蠕墨铸铁的组织和性能。蠕墨铸铁组织为蠕虫状石墨形态,介于片状与球状之间,故性能也介于灰铸铁与球墨铸铁之间。与球墨铸铁相比,有较好的铸造性能、良好的热导性和较低的热膨胀系数。

表 3-16 可锻铸铁的牌号、性能和用途

种类	牌号	试样直径 /mm	力学性能 σ_b /MPa	$\sigma_{0.2}$ /MPa	δ /%	硬度 HBS	用途举例
			不小于				
黑心可锻铸铁	KTH300-06	12或15	300		6	≤150	弯头、三通管件、中低压阀门等
	KTH330-08		330		8		扳手、犁刀、犁柱、车轮壳等
	KTH350-10		350	20	10		汽车、拖拉机前后轮壳、差速器壳、转向节壳、制动器及铁道零件等
	KTH370-12		370		12		
珠光体可锻铸铁	KTZ450-06	12或15	450	270	6	150~200	载荷较高和耐磨损零件,如曲轴、凸轮轴、连杆、齿轮、活塞环、轴套、耙片、万向接头、棘轮、扳手、传动链条等
	KTZ550-04		550	340	4	180~250	
	KTZ650-02		650	430	2	210~260	
	KTZ700-02		700	530	2	240~290	

② 蠕墨铸铁的牌号及用途。蠕墨铸铁的牌号由"RuT"("蠕墨铸铁"二字汉语拼音)加一组数字表示,数字表示最低抗拉强度(MPa)。

表 3-17 列出了蠕墨铸铁常用的牌号、性能和用途。

表 3-17 蠕墨铸铁常用的牌号、性能和用途

牌号	基体组织	σ_b /MPa	$\sigma_{0.2}$ /MPa	δ /%	HBW	用途
		不小于				
RuT420	珠光体	420	335	0.75	200~280	活塞环、制动盘、钢珠研磨盘和吸淤泥泵体等
RuT380	珠光体	380	200	0.75	193~274	
RuT340	珠光体+铁素体	340	270	1.0	170~249	重型机床件、齿轮箱体、盖、座、飞轮、起重扬卷筒等
RuT300	铁素体+珠光体	300	240	1.5	140~217	排气管、变速箱体、汽缸盖、液压件等
RuT260	铁素体	260	195	3	121~197	增压机废气进气壳体、汽车底盘等

3.4 有色金属及合金

工业中通常将钢和铸铁材料以外的金属或合金统称为有色金属。与黑色钢铁材料相比,因其具有优良的物理、化学和力学性能,因此,广泛应用于许多工业部门,尤其是在航空、计算机等新型工业部门。

有色金属品种繁多,常用的金属材料有铝及其合金、铜及其合金、轴承合金等。

3.4.1 铝及铝合金

(1) 工业纯铝

铝是地壳中储量最多的一种元素,约占地壳总重量的 8.2%。

工业纯铝,其纯度 w_{Al} 为 99.99%~99%。纯铝的密度较小(约 2.7g/cm³);熔点为 660℃;具有良好的导电性、导热性,仅次于银、铜、金;纯铝是非磁性、无火花材料;纯铝的强度很低(σ_b 仅 80~100MPa),但塑性很好($\delta=35\%~40\%$,$\psi=80\%$)。通过加工硬

化，可使纯铝的强度更高（$\sigma_b=150\sim200\text{MPa}$），但塑性下降（$\psi=50\%\sim60\%$）。铝的表面可生成致密的氧化膜，能隔绝空气，故在大气中具有良好的耐蚀性。

纯铝具有面心立方晶格，无同素异构转变。

工业纯铝分为纯铝（$99\%<w_{\text{Al}}<99.85\%$）和高纯铝（$w_{\text{Al}}>99.85\%$）两类。牌号有1070、1370、1050、1035、1200等，编号越大，杂质含量越高，纯度越低。

工业纯铝主要用于制造电线、电缆、管、棒、型材等。

(2) 常用铝合金

纯铝的强度很低，为了提高纯铝的强度，在纯铝中加入合金元素（铜、镁、锌、锰等）形成铝合金，可使其力学性能大大提高。

根据铝合金的成分和生产工艺特点，可将铝合金分为变形铝合金和铸造铝合金。

① 变形铝合金 变形铝合金可按其主要性能特点分为防锈铝、硬铝、超硬铝与锻铝等。变形铝合金牌号用四位字符体系表示，牌号的第一、三、四位为数字，第二位为"A"字母。牌号中第一位数字是依主要合金元素 Cu、Mn、Si、Mg、Mg_2Si、Zn 的顺序来表示变形铝合金的组别。例如 2A×× 表示以铜为主要合金元素的变形铝合金。最后两位数字用以标识同一组别中的不同铝合金。

a. 防锈铝。这类铝合金属于热处理不能强化的铝合金，它是铝-锰系或铝-镁系合金。一般只能用冷变形来提高强度。防锈铝合金具有适中的强度、良好的塑性和抗蚀性，但切削加工性较差。典型牌号是 5A05、3A21，主要用于制造各种高耐蚀性的薄板容器（如油箱等）、防锈蒙皮以及受力小、质轻、耐蚀的制品与结构件（如管道、窗框、灯具等）。

b. 硬铝。属铝-铜-镁系合金，通过淬火和时效处理可显著提高强度，σ_b 可达 420MPa，其强度与高强度钢（一般指 σ_b 为 $1000\sim1200\text{MPa}$ 的钢）相近，故名硬铝。

硬铝中如含铜、镁量多，则强度、硬度高，耐热性好（可在 200℃ 以下工作），但塑性、韧性低。硬铝的耐蚀性远比纯铝差，有些硬铝板材还可采用表面包一层纯铝或包覆铝，以增加其耐蚀性，但在热处理后强度稍低。

硬铝应用广泛，典型牌号是 2A01、2A11。可轧制成板材、管材和型材，制造较高负荷下的铆接与焊接零件。

c. 超硬铝。属铝-铜-镁-锌系合金。在铝合金中，超硬铝时效强化效果最好，强度最高，σ_b 可达 600MPa，其强度已相当于超高强度钢（一般指 $\sigma_b>1400\text{MPa}$ 的钢），故名超硬铝。超硬铝的耐蚀性也较差。

超硬铝典型牌号是 7A04，主要用于制造要求重量轻、受力较大的结构件，如飞机的起落架等。

d. 锻铝。属铝-铜-镁-硅系合金。锻铝的力学性能与硬铝相近，热塑性及耐蚀性较高，由于具有优良的锻造工艺性能，故名锻铝。

锻铝典型牌号是 2A05、2A07，主要用作航空及仪表工业中各种形状复杂、要求强度较高的锻件或模锻件，如各种叶轮、框架、支杆等。

表 3-18 列出了常用变形铝合金的牌号、力学性能及用途。

② 铸造铝合金 铸造铝合金的代号用"铸"、"铝"两字的汉语拼音的字首"ZL"及三位数字表示。第一位数表示合金类别（1 为铝-硅系，2 为铝-铜系，3 为铝-镁系，4 为铝-锌系）；第二、三位数字为合金顺序号，序号不同者，化学成分也不同。例如，ZL102 表示 2 号铝-硅系铸造铝合金。若优质合金在代号后面加"A"。

表 3-18 常用变形铝合金的牌号、力学性能及用途

类别	原代号	牌号	力学性能 σ_b/MPa	力学性能 δ_{10}/%	用途
防锈铝	LF5	5A05	≥265	≥14	焊接油箱、油管、焊条、铆钉及中载零件
防锈铝	LF21	3A21	≥120	≥16	焊接油箱、油管、焊条、铆钉及轻载零件
硬铝	LY	2A01	—	—	工作温度不超过100℃,常用作铆钉
硬铝	LY11	2A11	≤235	≥12	中等强度结构件,如骨架、螺旋桨、叶片、铆钉等
硬铝	LY12	2A12	≤215	≥14	高强度结构件,如航空模锻件及150℃以下工作零件
超硬铝	LC	—	≤245	≥11	主要受力构件,如飞机大梁、桁架等
超硬铝	—	7A04	≥490	≥7	主要受力构件,如飞机大梁、桁架等
超硬铝	—	—	≥490	≥7	主要受力构件,如飞机大梁、桁架等
锻铝	LD2	6A02	≥295	≥8	形状复杂、中、低强度的锻件
锻铝	LD5	2A50	—	—	形状复杂、中等强度的锻件

铸造铝合金牌号由"Z"和基体金属铝的化学元素符号、主要合金化学元素符号以及表明合金化学元素名义百分含量(质量分数)×100 的数字组成。若牌号后面加"A"表示优质。

与变形铝合金相比,铸造铝合金力学性能不如变形铝合金,但其铸造性能好,可进行各种成型铸造、生产形状复杂的零件。铸造铝合金按主要元素不同,分为铝-硅系、铝-铜系、铝-镁系、铝-锌系。应用最广的是铝-硅系,通常称硅铝明。

铝硅系合金具有良好的铸造性,可加入镁、铜、锰等元素使合金强化,这样的合金在变质处理后还可进行淬火时效,以提高强度,如 ZL105、ZL108 等合金。铸造铝-硅系合金一般用来制造轻质、耐蚀、形状复杂但强度要求不高的铸件,如发动机汽缸、手提电动或风动工具(手电钻、风镐)以及仪表的外壳。同时加入镁、铜的铝-硅系合金(如 ZL108 等),还具有较好的耐热性与耐磨性,是制造内燃机活塞的合适材料。

表 3-19 列出了常用的铸造铝合金的牌号、代号、力学性能及用途。

表 3-19 常用铸造铝合金的牌号、代号、力学性能及用途

类别	牌号	代号	σ_b/MPa	δ_5/%	HBW (5/250/30)	用途
铝硅合金	ZAlSiMg	ZL101	205	2	60	形状复杂的砂型、金属型和压力铸造零件,如飞机、仪器的零件、抽水机的壳体,工作温度不超过185℃的汽化器
铝硅合金	ZAlSiMg	ZL101	195	2	60	
铝硅合金	ZAlSi12	ZL102	155	2	50	形状复杂的砂型、金属型和压力铸造零件,如仪表、抽水机的壳体,工作温度200℃以下,要求气密性承受低载荷的零件
铝硅合金	ZAlSi12	ZL102	145	4	50	
铝硅合金	ZAlSi12	ZL102	135	4	50	
铝硅合金	ZAlSi5Cu1Mg	ZL105	235	0.5	70	砂型、金属型和压力铸造形状复杂、在225℃以下工作的零件,如风机发动机的汽缸头、机闸、液压泵壳体等
铝硅合金	ZAlSi5Cu1Mg	ZL105	195	1.0	70	
铝硅合金	ZAlSi5Cu1Mg	ZL105	225	0.5	70	
铝硅合金	ZAlCu2Mg	ZL108	195		85	砂型、金属型铸造、要求高温高强度及低膨胀系数的高速内燃机活塞及其他耐热零件
铝硅合金	ZAlCu2Mg	ZL108	255		90	

续表

类别	牌号	代号	力学性能(不低于)			用 途
			σ_b/MPa	δ_5/%	HBW (5/250/30)	
铝铜合金	ZAlCu5MnA	ZL201	295 335	8 4	70 90	砂型铸造在175~300℃以下工作的零件,如支臂、挂架梁、内燃机汽缸头、活塞等
	ZAlCu6Mn	ZL201	390	8	100	砂型铸造在175~300℃以下工作的零件,如支臂、挂架梁、内燃机汽缸头、活塞等
铝镁合金	ZAlMg10	ZL301	280	10	60	砂型铸造在大气或海水中工作的零件,承受大振动载荷,工作温度不超过150℃的零件
铝锌合金	ZAlZn11Si7	ZL401	245 195	1.5 2	90 80	压力铸造的零件,工作温度不超过200℃,结构形状复杂的汽车、飞机的零件

3.4.2 铜及铜合金

(1) 工业纯铜

工业上使用的纯铜,其铜的质量分数为 $w_{Cu}=99.70\% \sim 99.95\%$,它是玫瑰红色的金属,表面形成氧化亚铜 Cu_2O 膜层后呈紫色,故又称紫铜。

纯铜的密度为 $8.96g/cm^3$,熔点为1083℃,具有面心立方晶格,无同素异晶转变。纯铜突出的优点是具有优良的导电性、导热性及良好的耐蚀性(抗大气及海水腐蚀),铜还具有抗磁性。

纯铜的强度不高($\sigma_b=230\sim240$MPa),硬度很低(40~50HBW),塑性却很好($\delta=45\%\sim50\%$)。冷塑性变形后,可以使铜的强度 σ_b 提高到400~500MPa。但伸长率急剧下降到2%左右。因此,纯铜的主要用途是制作各种导电材料、导热材料及配置各种铜合金。工业纯铜分未加工产品(铜锭、电解铜)和加工产品(铜材)两种。未加工产品代号有Cu-1、Cu-2两种。加工产品代号有T1、T2、T3三种。代号中数字愈大,表示杂质含量愈多,则其导电性愈差。

(2) 铜合金

纯铜的强度低,不适于制作结构件,为此常加入适量的合金元素制成铜合金。

铜合金按加入合金元素,可分为黄铜、青铜及白铜(铜镍合金)三大类。机器制造业中,应用较广的是黄铜和青铜。

① 黄铜 黄铜是以锌为主要合金元素的铜-锌合金。按其化学成分不同,分为普通黄铜和特殊黄铜。

a. 普通黄铜 以铜和锌组成的合金称普通黄铜。普通黄铜代号表示方法为"H"+铜元素含量(质量分数)×100。例如,H68表示 $w_{Cu}=68\%$、余量为锌的黄铜。

黄铜的强度和塑性与含锌量有密切的关系。当含锌量增加时,由于固溶强化,使黄铜强度、硬度提高,同时塑性还有改善。当 $w_{Zn}>32\%$ 后出现塑性开始下降,而使强度继续升高。$w_{Zn}>45\%$,组织中已全部为脆性的β相,致使黄铜强度、塑性急剧下降,已无实用价值。

普通黄铜的力学性能、工艺性和耐蚀性都良好,应用较为广泛。典型牌号是H96,主要用于制造冷凝器、散热片及冷冲、冷挤零件等。

b. 特殊黄铜。在普通黄铜基础上,再加入其他合金元素所组成的多元合金称为特殊黄铜。特殊黄铜可分压力加工和铸造用的两种,前者有较高的塑性。

加工特殊黄铜代号表示方法为"H"＋主加元素的化学符号（除锌以外）＋铜及各合金元素的含量（质量分数）×100。例如，HPb59-1 表示 $w_{Cu}=59\%$、$w_{Pb}=1\%$、其余为锌的加工黄铜。

铸造特殊黄铜的牌号表示方法由"Z"＋铜元素化学符号＋主加元素的化学符号及含量（质量分数）×100＋其他合金元素化学符号及含量（质量分数）×100。例如，ZCuZn38，表示 $w_{Zn}=38\%$、其余为铜的铸造普通黄铜。

常加入的元素有锡、铅、铝、硅、锰、铁等。这些合金元素加入一般都能提高其强度。加入锡、铝、锰、硅还可提高耐蚀性并减少黄铜应力腐蚀破裂的倾向。某些元素的加入还可改善黄铜的工艺性能，如加硅改善铸造性能，加铅改善切削加工性能等。

典型牌号是 HP59—1，主要用于制造各种结构零件，如销、螺钉、螺母等。

表 3-20 列出了常用黄铜的代号、力学性能及用途。

表 3-20 常用黄铜的代号、力学性能及用途

类别	代号或牌号	力学性能			主要用途
		σ_b/MPa	δ/%	HBW	
普通黄铜	H90	345/392	35/3	—	双金属片、供水和排水管、证章、艺术品（称金色黄铜）
	H68	294/392	40/13	—	复杂的冷冲压件、散热器外壳、弹壳、导管、波纹管、轴套
	H62	294/412	40/10	—	销钉、铆钉、螺钉、螺母、垫圈、弹簧、夹线板
	ZCuZn38	295/295	30/30	59/68.5	一般结构件，如散热器、螺钉、支架等
特殊黄铜	HSn62-1	294/392	35/5	—	与海水和汽油接触的船舶零件（称海军黄铜）
	HSi80-3	300/350	15/20	—	船舶零件，在海水、淡水和蒸汽（<265℃）条件下工作的零件
	HMn58-2	382/588	30/30	—	海轮制造业和弱电用零件
	HPb59-1	343/441	5/25	—	热冲压及切削加工零件，如销、螺钉、螺母、轴套（称易削黄铜）
	ZCuZn40Mn3Fe1	440/490	18/15	98/108	轮廓不复杂的重要零件，海轮上在 300℃ 以下工作的管配件，螺旋桨等大型铸件
	ZCuZn25Al6Fe3Mn3	725/745	7/7	166.5/166.5	要求强度的耐腐蚀零件，如压紧螺母、重型蜗杆、轴承、衬套

② 青铜 青铜是以除锌和镍以外的其他元素作为主要合金元素的铜合金。按其所含主要合金元素的种类可分为锡青铜、铅青铜、铝青铜、硅青铜等。按生产方法可分为加工青铜和铸造青铜。

加工青铜代号表示方式由"Q"（"青"的汉语拼音字首）＋第一主加元素的化学符号及含量（质量分数）×100＋其他合金元素含量（质量分数）×100 组成。例如，QAl5 表示 $w_{Al}=5\%$、其余为铜的加工铝青铜。

铸造青铜的牌号表示方法由"Z"＋铜元素化学符号＋主加元素的化学符号及含量（质量分数）×100＋其他合金元素化学符号及含量（质量分数）×100。例如，ZCuSn10P1 表示 $w_{Sn}=10\%$、$w_P=1\%$、其余为铜的铸造锡青铜。

a. 锡青铜。以锡为主加元素的铜合金称锡青铜。压力加工锡青铜含锡量一般小于 10%，适宜于冷热压力加工。这类合金经形变强化后，强度、硬度提高，但塑性有所下降。其典型牌号是 ZCuSn5Pb5Zn5，主要用于仪表上耐磨、耐蚀零件，弹性零件及滑动轴承、轴套等。铸造锡青铜含锡量一般为 10%～14%，在这个成分范围内的合金，结晶凝固后体积收缩很小，有利于获得尺寸接近型腔的铸件。

b. 无锡青铜。无锡青铜是指不含锡的青铜。常用的是铝青铜。

铝青铜强度高、耐磨性高、且具有受冲击时不产生火花的特性。由于流动性好，可获得致密的铸件。其典型牌号是 ZCuAl9Mn2，常用来制造齿轮、摩擦片、蜗轮等要求高强度、高耐磨的零件。

习 题

3-1 指出下列钢号的类别、含碳量、主要用途和常用热处理。

Q235、20、45、65Mn、T12、ZG340-640、Q345、20CrMnTi、40Cr、9SiCr、60Si2Mn、GCr15。

3-2 指出下列不锈钢的类别及其用途。

2Cr13、1Cr17、1Cr18Ni9。

3-3 指出下列铸铁的牌号、含义及其用途。

HT200、QT450-10、KTH330-08、RuT300。

3-4 指出下列合金的类别、成分、主要特性及用途：

① ZL102　② ZL108　③ 5A05　④ 2A11
⑤ H70　⑥ HPb59-1　⑦ ZCuAl9Mn2　⑧ ZQPb30

模块二　金属材料热加工工艺基础

第4章　铸造成形

本章重点

铸造的生产工艺与过程。

学习目的

掌握砂型铸造的工艺基本方法、结构工艺性及适用范围。了解特种铸造的工艺特点及应用。

教学参考素材

铸件实物或图片、砂型铸造的生产工艺过程视频或铸造工厂参观等。

4.1　铸造成形的特点与工艺基础

4.1.1　铸造成形方法和主要特点

将熔化的金属或合金浇注到与零件形状、尺寸相适应的铸型型腔中，经冷却凝固后，得到零件或毛坯（称为铸件）的成形方法称为铸造成形。

铸造成形的工艺方法很多，从造型方法来分，可分为砂型铸造和特种铸造两大类。由于砂型铸造成本较低，适应性较强，因此应用最为广泛。

铸造是工业生产中应用非常广泛的毛坯制造方法。在一般的机器设备中，铸件重量往往要占机器总重量的 40%～80%，有的甚高，而铸件成本仅占机器总成本的 25%～30%。因此，铸造在机械制造工业中占有重要地位。

铸造成形具有以下优点。

① 可以制造各种尺寸和形状复杂的铸件，如各种机床床身、机架、箱体等，适应性强。
② 铸件与零件的形状和尺寸很接近，减少了加工费用，降低了制造成本。
③ 原材料来源广泛，价格低廉，如可利用各种报废的机件等。

铸造也存在不少的缺点。

① 铸件质量不够稳定，废品率较高。铸造过程中会有铸造缺陷产生，如气孔、砂眼、夹杂等。
② 铸件的力学性能较低。
③ 铸件表面较粗糙，尺寸精度不高。
④ 铸造的生产劳动条件较差，劳动强度大。

4.1.2　合金的铸造性能

合金的铸造性能是指合金在铸造过程中所表现出来的工艺性能。主要是指流动性、收缩性等。铸件的质量与合金的铸造性能密切相关,其中流动性和收缩性对铸件的质量影响最大。

(1) 合金的流动性

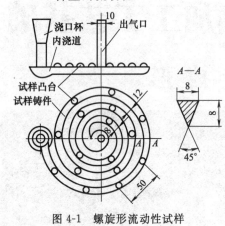

图 4-1 螺旋形流动性试样

① 合金的流动性 合金的流动性是指液态金属在铸型型腔中的流动能力。流动性好的合金,充型能力强,容易获得尺寸准确、轮廓清晰的铸件,流动性好还有利于合金液体中杂质和气体的排除。相反,流动性差的合金,则易产生冷隔、浇不足和气孔等缺陷。

合金的流动性的好坏,通常以螺旋形流动性试样的长度来衡量,如图 4-1 所示。试验时,将液态合金浇注入螺旋形铸型中,在相同的铸造条件下,获得的螺旋线越长,表明合金的流动性越好。

② 常用合金的流动性 不同种类的合金具有不同的流动性,根据流动性试验测得的螺旋线长度,常用的铸造合金中,灰铸铁的流动性较好,而铸钢的流动性较差,如表 4-1 所示。

表 4-1 常用合金的流动性

铸造合金		铸型材料	浇注温度/℃	螺旋线长度/mm
灰铸铁	$w_{C+Si}=6.2\%$	砂型	1300	1800
	$w_{C+Si}=5.2\%$	砂型	1300	1000
	$w_{C+Si}=4.2\%$	砂型	1300	600
铸钢 $w_C=0.4\%$		砂型	1600	100
		砂型	1640	200

③ 影响流动性的因素

a. 合金的化学成分。成分不同的合金具有不同的结晶特点,其流动性也不同。纯金属和共晶成分合金的流动性最好,凝固温度范围小的合金流动性较好,而凝固温度范围大的合金流动性差。

b. 浇注工艺条件。在一定范围内,提高浇注温度可改善金属的流动性。浇注温度越高,金属保持液态的时间越长,其黏度也越小,流动性也就越好。但浇注温度过高,合金液体收缩增加,吸气增多,氧化严重,易产生铸造缺陷。通常灰铸铁的浇注温度为 1230~1238℃。复杂薄壁铸件取上限,厚大件取下限。

铸型温度、铸型材料的导热性、铸件结构等因素对流动性也有影响。

(2) 合金的收缩性

① 收缩性 合金在冷却和凝固过程中,其体积和尺寸的缩小现象称为收缩。收缩是铸造合金本身的物理性质,是铸件中许多缺陷(如缩孔、缩松、裂纹和内应力)产生的基本原因。收缩包括液态收缩、凝固收缩、固态收缩三个阶段。

a. 液态收缩。是指合金从浇注温度冷却到凝固开始温度之间发生的体积缩减。由于此时合金全部处于液态,体积的缩小仅表现为型腔内液面的降低。

b. 凝固收缩。是指合金从凝固开始温度冷却到凝固终止温度之间的体积缩减。一般情况下,这个阶段仍表现为型腔内液面的降低。

液态收缩和凝固收缩表现为合金体积的缩减,通常称为"体收缩",是铸件产生缩孔、缩松缺陷的基本原因。

c. 固态收缩。是指合金从凝固终止温度冷却到室温之间的体积缩减,通常表现为三个方向线尺寸的收缩,称为"线收缩"。固态收缩对铸件的形状和尺寸精度影响很大,是铸造应力、变形、裂纹等缺陷产生的基本原因。

② 影响收缩性的因素

a. 合金的化学成分。合金的化学成分不同,其收缩也不相同,在常用铸造合金中灰铸铁的收缩小,铸钢的收缩大。如表 4-2 所示为常用铸造合金的收缩率。

表 4-2 常用铸造合金的收缩率　　　　　　　　　　　　　　　　%

合金种类	灰 铸 铁			球墨铸铁	铸钢
	中小型铸件	中大型铸件	特大型铸件		
自由收缩	1.0	0.9	0.8	1.0	1.6~2.3
受阻收缩	0.9	0.8	0.7	0.8	1.3~2.0

b. 工艺条件。合金的浇注温度对收缩性有影响,浇注温度越高,液态收缩越大。

铸件的结构和铸型材料对收缩也有影响,型腔形状越复杂、铸型材料的退让性越差,对收缩的阻碍越大,当铸件结构设计不合理,铸型材料的退让性不良时,铸件会因收缩受阻而产生铸造应力,容易产生裂纹。

③ 收缩对铸件质量的影响　铸件在凝固过程中,如果液态收缩和凝固收缩不能得到及时的补给,成形的铸件易产生缩孔和缩松缺陷;如果固态收缩受阻将使铸件产生铸造内应力,导致铸件变形开裂。

a. 缩孔与缩松。缩孔是由于金属的体收缩部分得不到补足时,在铸件的最后凝固处出现的较大集中孔洞。缩孔形成过程如图 4-2 所示,金属液充满型腔后,先凝固结成一层硬壳,如图 4-2 (a)、(b) 所示;由于液态收缩和凝固收缩,液面下降,如图 4-2 (c) 所示;随着温度继续降低,硬壳逐渐加厚,液面继续下降,如图 4-2 (d) 所示。凝固完毕,便在铸件上部形成缩孔,如图 4-2 (e) 所示。缩孔表面粗糙,形状不规则,多近于倒圆锥形。通常隐藏于铸件的内部。

缩松是分散在铸件内的细小缩孔。

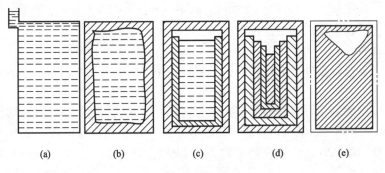

图 4-2　缩孔的形成过程示意图

缩孔和缩松都使铸件的力学性能下降,缩松还使铸件在气密性试验和水压试验时出现渗漏现象。生产中可通过在铸件的厚壁处设置冒口的工艺措施,使缩孔转移至最后凝固的冒口处,从而获得完整的铸件,如图 4-3 所示,冒口是多余部分,切除后便获得完整、致密的铸件。

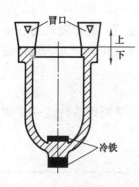

图 4-3 铸件的冒口

b. 变形与开裂。铸件在凝固后继续冷却过程中，若固态收缩受到阻碍就产生铸造内应力，当内应力达到一定数值，铸件便产生变形甚至开裂。铸造内应力主要包括收缩时的机械应力和热应力两种，机械应力是铸型、型芯等外力的阻碍收缩引起的内应力；热应力是铸件在冷却和凝固过程中，由于不同部位的不均衡收缩引起的内应力。

生产中为减小铸造内应力，经常从改进铸件的结构和优化铸造工艺入手，如铸件的壁厚应均匀，或合理设计铸造工艺，使铸件各部位冷却均匀，同时凝固，从而减小热应力；铸件的结构尽量简单、对称，减小金属的收缩受阻，从而减小机械应力；对铸件进行去应力退火等。

(3) 合金的吸气性和成分偏析

① 吸气性　吸气性是指合金在熔炼和浇注时吸收气体的能力。合金的吸气性可导致铸件内形成气孔，降低了铸件的力学性能和致密性。为减少合金的吸气性，应尽量缩短熔炼时间，选用烘干的炉料，控制溶液的温度；在覆盖剂下或在保护性气体介质中或在真空中熔炼；降低铸型和型芯中的含水量；提高铸型和型芯的透气性等。

② 成分偏析　是指铸件中各部分化学成分不均匀的现象。成分偏析影响铸件的力学性能、加工性能和抗腐蚀性，严重时可造成废品。可采用退火或在浇注时充分搅拌和加大合金液体的冷却速度的方法来克服成分偏析。

4.2　砂型铸造

4.2.1　砂型铸造工艺过程

砂型铸造是用型砂紧实成形的铸造工艺方法，它具有适应性广、生产准备简单、成本低廉等优点，因此是最基本、应用最为广泛的铸造方法。用砂型铸造生产的铸件占铸件总重量的 90% 以上。

砂型铸造通常分为湿型铸造（砂型未经烘干处理）和干型铸造（砂型经烘干处理）两种。砂型铸造一般由制造砂型、制造型芯、烘干（用于干型）、合箱、浇铸、落砂及清理、铸件检验等工艺过程组成。其工艺过程如图 4-4 所示。

(1) 造型材料

造型材料主要包括型砂、芯砂和涂料。型砂是用于制造砂型的材料；芯砂是用于制造型芯的材料。

铸造生产中用的造型材料型砂和芯砂通常由原砂、黏结剂（如黏土砂、树脂砂、水玻璃砂）、水及其他附加物（如煤粉、木屑、重油等）按一定比例混合而成。造型材料质量直接影响铸件的质量，据统计，铸件废品率约 50% 以上与造型材料有关。为保证铸件质量，造型材料应具备以下性能。

① 可塑性　型砂（芯砂）在外力的作用下可塑造成形，当外力消除后仍能保持外力作用下的形状，这种性能称为可塑性。可塑性好的型砂，易于成形，能获得合格的铸型。

② 强度　型砂（芯砂）抵抗外力破坏的能力称为强度。铸型必须有足够的强度，保证砂型和型芯在搬运、翻转、合箱及浇注时不致发生变形和损坏，防止铸件产生砂眼、夹砂等铸造缺陷。

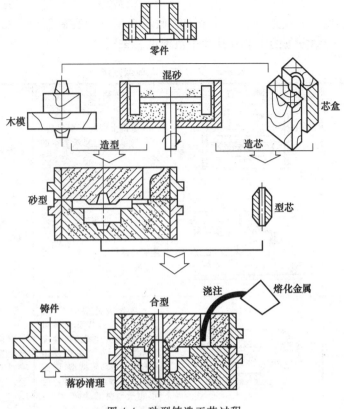

图 4-4 砂型铸造工艺过程

③ 耐火性 型（芯）砂在高温金属溶液的作用下，不熔融和烧结黏附在铸件表面上的性能称为耐火性。耐火性差会造成黏砂，增加铸件清理和切削加工的难度，严重时造成铸件的报废。

④ 透气性 砂型在紧实后能使气体通过的能力称为透气性。当金属溶液浇入铸型后，在高温的作用下，砂型中会产生大量的气体，金属溶液中也会分离出大量的气体。如果透气性差，气体不能顺利排出，铸件中就会产生气孔或浇不足等缺陷。

⑤ 退让性 铸件冷却收缩时，砂型和型芯的体积可以被压缩的性能称为退让性。退让性差时，铸件收缩困难，易产生内应力、变形和裂纹等缺陷。

由于型芯在浇注时被金属溶液冲刷和包围。因此，对芯砂各种性能的要求更为严格，除满足以上要求之外，还应满足吸湿性小、发气量少、易于落砂清理等要求。

(2) 造型（芯）方法

用造型材料及模样和芯盒等制造砂型和型芯的过程称为造型（芯）。造型是用模样形成砂型的型腔，在浇注后形成铸件的外部轮廓。型芯置于铸型中，浇注后主要形成铸件的内腔。模样和芯盒在单件小批量生产时，一般用木材制造；大量生产时，常采用金属（铝合金、铜合金、铸铁）或塑料等制造。

造型（芯）是砂型铸造最重要的工序，可分为手工造型（芯）和机器造型（芯）两大类。

① 手工造型（芯） 是指全部用手工或手动工具完成的造型工序。手工造型（芯）操作灵活，适应性强，工艺装备简单，是目前单件小批量生产铸件的主要方法。但生产效率低，劳动强度大，铸件质量不易保证。

a. 手工造型。手工造型方法按砂箱特征分为两箱造型、三箱造型和地坑造型等。按模样特征分为整模造型、分模造型、挖砂造型、假箱造型、活块造型、多箱造型、刮板造型等，各种常用手工造型方法的特点及其适用范围见表 4-3。

表 4-3 常用的手工造型方法

造型方法		简图	主要特征	适用范围
按砂型特征分	两箱造型	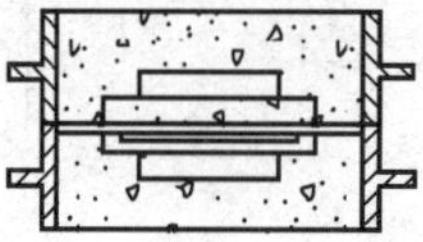	铸型由上型和下型组成，操作简单，是造型最基本的方法	适用于各种生产批量，各种大小的铸件
	三箱造型	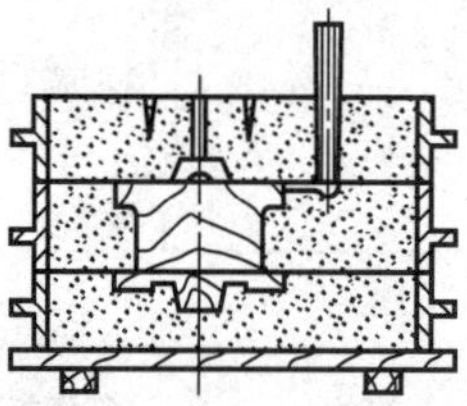	铸件由上、中、下三部分组成，三箱造型费工，应尽量避免使用	主要适用于单件、小批量生产具有两个分型面的铸件
	地坑造型	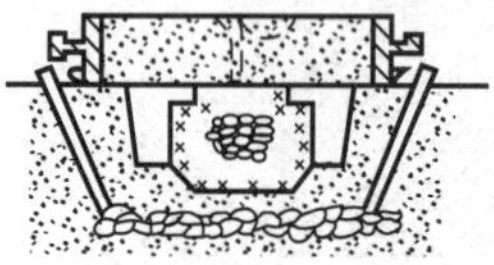	地坑作为铸型的下箱。大铸件需在砂床下面铺以焦炭，埋以出气管，以便浇注时引气。地坑造型仅用或不用上箱即可造型，因而减少了造砂箱的费用和时间，但造型费工、生产率低，要求工人技术水平高	适用于砂箱不足，或生产批量不大，质量要求不高的中、大型铸件，如砂箱、压铁、炉栅、芯骨等
按模样特征分	整模造型	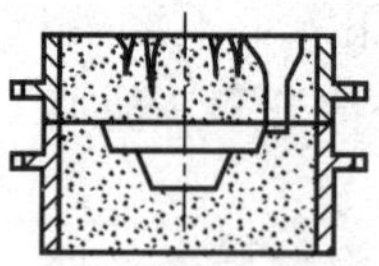	模样是一个整体，通常型腔全部放在一个砂箱内，分型面为平面	适用于铸件最大截面在一端，且为平面的铸件
	分模造型	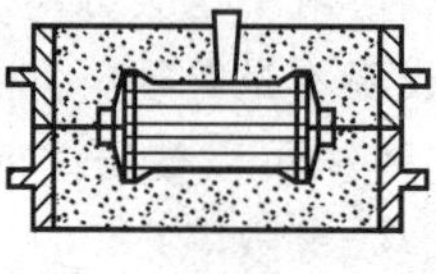	模样沿最大截面处分为两半，型腔位于上、下两个砂箱内	适用于各种生产批量和各种大小的铸件
	活块造型	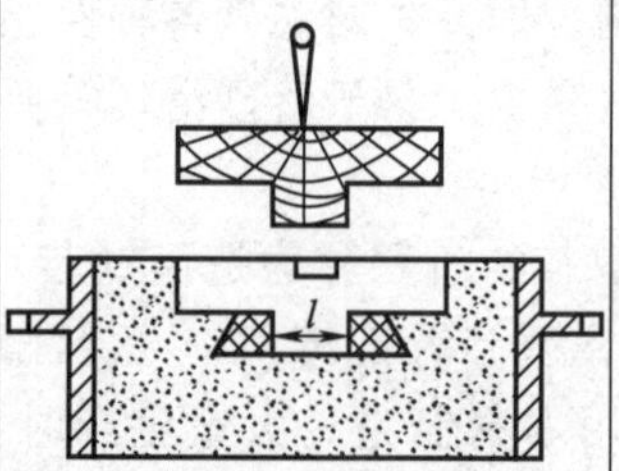	将铸件上妨碍起模的凸台、肋条等部分做成活块，起模时，先取出主体模样，再从侧面取出活块	适用于单件小批量生产
按模样特征分	刮板造型	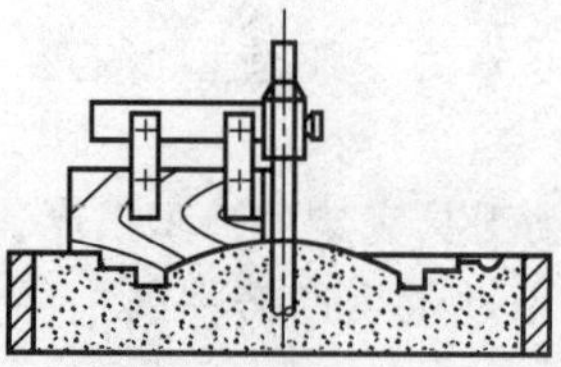	利用刮板代替实体模样，刮板绕垂直轴旋转造型	适用于批量较小、尺寸较大的回转体零件

续表

造型方法		简 图	主要特征	适用范围
按模样特征分	组芯造型		若干块砂芯组合成铸型，造型时只需芯盒，不用模样，砂芯装配好后，用夹具夹紧	适用于形状复杂铸件的生产
	挖砂造型		模样是整体的，但铸件分型面是曲面。为便于起模，造型时用手工挖去阻碍起模的型砂，其造型费工、生产率低，工人技术水平要求高	用于分型面不是平面的单件小批量生产铸件
	假箱造型		为克服挖砂造型的挖砂缺点，在造型前预先做个底胎（即假箱），然后在底胎上制下箱，因底胎不参与浇注，故称假箱。比挖砂造型操作简单，分型面整齐	适用于成批生产中需要挖砂造型的铸件

b. 手工造芯。制造型芯的过程称为造芯，常用的手工造芯方法是芯盒造芯。芯盒通常由两半组成，如图 4-5 所示为芯盒造芯示意图，将芯砂填入芯盒，经紧砂、脱盒、烘干、修整后即制成型芯。

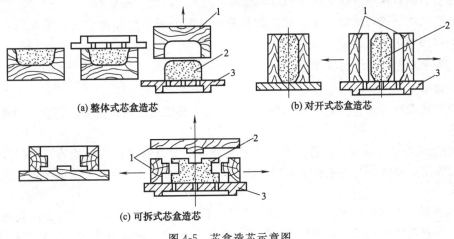

图 4-5 芯盒造芯示意图
1—芯盒；2—砂芯；3—烘干板

由于型芯是置于铸型中的，浇注时被金属溶液冲刷和包围，因此造芯时除采用合适的芯砂外，还需在型芯中放置芯骨，烘干以增加强度。在型芯中应做出通气孔，以顺利排出气体。

② 机器造型（芯） 是指用机器全部完成或至少完成紧砂操作的造型（芯）工序。与手工造型（芯）相比，机器造型（芯）生产效率高，铸件质量稳定，并能提高铸件的尺寸精度，减轻劳动强度。但设备及工艺装备费用大，生产准备周期长。主要用于大批量生产。

a. 机器造型。机器造型按紧砂方式不同，常用的造型机有震压造型、高压造型、抛砂造型、射砂造型、气流冲击造型等。其中以震压式造型机最为常用。常见的震压式造型机如图 4-6 所示，通过填砂、震实、压实和起模等步骤完成造型工作。

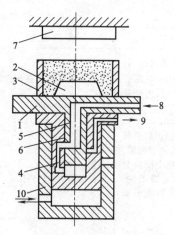

图 4-6 震压式造型机
1—工作台；2—模样；3—砂箱；
4—震实气路；5—震实活塞；
6—压实活塞；7—压头；
8—震实进气口；9—震实
排气口；10—压实气缸

b. 机器造芯。机器造芯可使用造芯机一次完成。生产效率高，型芯质量好，适用于大批量生产。型芯成形后一般都要进行烘干，目的是为了增加强度和透气性，减少型芯的发气量。强度要求较高的型芯还须加入芯骨。

（3）合箱

将上型、下型、型芯、浇口等组合成一个完整铸型的操作过程称为合箱。合箱前应对砂型和型芯进行检验，若有损坏需要进行修理。合箱时必须保证上、下型的准确定位。合箱后两箱必须卡紧并在砂箱上放置压箱铁，以防止造成抬箱、射箱或跑火等事故。

（4）浇注

将熔融的金属从浇包注入铸型的操作称为浇注。浇注的主要工艺指标包括浇注温度、浇注速度、浇注时间，这三个条件对铸件质量有很大的影响。

（5）落砂、清理和检验

铸件冷却到一定温度后，把铸件从砂型中取出去掉铸件表层和内腔中的型（芯）砂的过程叫落砂。清理是除去铸件的浇口、冒口、表面黏砂和毛刺。铸件上的浇冒口可采用敲击、气割、锯等方法去除。铸件上的黏砂常用清砂滚筒等清理，毛刺常用砂轮、錾子等清除。

铸件清理后要进行质量检验，常见的检验项目有外观、金相组织、力学性能、化学成分、内部探伤和水压试验等。

4.2.2 铸造工艺与铸件结构工艺性

（1）铸造工艺设计

铸造工艺设计主要包括确定铸件浇注位置、选择分型面、确定主要工艺参数和绘制铸件工艺图等。

① 确定铸件浇注位置　铸件浇注位置是指浇注时铸件在铸型内所处的空间位置。铸件浇注时的位置，对铸件的质量有很大的影响，在选择时应以保证铸件质量为主，一般应考虑以下原则。

a. 铸件的主要工作面和重要加工面应朝下。因为铸件上表面易产生气孔、夹渣、砂眼等缺陷，下表面组织致密。例如车床的床身，由于床身导轨面是重要表面，要求组织致密，不允许有明显的表面缺陷，所以将导轨面朝下，如图 4-7 所示。

b. 铸件的宽大平面朝下。由于浇注时炽热的金属液对铸型的上部有强烈的热辐射，引起顶面型砂膨胀拱起甚至开裂，大平面会出现夹砂、砂眼等缺陷，所以平板类、圆盘类铸件大平面应朝下，如图 4-8 所示。

c. 铸件上薄壁的平面朝下或垂直。为防止铸件的薄壁部位产生冷隔、浇不到缺陷，应将面积较大的薄壁置于铸件的下部，如图 4-9 所示。

② 选择分型面　分型面是指上、下砂型的接触表面。分型面选择合理与否，对铸件质量及制模、造型、造芯、合箱及清理等有很大影响。在选择分型面时应考虑以下原则。

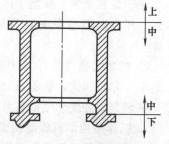

图 4-7 床身的主要工作面朝下

a. 便于起模。分型面应选择铸件最大截面处，以便于起模，如图4-10所示。

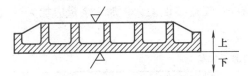

图4-8 铸件的宽大平面朝下

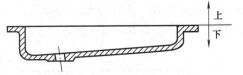

图4-9 薄壁铸件的浇注位置

b. 分型面应简单。铸件的结构应具有平直的分型面，最好只有一个，如图4-11所示。分型面少则容易保证铸件的精度，并可简化造型工艺。若只有一个分型面，可以采用简单的两箱造型方法。

c. 尽量使铸件的全部或大部分位于同一砂箱中。铸件处于同一砂箱中，既便于合型，又可防止错型，以保证铸件的质量，如图4-12所示。

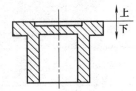

图4-10 分型面在铸件最大截面处

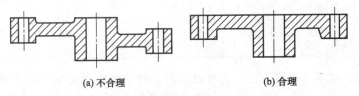

图4-11 铸件的分型面

d. 尽量使型腔及主要型芯位于下箱。这样可简化造型工艺，方便造型、下芯和合箱。如图4-13所示铸件的分型面选择中，A所示的型腔和主要型芯位于下箱，选择合理。

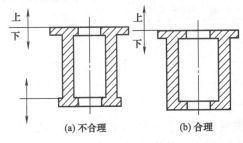

图4-12 铸件的结构

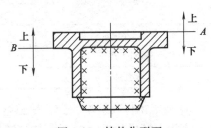

图4-13 铸件分型面

e. 浇注系统。是指为填充型腔和冒口而设于铸型中的一系列通道。其作用是：能够平稳、迅速地注入液体金属；挡渣，防止渣子、砂粒等进入型腔；调节铸件各部分温度，起"补缩"作用。通常由浇口盆、直浇道、横浇道和内浇道组成。典型的浇注系统如图4-14所示。

③ 确定主要工艺参数

a. 机械加工余量和铸孔。机械加工余量是指为保证铸件加工面尺寸和零件精度，在铸件工艺设计时预先增加而在机械加工时必须切去的金属层厚度。加工余量取决于铸件的精度等级，与铸件材料、铸造方法、生产批量、铸件

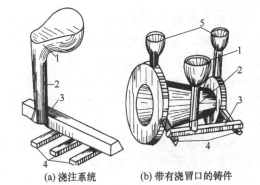

图4-14 浇注系统
1—外浇口；2—直浇道；3—横浇道；
4—内浇道；5—冒口

尺寸、浇注位置等因素有关。灰铸铁表面平整，精度较高，加工余量小；铸钢件表面粗糙、加工余量应大些。机器造型的精度高，加工余量小；手工造型误差大，加工余量应加大。灰口铸铁的加工余量如表 4-4 所示。

表 4-4 灰口铸铁的加工余量　　　　　　　　　　　　　　　　mm

铸件最大尺寸	浇注位置	加工面与基准面的距离					
		<50	50～120	120～160	260～500	500～800	800～1250
<120	顶面 底面、侧面	3.5～4.5 2.5～3.5	4.0～4.5 3.0～3.5	—	—	—	—
120～260	顶面 底面、侧面	4.0～4.5 3.0～4.0	4.5～5.0 3.5～4.0	5.0～5.5 4.0～4.5	—	—	—
>260～500	顶面 底面、侧面	4.5～6.0 3.5～4.5	5.0～6.0 4.5～5.0	6.0～7.0 4.5～5.0	6.5～7.0 5.0～6.0	—	—
>500～800	顶面 底面、侧面	5.0～7.0 4.0～5.0	6.5～7.5 4.0～4.5	7.0～8.0 5.0～6.0	7.0～8.0 5.0～6.0	7.5～9.0 6.5～7.0	—
>800～1250	顶面 底面、侧面	6.0～7.0 4.0～5.5	6.5～7.5 4.0～5.5	7.0～8.0 5.0～6.0	7.5～9.0 5.5～6.0	8.0～9.0 5.5～7.0	8.5～10 6.5～7.5

零件上的孔、槽等是否要注出，应考虑工艺上的可能性和使用上的必要性。一般来说，较大的孔、槽等应铸出，以减少切削加工时间和节约金属材料；较小的孔、槽，则不必铸出，留给机械加工时会更经济，保证质量。如表 4-5 所示为铸件孔的最小铸出直径。

表 4-5 铸件孔的最小铸出直径

生产批量	最小铸出孔直径/mm	
	铸钢件	灰铸铁
单件、小批量	50	30～50
成批生产	30～50	15～30
大批量	—	12～15

b. 确定铸件收缩率。为补偿铸件在冷却过程中的收缩，保证铸件的尺寸，必须按合金收缩率放大模样的尺寸。通常灰铸铁件的收缩率取 0.7%～1.0%；非铁金属的铸造收缩率取 1.0%～1.5%；铸钢件的铸造收缩率取 1.6%～2.0%。

c. 确定起模斜度（拔模斜度）和铸造圆角。为了便于模样从砂型中取出，型芯容易从芯盒中取出，在模样、芯盒的起模方向均做出一定的斜度，即起模斜度，如图 4-15 所示。一般木模为 15′～3°，金属模的斜度比木模小，机器造型的比手工造型的小。

制造模样时，凡是相邻表面的交角均应作成圆角。这样可以防止黏砂及造型、造芯的方便。一般中、小型铸件的铸造圆角半径为 3～5mm。

d. 确定型芯头。主要用于定位和固定砂芯，使砂芯在铸型中有准确的位置。芯头有垂直芯头和水平芯头两种，如图 4-16 所示。

e. 绘制铸造工艺图。是指反映铸件实际形状、尺寸和技术要求和图样，是铸造生产、检验与验收的主要依据。铸造工艺图可直接在铸件零件图上用红、蓝色铅笔绘出规定的工艺符号

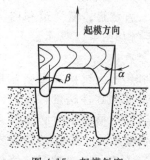

图 4-15 起模斜度

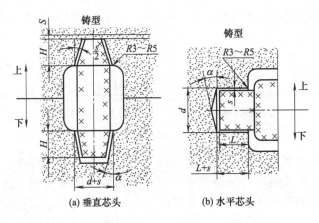

图 4-16 芯头的结构

和文字。图中应明确表示出铸件的浇注位置、分型面、型芯、浇冒口和工艺参数等内容,如图 4-17 所示为一零件的铸造工艺图。

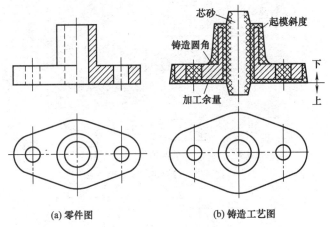

图 4-17 铸造工艺图

(2) 铸件结构工艺性

铸件结构设计不仅要保证铸件的使用性能和力学性能的要求,还必须考虑其结构是否符合铸造工艺和铸造性能的要求。合理的铸件结构可简化铸造工艺,减少和避免产生铸造缺陷,提高生产率,降低生产成本。

① 合金铸造性能对铸件结构设计的要求

a. 铸件的壁厚应合理。铸件壁厚过薄易产生浇不足、冷隔等缺陷;过厚易在壁中心处形成粗大晶粒,并产生缩孔、缩松等缺陷。因此铸件壁厚应在保证使用性能的前提下合理设计,表 4-6 为砂型铸造时铸件的最小壁厚。

表 4-6 砂型铸造时铸件的最小壁厚　　　　　　　　　　mm

铸件尺寸(长×宽)	铸钢	灰铸铁	球墨铸铁	可锻铸铁
<200×200	6~8	5~6	6	5
200×200~500×500	10~12	6~10	12	8
>500×500	15	15	—	—

b. 铸件壁厚应均匀。铸件各部位壁厚若相差过大，由于各部位冷却速度不同，易形成热应力可使厚壁与薄壁连接处产生裂纹，同时在厚壁处形成热节而产生缩孔、缩松等缺陷，如图 4-18 所示。

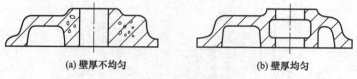

(a) 壁厚不均匀　　　　(b) 壁厚均匀

图 4-18　铸件的壁厚

c. 铸件壁的连接和圆角。铸件壁的连接应平缓、圆滑，避免直角处产生应力集中和金属积聚，铸件厚壁与薄壁间的连接要逐步过渡，做到减少应力集中，防止裂纹产生。如图 4-19～图 4-21 所示为铸件壁连接的几种形式。

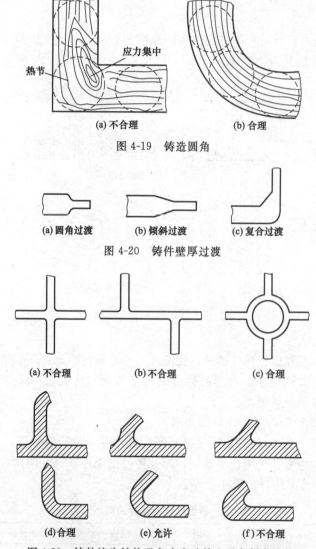

图 4-21　铸件接头结构避免十字连接和避免锐角连接

d. 铸件应尽量避免有过大的水平面。大的水平面，不利于金属液体的充填，易造成浇不足、冷隔等缺陷，因此铸件的大水平面设计成倾斜结构形式，如图 4-22 所示，有利于金属的充填和气体、夹杂物的排除。

② 铸造工艺对铸件结构设计的要求

a. 减少和简化分型面。铸件分型面的数量应尽量减少并具有平直的分型面，最好只有一个。分型面的数量少，可相应减少砂箱数量，简化造型工序，以避免因错型等缺陷，提高铸件精度，如图 4-23 所示。

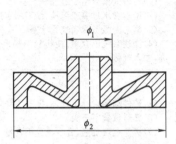

图 4-22 大水平面倾斜的结构形式

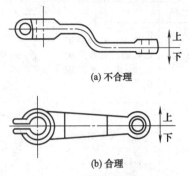

图 4-23 起重臂铸件的分型面

b. 铸件外形应简单，方便造型。铸件外形尽可能采用平直轮廓，尽量少用非圆曲面，以便于制造模样和造型，如图 4-24 所示。

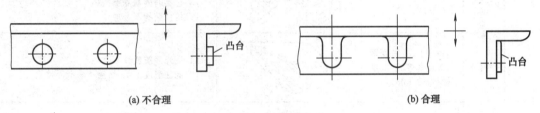

图 4-24 铸件的外形

c. 铸件要有结构斜度，便于起模。铸件上凡垂直于分型面的不加工表面均应设计出斜度，即结构斜度，如图 4-25 所示。

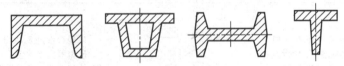

图 4-25 结构斜度

d. 铸件结构的内腔设计要有利于型芯固定、排气和清理。型芯在铸型中的支撑必须牢固，否则型芯经不住浇注时金属液的冲击而产生偏芯缺陷，造成废品。如图 4-26 轴承支架铸件所示。

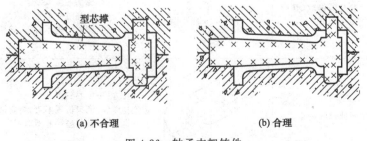

图 4-26 轴承支架铸件

4.2.3 铸件的缺陷分析和质量检验

（1）铸件常见缺陷

常见的铸件缺陷及产生原因如表 4-7 所示。

表 4-7　常见的铸件缺陷及产生原因

类别	名称	特征及图例	主要原因分析
孔眼类缺陷	气孔	铸件内部和表面的孔洞。孔洞内壁光滑，多呈圆形或梨形	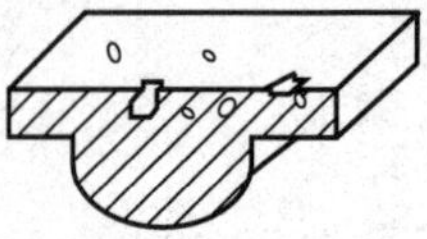 (1) 舂砂太紧或型砂透气性太差 (2) 型砂含水过多或起模、修型刷水过多 (3) 型芯未烘干或通气孔堵塞 (4) 浇注系统不合理，使排气不畅通或产生涡流，卷入气体
孔眼类缺陷	缩孔	铸件厚大部位出现的形状不规则，内壁粗糙的孔洞	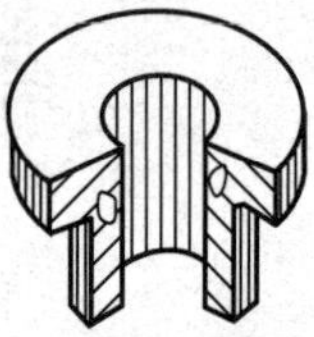 (1) 铸件结构设计不合理，壁厚不均匀 (2) 冒口位置不正确 (3) 浇注温度过高，合金成分不合格
孔眼类缺陷	砂眼	铸件内部和表面出现充塞型砂、形状不规则的孔洞	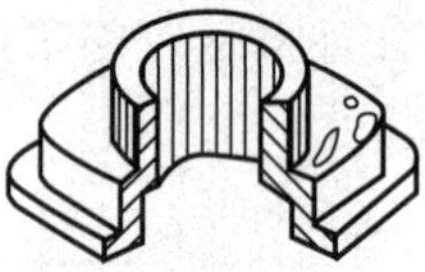 (1) 型芯砂强度不够，被金属液冲坏 (2) 型腔或浇注系统内散砂没吹净 (3) 合型时砂型局部损坏 (4) 铸件结构不合理
孔眼类缺陷	渣孔	铸件内部和表面出现充塞熔渣、形状不规则的孔洞	 (1) 浇注系统设计不合理 (2) 浇注温度太低，熔渣不易上浮排除
表面类缺陷	黏砂	铸件表面粗糙，黏有烧结砂粒	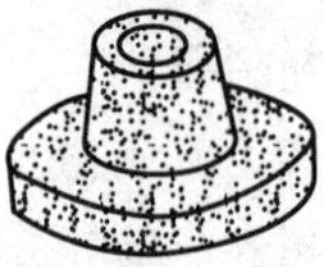 (1) 浇注温度过高 (2) 型、芯砂耐火度低 (3) 砂型、型心表面未涂涂料
表面类缺陷	夹砂	铸件表面有一层突起的金属片状物，在金属片与铸件之间夹有一层型砂	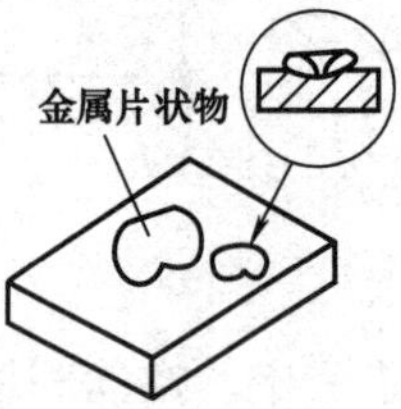 (1) 砂型含水过多，黏土过多 (2) 砂型紧实不均匀 (3) 浇注温度过高或速度太慢 (4) 浇注位置不当
表面类缺陷	冷隔	铸件表面有未完全融合的缝隙，其交接边缘圆滑	 (1) 浇注温度过低 (2) 浇注速度太慢 (3) 内浇道位置不当或尺寸过小 (4) 铸件结构不合理，壁厚过小
形状尺寸不合格	偏芯	铸件上的孔出现偏斜或轴线偏移	 (1) 型心变形 (2) 浇口位置不当，金属液将型芯冲倒 (3) 型芯座尺寸不对

续表

类别	名称	特征及图例	主要原因分析
形状尺寸不合格	错型	铸件沿分型面有相对位置错移	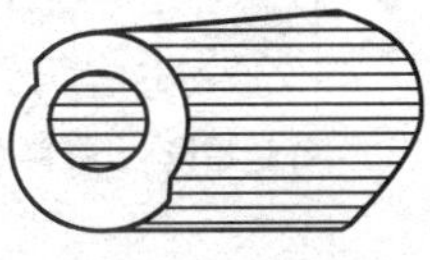 (1)合型时上、下型未对准 (2)定位销或泥号不准 (3)模样尺寸不正确
	浇不足	铸件未浇满	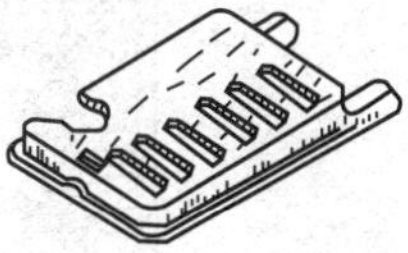 (1)浇注温度过低 (2)浇注速度过慢或金属液量不足 (3)内浇道尺寸过小 (4)铸件壁厚太薄
	裂纹	热裂是铸件开裂,裂纹表面氧化;冷裂是铸件开裂,裂纹表面不氧化或仅有轻微氧化	 (1)铸件结构不合理,尺寸相差太大 (2)砂型退让性差 (3)浇注系统位置设置不当
其他		铸件的化学成分、组织和性能不合格	(1)炉料成分质量不符合要求 (2)熔化时配料不准 (3)铸件结构不合理 (4)热处理方法不正确

(2) 铸件质量检验

在铸造生产过程中,由于铸件结构、工艺设计、操作过程和生产管理等方面的原因,容易产生铸造缺陷。铸件产生缺陷后,就会降低铸件的质量,严重时会使铸件成为废品。

为了确定铸件是否合格,要对铸件逐件进行检查。对于有缺陷的铸件,还要对缺陷进行鉴别。如果缺陷不影响铸件的使用要求,则应视为合格铸件。有些缺陷虽然会使铸件成为废品,但是若能经过修补消除缺陷,则该铸件也应视为合格铸件。补焊法是修复铸件最常用的方法,另外还可用渗补法、熔补法、环氧树脂黏补、塞补、腻补、金属喷涂等修补方法。检验后可对铸件进行评级,铸件的质量可分为三个等级:合格品、一等品、优等品。

铸件检验常采用宏观法,就是用肉眼或借助于尖嘴锤找出铸件表层或皮下的铸造缺陷,如气孔、砂眼、黏砂、缩孔、冷隔、浇不到等,对铸件内部的缺陷还可采用耐压试验、磁粉探伤、超声波探伤、金相检验、力学性能试验等方法。

4.3 特种铸造简介

特种铸造是指与砂型铸造不同的其他铸造方法。常用的有熔模铸造、金属型铸造、压力铸造、低压铸造和离心铸造。

4.3.1 熔模铸造

熔模铸造是指用易熔材料(如蜡料)制成模样,在模样上包覆若干层耐火材料,经过干燥、硬化制成型壳,然后加热使模样熔去后,经高温焙烧而成为耐火型壳,将液体金属浇入型壳中,金属冷凝获得铸件的一种方法。由于石蜡(硬脂酸)是应用最广泛的易熔材料,故这种方法又叫"石蜡铸造"。熔模铸造工艺过程如图 4-27 所示。

熔模铸造具有以下优点。

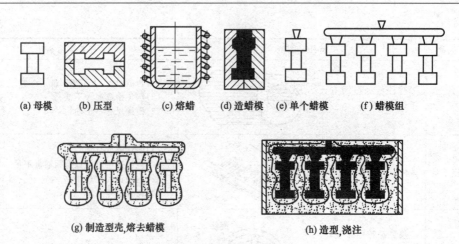

图 4-27 熔模铸造工艺过程

① 铸件尺寸精度高，表面质量好，尺寸精度可达 IT12~IT9，表面粗糙度 Ra 达 6.3~1.6μm，是少、无切削加工工艺的重要方法之一。

② 可铸造形状复杂、轮廓清晰、薄壁铸件，如汽轮机叶片。目前铸件的最小壁厚可达 0.25~0.4mm。

③ 可以铸造各种合金铸件，包括铜、铝等有色合金，各种合金钢、镍基、钴基等特种合金（高熔点难切削和加工的合金）。对于耐热合金的复杂铸件，熔模铸造几乎是唯一的生产方法。

④ 生产批量不受限制，能实现机械化流水作业。

熔模铸造的主要缺点如下：

① 熔模铸造工序繁多，生产周期较长（4~15 天），工艺过程复杂，影响铸件质量的因素多且质量不够稳定，因而生产成本较高。

② 铸件不能太长、太大（受蜡模易变形及型壳强度不高的限制），质量多为几十克到几千克，一般不超过 25kg。

熔模铸造主要用于生产汽轮机、涡轮发动机的叶片与叶轮、纺织机械、拖拉机、船舶、机床、电器、风动工具和仪表上的小型零件等。

4.3.2 金属型铸造

金属型铸造是指将金属液浇入金属铸型中，以获得铸件的方法。金属型常用铸铁、铸钢或其他合金制成。金属型可以反复使用，所以，又有"永久型铸造"之称。金属型类型如图 4-28 所示。

与砂型铸造相比，金属型铸造的主要优点如下：

① 金属型可承受多次浇注，实现了"一型多铸"，显著地提高了生产率且便于机械化。

② 金属型导热性好，铸件冷却快，因而晶粒细、组织紧密、力学性能好。如铝、铜合金铸件的力学性能比砂型铸造提高 20% 以上。

③ 铸件的精度高，表面质量好。尺寸精度可达 IT14~IT12，表面粗糙度 Ra 达 12.5~6.3μm，减少了机械加工余量。

④ 由于金属型铸造工序大为简化，影响铸件质量的工艺因素减少，铸造工艺容易控制，故铸件质量较稳定。与砂型铸造相比，废品率可减少 50% 左右。

金属型铸造的主要缺点如下：

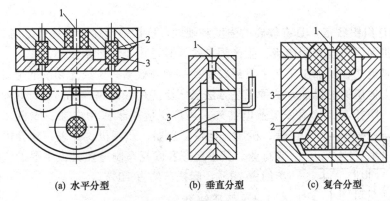

图 4-28 金属型的类型
1—浇口；2—砂型；3—型腔；4—金属芯

① 金属型铸造周期长、成本高，不适于小批量生产。

② 金属型导热性好，降低了金属液的流动性，故不适于形状复杂、大型薄壁铸件的生产。

③ 金属型无退让性，冷却收缩时产生的内应力将会造成复杂铸件的开裂。

④ 型腔在高温下易损坏，因而不宜铸造高熔点合金。

由于上述缺点，金属型铸造的应用范围受到限制，通常主要用于大批量生产、形状简单的有色金属及其合金的中、小型铸件，如飞机、汽车、拖拉机、内燃机等的铝活塞、汽缸体、缸盖、油泵壳体、铜合金轴套、轴瓦等。

4.3.3 压力铸造

压力铸造（简称压铸）是在高压下快速地将液态或半液态金属压入金属型腔中，并在压力下成形和凝固以获得铸件的方法。常用压铸的压力为 5~70MPa，有时可高达 200MPa；充型速度为 5~100m/s，充型时间很短，只有 0.1~0.2s。

压力铸造的工艺过程如图 4-29 所示。目前应用较多的是卧式冷压式压铸机。

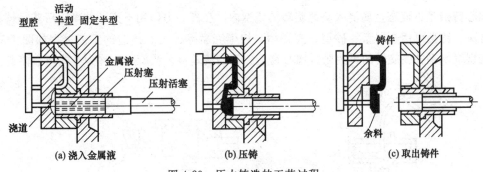

图 4-29 压力铸造的工艺过程

压力铸造的主要特征是铸件在高压、高速下成形，与其他铸造方法相比，压力铸造具有以下优点。

① 铸件尺寸精度高，尺寸精度可达 IT12~IT10；质量好，表面粗糙度 Ra 达 3.2~0.8μm。

② 生产率比其他铸造方法都高。

③ 可生产形状复杂、轮廓清晰、薄壁深腔的金属零件，可直接铸出细孔、螺纹、齿形、

花纹、文字等。

④ 压力铸件组织致密，具有较高的强度和硬度，抗拉强度比砂型铸件提高20%～40%。但是压铸机和压铸模费用昂贵，生产周期长，只适用于大批量生产。

压力铸造是近代金属加工工艺中发展较快的一种高效率、少或无切削的金属成形精密铸造方法。由于上述压铸的优点，这种工艺方法已广泛应用在国民经济的各行各业中。压力铸件除用于汽车、摩托车、仪表、工业电器外，还广泛应用于家用电器、农机、无线电、通信、机床、运输、造船、照相机、钟表、计算机、纺织器械等行业。其中汽车和摩托车制造业是最主要的应用领域，汽车约占70%，摩托车约占10%。

4.3.4 低压铸造

低压铸造是指金属液在压力作用下完成充型和凝固的铸造方法，其压力为0.02～0.06MPa。低压铸造工艺过程如图4-30所示。

低压铸造具有以下优点。

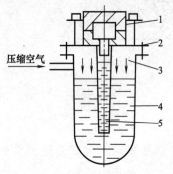

图 4-30 低压铸造工艺过程
1—铸型；2—密封盖；3—坩埚；
4—金属液；5—升液管

① 铸件的组织致密，力学性能较高，对于铝合金针孔缺陷的防止和铸件气密性的提高，效果尤其显著。铸件的表面质量高于金属型。

② 充型压力和速度便于控制，可适应各种铸型（砂型、金属型、熔模型壳等）。由于充型平稳，冲刷力小，且液流与气流的方向一致，故气孔、夹渣等缺陷较少。

③ 由于简化浇冒口系统，浇口余头小，故金属的实际利用率高（可达95%）。

④ 设备简单，投资少，操作简单，劳动条件好，易于实现机械化和自动化。

低压铸造目前主要用于生产铸造质量要求高的铝合金、镁合金铸件，如汽缸体、缸盖、高速内燃机的铝活塞、带轮、变速箱壳体、医用消毒缸等形状较复杂的薄壁铸件。

4.3.5 离心铸造

离心铸造是将液态金属浇入高速旋转的铸型内，在离心力作用下充型并凝固后获得铸件的一种方法。铸型可用金属型、砂型、陶瓷型、熔模壳型等。离心铸造的工艺过程如图4-31所示。铸型绕水平轴线旋转的称为卧式离心铸造，铸型绕垂直轴线旋转的称为立式离心铸造。

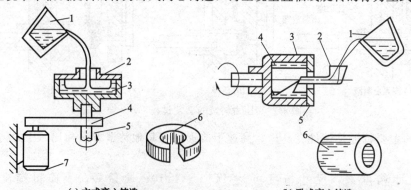

(a) 立式离心铸造
1—浇包；2—铸型；3—液态金属；4—带传动；
5—旋转轴；6—铸件；7—电动机

(b) 卧式离心铸造
1—浇包；2—浇注槽；3—铸型；4—液态金属；
5—端盖；6—铸件

图 4-31 离心铸造的工艺过程

离心铸造的特点和适用范围如下。

① 金属结晶组织致密，铸件内没有或很少有气孔、缩孔和非金属类夹杂物，因而铸件的力学性能显著提高。

② 铸造圆形中空铸件时，不用型芯和浇注系统，简化了工艺过程，降低了金属消耗。

③ 提高了金属液的充型能力，改善了充型条件，可用于浇注流动性较差的合金及薄壁铸件。

④ 适应各种合金的铸造，便于铸造薄壁件和"双金属"件，如钢套内镶铜轴承等，其结合面牢固、耐磨，又可节约贵重金属材料。

但是离心铸造铸件内孔表面粗糙，孔径通常不准确。

离心铸造常用于各种套、管、环状零件的铸造，是铸铁管、汽缸套、铜套、双金属轴承的主要生产方法，铸件的最大重量可达十几吨。

习 题

4-1 什么叫铸造？有何优、缺点？
4-2 什么是合金的铸造性能？常用的铸造合金中，何种铸造性能较好？
4-3 砂型铸造中造型的方法有几种？适应何种场合？
4-4 浇注位置选择原则是什么？
4-5 分型面选择原则是什么？
4-6 铸造工艺参数包括哪些内容？
4-7 铸造时对铸件的工艺结构有何要求？
4-8 铸造的缺陷有几种？产生的原因是什么？

第5章 锻压成形

本章重点

锻造件、冲压件的生产工艺过程。

学习目的

掌握自由锻及板料冲压件的生产工艺与过程。

教学参考素材

锻造件、冲压件实物或图片，观看生产工艺过程视频或参观工厂等。

5.1 锻压成形的特点与工艺基础

5.1.1 锻压成形的主要特点

锻压是指对金属坯料施加外力，使其产生塑性变形，获得所需尺寸、形状及性能的零件或毛坯的成形加工方法，它是锻造和冲压的总称。常用的锻压成形方法有自由锻、模锻、板料冲压等。

锻压成形加工与其他加工方法相比，有以下特点。

① 锻压加工后，可使金属获得较细密的晶粒，可以压合铸造组织内部的气孔等缺陷，使组织致密、晶粒细化，并能合理控制金属纤维方向，改善和明显提高了零件的力学性能。因此，凡是承受重载的机械零件，如机床的主轴、重要的齿轮等，一般需采用锻件做毛坯，再进行机械加工。

② 锻压加工具有较高的劳动生产率。模锻、冲压更为突出。

③ 材料利用率高。

④ 板料冲压件具有重量轻、精度高、刚度好的特点。

⑤ 不适合成形形状较复杂的零件，由于锻压是在固态下成形，金属流动受到限制，因此锻件形状所能达到的复杂程度不如铸件。

锻压加工在机械制造、汽车、拖拉机、仪表、造船、冶金、国防、家用电器等工业中应用广泛。例如汽车上60%～80%的零件或毛坯都是由锻压加工制造的。

5.1.2 锻压成形的工艺基础

（1）金属塑性变形

金属在外力作用下产生弹性变形和塑性变形，塑性变形引起金属尺寸和形状的改变，对金属组织和性能有很大影响，锻压成形加工就是利用金属的塑性变形。

金属塑性变形是金属晶体每个晶粒内部的变形和晶粒间的相对移动、晶粒转动的综合结果。单晶体的塑性变形主要通过滑移的形式来实现。如图5-1所示，在切应力的作用下，晶体的一部分相对另一部分沿着一定的晶面产生滑移。滑移后，若去除切应力，晶格歪扭可恢

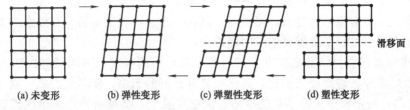

图 5-1 单晶体滑移示意图

复,但已滑移的原子不能恢复到变形前的位置,被保留的这部分变形即塑性变形。

(2) 冷变形强化(加工硬化)

金属在塑性变形(冷变形)过程中,随着变形程度的增加,强度和硬度提高而塑性下降的现象,称为冷变形强化(加工硬化)。

冷变形强化在生产中具有很重要的实用意义,它是提高金属材料强度、硬度和耐磨性的重要手段之一,如冷拉高强度钢丝、坦克履带、铁路道岔等都采用冷变形强化来提高其强度和硬度。但是,冷变形强化后由于塑性和韧性进一步降低,会给金属进一步变形带来困难。

(3) 回复与再结晶

冷变形强化的组织是一种不稳定的组织状态,具有恢复到稳定状态的倾向。但在常温下多数金属的原子扩散能力很低,不发生明显的组织变化。当将它加热到一定温度,使金属原子加剧运动,才会发生组织和性能变化,使金属恢复到稳定状态。

① 回复　当加热温度不高时,原子扩散能力较弱,不能引起明显的组织变化,只能使晶格畸变程度减轻,原子回复到平衡位置,内应力明显下降,但晶粒形状和尺寸未发生变化,强度、硬度略有下降,塑性稍有升高,这一过程称为回复。

使金属得到回复的温度称为回复温度(热力学温度),用 $T_{回}$ 表示。纯金属 $T_{回} = (0.25 \sim 0.30)T_{熔}$ ($T_{熔}$ 为纯金属熔点的热力学温度)。

生产中常利用回复现象对工件进行去应力退火,以消除应力,稳定组织,并保留冷变形及强化性能。如冷拉钢丝卷制成弹簧后为消除应力使其定形,需进行一次去应力退火。

② 再结晶　当加热到较高温度时,原子扩散能力增强,因塑性变形而被拉长的晶粒重新形核、结晶,消除了冷变形强化现象,使金属组织和性能恢复到变形前状态,这个过程称为再结晶。金属开始再结晶的温度称为再结晶温度(热力学温度),用 $T_{再}$ 表示,一般为 $T_{再} \approx 0.40 T_{熔}$。

如图 5-2 所示为冷变形后金属在加热过程中发生回复和再结晶的组织变化示意图。

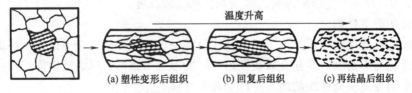

图 5-2 金属回复和再结晶的组织变化示意图

③ 晶粒长大　再结晶过程完成后,若继续升高加热温度,或延长加热时间,则会发生晶粒长大现象,使晶粒变粗、力学性能下降,因此,应正确控制再结晶温度。

(4) 金属的冷加工和热加工

① 冷加工　金属在再结晶温度以下进行的塑性变形称为冷加工。如钢在常温下进行的冷冲压等。变形过程中只有冷变形强化而无回复与再结晶现象。

冷变形工件无氧化脱碳，可获得较高的尺寸精度和表面质量，强度和硬度较高。但冷加工时变形抗力大，变形量不宜过大，以免产生裂纹。由于冷加工金属存在残余应力和塑性差等缺点，因此在变形过程中常需要增加中间退火。

② 热加工　金属在再结晶温度以上进行的，变形后的金属只有再结晶组织而无冷变形强化现象，如热锻等。与冷加工相比，其优点是有良好的塑性，变形抗力低，通常只有冷变形的 1/10～1/5，变形程度大，易加工变形。但在高温下，金属易产生氧化脱碳现象，使工件表面粗糙，尺寸精度较低。

金属的热加工提高了金属的力学性能。金属经塑性变形及再结晶，可使原来存在的不均匀、晶粒粗大的组织得以改善，或将铸锭组织中的气孔、缩松等压合。

(5) 锻造流线与锻造比

① 锻造流线　热加工时，金属中的脆性杂质被打碎，并沿着金属主要伸长方向呈碎粒状分布，而塑性杂质则随金属变形沿着主要伸长方向呈带状分布，金属中这种杂质的定向分布通常称为锻造流线。

锻造流线使金属的性能呈各向异性。当分别沿着流线方向和垂直流线方向拉伸时，前者有较高的抗拉强度。当分别沿着流线方向和垂直方向剪切时，后者有较高的抗剪强度。锻造流线使锻件在纵向（平行流线方向）上塑性增加，而在横向（垂直流线方向）上塑性和韧性降低。因此，在设计和制造零件时，必须考虑锻造流线的合理分布。使零件工作时的正应力方向与流线方向平行，切应力方向与流线方向垂直，从而得到较高的力学性能。如图 5-3 所示为锻压成形的曲轴、吊钩和螺钉，其锻造流线与零件的轮廓相符合而不被切断，分布合理。

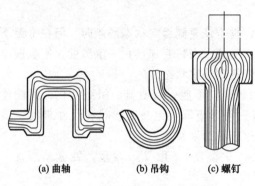

(a) 曲轴　　(b) 吊钩　　(c) 螺钉

图 5-3　零件锻造流线的合理分布

② 锻造比　在锻压生产中，金属的变形程度常用锻造比 Y 来表示。通常用变形前后的截面比、长度比或高度比来计算。

拔长锻造比：
$$Y_{拔} = F_0/F = L/L_0 \tag{5-1}$$

镦粗锻造比：
$$Y_{镦} = F/F_0 = H_0/H \tag{5-2}$$

式中　F_0，L_0，H_0——变形前坯料的截面积、长度和高度；
　　　F，L，H——变形后坯料的截面积、长度和高度。

(6) 金属的锻造性能

金属的锻造性能是指在压力加工时获得优质零件的难易程度。金属锻造性能的优劣，常用塑性和变形抗力来衡量。通常金属塑性越好，变形抗力越低，则锻造性能好；反之，则锻造性能差。影响金属锻造性能的因素有以下几个方面。

① 化学成分及组织　一般纯金属的锻造性能比其合金好。碳素钢随含碳量增加，锻造性能变差。合金钢中合金元素种类和含量越多，锻造性能越差。

纯金属和固溶体（如奥氏体等）锻造性能好，金属化合物（如渗碳体等）锻造性能差。晶粒细小而均匀组织的锻造性能好。

② 变形温度　在一定的变形温度范围内，随着金属变形温度升高，可使原子动能增加，结合力减弱，塑性增加，变形抗力减小，锻造性能提高。但温度过高会使金属产生氧化、脱

碳和过热等缺陷,所以必须严格控制锻造温度。

③ 变形速度　变形速度反映金属材料在单位时间内的变形程度。当变形速度大时,会使金属的塑性下降,变形抗力增大,锻压性能变差。但是,当变形速度很高时,变形功转化的热来不及散发,会使锻件温度升高,变形抗力降低和塑性增加,又能改善锻造性能。

④ 应力状态　采用不同的变形方式,金属内部的应力状态也不同,若呈三向受压状态,表现出良好的锻造性能。实践证明,金属在三个方向上的压应力数目越多,锻造性能越好;受拉应力数目越多,锻造性能越差。

5.2 锻压成形方法

5.2.1 自由锻

自由锻是指用简单的通用性工具,或在锻造设备的上、下砧铁之间直接对坯料施加外力,使坯料产生变形而获得所需的几何形状及内部质量的锻件加工方法。由于坯料变形时在水平方向作自由流动,故称自由锻。

自由锻分手工锻造和机器锻造两种。手工锻造只能生产小型锻件,生产率较低。机器锻造则是自由锻的主要生产方法。

自由锻工艺灵活,所用工具、设备简单,通用性大,成本低,可锻造1kg至数百吨的锻件。对于水轮发电机主轴、大型连杆、轧辊等重型锻件在工作中都承受很大的载荷,要求具有较高的力学性能,自由锻是唯一可行的生产方法,所以在重型机械制造厂中占有重要的地位。但自由锻尺寸精度低,加工余量大,生产率低。因此,自由锻适用于单件小批量生产。

(1) 自由锻设备

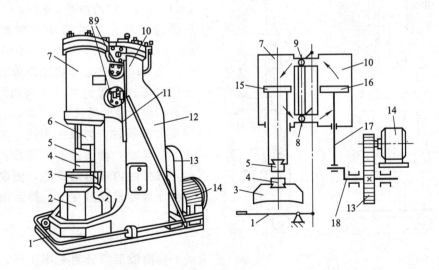

图 5-4　蒸汽自由锻锤
1—踏杆;2—砧座;3—砧垫;4—下砧铁;5—上砧铁;6—锤杆;7—工作汽缸;8—下旋转阀;
9—上旋转阀;10—压缩汽缸;11—手柄;12—锤身;13—减速器(齿轮);
14—电动机;15—工作活塞;16—压缩活塞;17—连杆;18—曲柄

自由锻所用的设备分为锻锤和压力机两大类。前者用于锻造中、小型自由锻件，后者主要用于大型自由锻件。

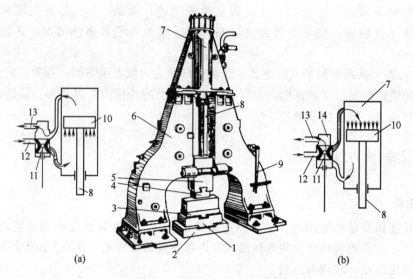

图 5-5 蒸汽-空气自由锻锤
1—砧垫；2—底座；3—下砧；4—上砧；5—锤头；6—机架；7—工作汽缸；8—锤杆；
9—操纵手柄；10—活塞；11—滑阀；12—进气管；13—排气管；14—滑阀汽缸

① 锻锤。锻锤是利用其冲击力使坯料变形，其能力大小是以其落下部分的总质量来表示，砧座的质量越大，打击效率越高。锻锤有空气锤、蒸汽-空气锻锤两种，空气锤主要用于锻造小型锻件（＜100kg），结构如图 5-4 所示。蒸汽-空气锻锤主要用于锻造中等质量的锻件（50～700kg），结构如图 5-5 所示。

② 水压机。水压机是以静压力作用于坯料而进行锻造的，结构如图 5-6 所示。所锻锻件的质量为 1～300t，适用于锻造大型锻件。与锻锤相比，水压机工作时振动小，锤头运动速度低，工作平稳，锻件的内部容易锻透，使锻件的整个截面都能较充分变形，得到细晶粒的组织。

(2) 自由锻工序

自由锻工序分为基本工序、辅助工序和精整工序。

基本工序是使坯料实现变形的主要工序。主要有镦粗、拔长、冲孔、切割、弯曲和扭转等，如表 5-1 所示。

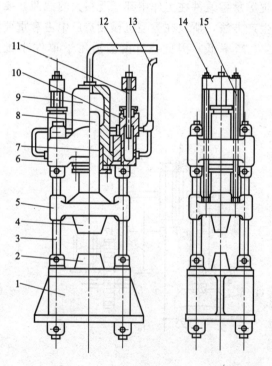

图 5-6 水压机
1—下横梁；2—下砧；3—立柱；4—上砧；5—活动横梁；6—上横梁；7—密封圈；8—柱塞；9—工作缸；10—回程缸；11—回程柱塞；12,13—管道；14—回程横梁；15—回程拉杆

表 5-1 自由锻基本工序简图

工序	镦粗	拔长	冲孔
图例			
工序	马杆扩孔	心轴拔长	弯曲
图例			
工序	切割	错移	扭转
图例			

辅助工序是指进行基本工序之前的预变形工序。主要有压钳口、倒棱、压肩等。

精整工序是对已成形的锻件表面进行平整，清除毛刺和飞边等，使其形状、尺寸符合要求的工序。主要有修整、校直、平整端面等。

（3）自由锻的工艺规程

自由锻工艺规程是锻造生产的基本技术文件。自由锻工艺规程主要有以下内容：绘制锻件图、计算坯料的质量和尺寸、确定锻造工序、选择锻造设备、确定坯料加热规范和编写工艺卡片等。

① 绘制锻件图。锻件图是锻造加工的依据，它是以零件图为基础并考虑机械切削加工余量（锻件上凡需切削加工的表面应留加工余量）、锻件公差（锻件尺寸允许的变动量）、余块（在锻件的某些难以锻出的部分如小孔、台阶等，添加一部分金属以简化锻件外形，便于锻造）等绘制的。绘制锻件图时，锻件形状用粗实线绘制；零件主要轮廓形状用双点画线或细实线绘制；锻件尺寸和公差标注在尺寸线上面。零件尺寸加括号标注在尺寸线下面，如图 5-7 所示。

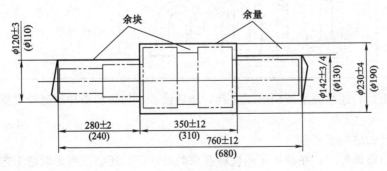

图 5-7 锻件图

② 计算坯料质量与尺寸。生产大型锻件用钢锭作坯料，中、小型锻件采用钢坯和各种型材，如方钢、圆钢、扁钢等。坯料的质量可按式（5-3）计算，即

$$m_{坯} = m_{锻} + m_{烧} + m_{芯} + m_{切} \tag{5-3}$$

式中　$m_{坯}$——坯料质量；
　　　$m_{锻}$——锻件质量；
　　　$m_{烧}$——加热时坯料表面氧化烧损的质量，与坯料性质、加热次数有关；
　　　$m_{芯}$——冲孔时的芯料质量，与冲孔方式、冲孔直径和坯料高度有关；
　　　$m_{切}$——锻造过程中被切掉的多余金属质量，如修切端部产生的料头等。

坯料的尺寸可根据材料的密度和坯料质量计算出坯料的体积，然后再根据基本工序在类型（如拔长、镦粗等）及锻造比，计算坯料横截面积、直径、边长等尺寸。

③ 选择锻造工序。根据不同类型的锻件选用不同的锻造工序。表 5-2 是一般锻件的分类和所采用的工序。

表 5-2　自由锻锻件的分类及锻造工序

类别	图例	锻造工序	实例
盘类、圆环类零件	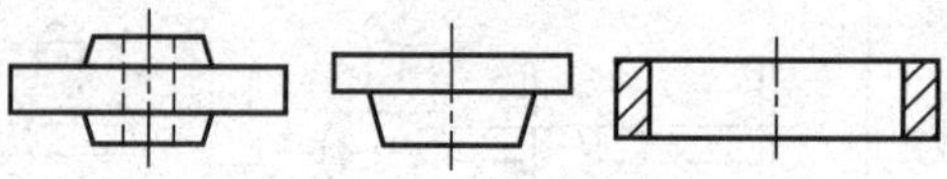	镦粗、冲孔、马杆扩孔、定径	齿圈、法兰、套筒、圆环等
筒类零件	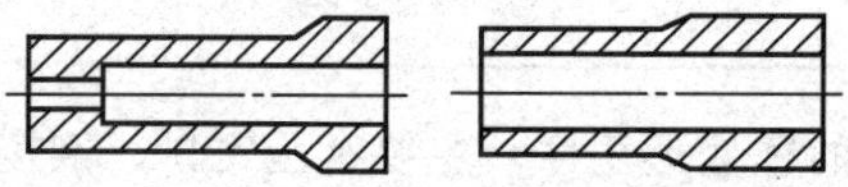	镦粗、冲孔、心轴拔长、滚圆	圆筒、套筒
轴类零件	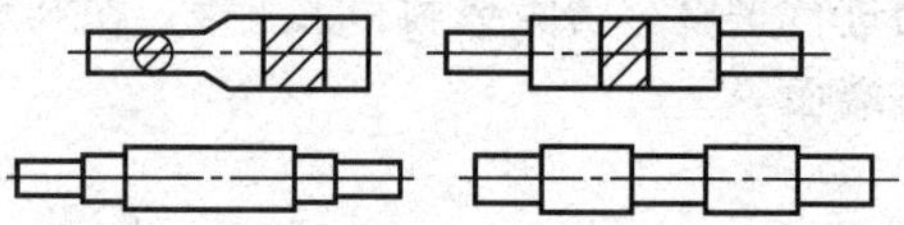	拔长、压肩、滚圆	丰轴、传动轴
杆类零件	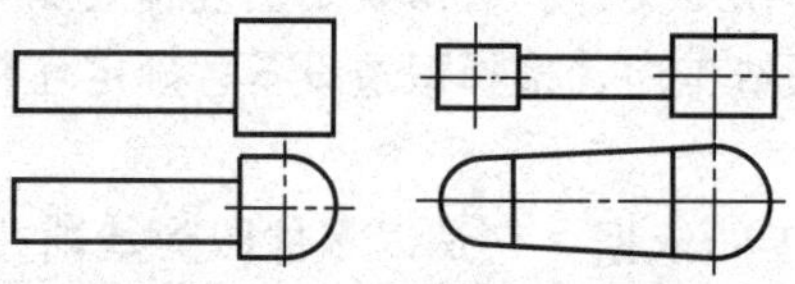	拔长、压肩、修整、冲孔	连杆
曲轴类零件	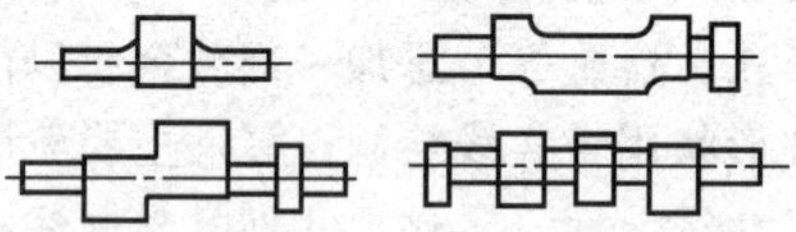	拔长、错移、压肩、扭转、滚圆	曲轴、偏心轴
弯曲类零件	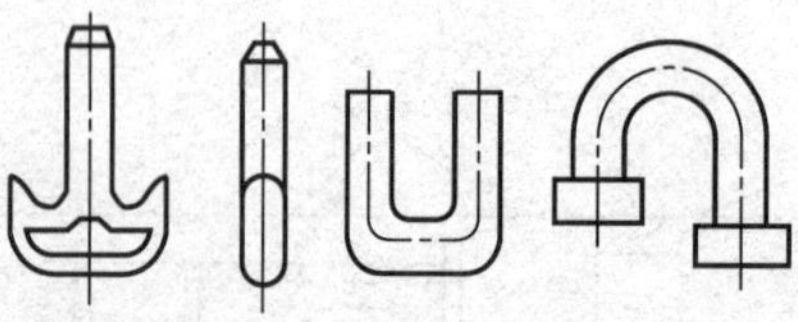	拔长、弯曲	吊钩、弯杆

工序确定后，还须确定所用的工夹具、加热设备、加热和冷却规范及根据锻件质量确定锻造设备。

（4）锻件的结构工艺性

设计自由锻锻件时，在满足使用性能要求的条件下，还必须考虑锻造工艺的特点，应使自由锻件形状简单，易于锻造。锻件的结构工艺性要求见表 5-3。

表 5-3 自由锻锻件的结构工艺性要求

工 艺	图 例	
	合理	不合理
避免锥面及斜面	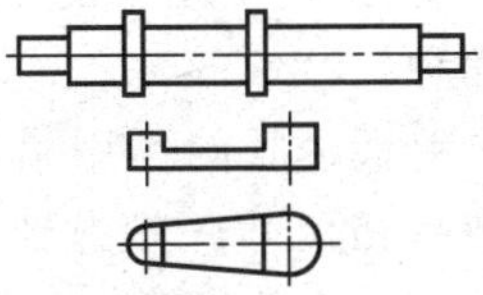	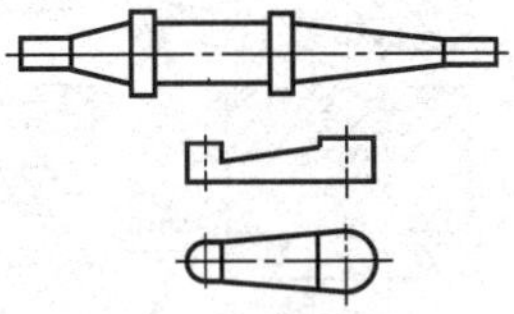
避免非平面交接结构	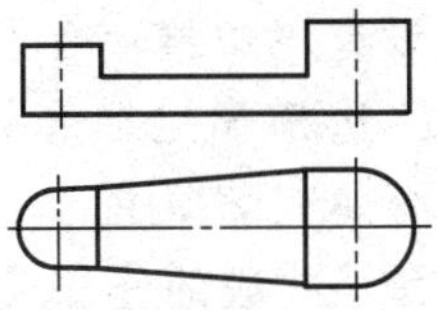	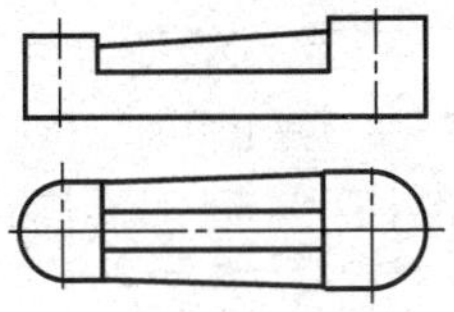
避免加强肋与表面凸台等结构	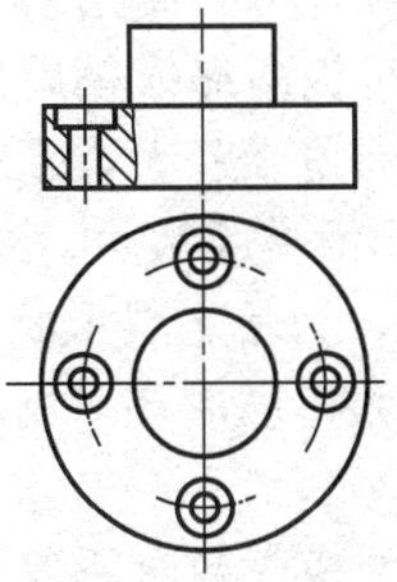	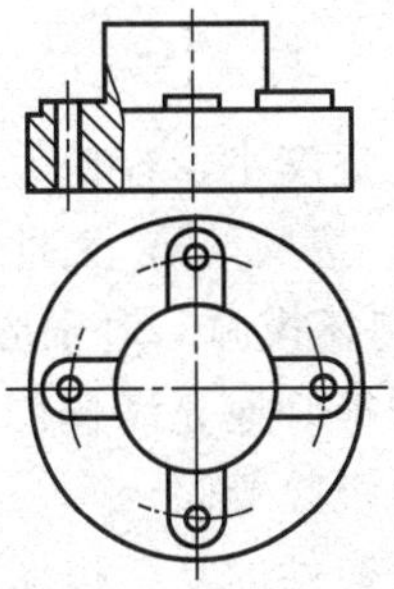
避免横截面急剧变化	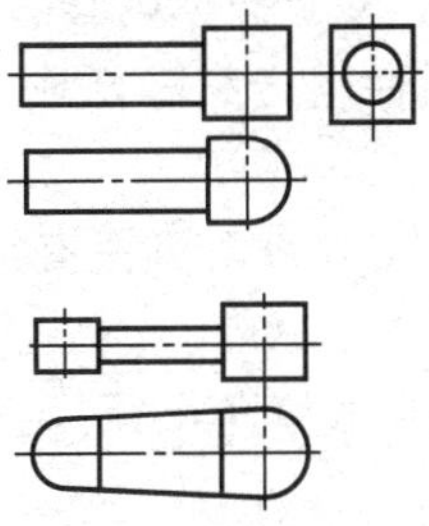	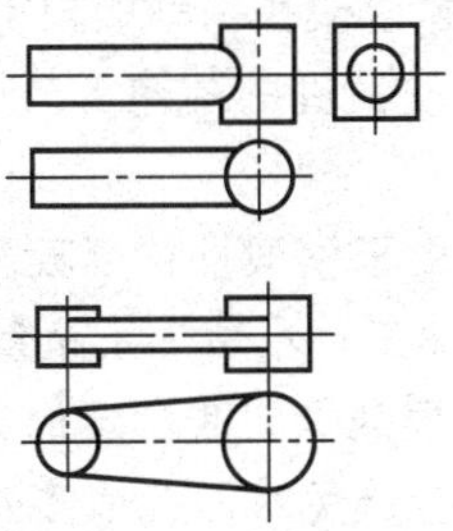

5.2.2 模锻

模锻是把坯料放在模锻模膛内,使坯料在模膛内受压变形而获得锻件的锻造方法。模锻按使用设备不同,可分为锤上模锻、胎模锻和压力机上模锻。

与自由锻相比其优点是:锻件尺寸精度高,机械加工余量小;能锻出形状复杂的锻件;材料利用率高,节约加工工时;锻造流线分布更合理,力学性能高;生产率高,操作简单,易于机械化,锻件成本低。但模锻设备投资大,锻模成本高,每种锻模只可加工一种锻件;受模锻设备吨位的限制,模锻件质量一般在 150kg 以下。

模锻适用于中、小型锻件的成批和大量生产,广泛用于汽车、拖拉机、飞机、机床等工业中。

(1) 锤上模锻

锤上模锻所用设备是模锻锤,将上模固定在模锻锤头上,下模直接与砧座连接,通过上模对置于下模中的坯料施以直接打击来获得锻件的模锻方法。模锻工作示意图如图 5-8 所示。

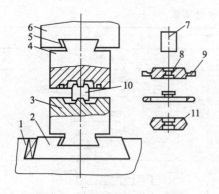

图 5-8 锤上模锻工作示意图
1—砧铁；2—模座；3—下模；4—上模；
5—楔铁；6—锤头；7,10—坯料；
8—连皮；9—毛边；11—锻件

锤上模锻用的锻模由上模和下模组成，上、下模接触时所形成的空间为模膛。根据模膛功用的不同，锻模可分为模锻模膛和制坯模膛两类。

① 模锻模膛 模锻模膛又分为终锻模膛和预锻模膛两种。

终锻模膛的作用是使坯料最后变形到锻件所要求的形状和尺寸。考虑到收缩，终锻模膛尺寸需要按锻件放大一个收缩量，如钢件的收缩率取 1.5%。沿模膛四周设有飞边槽，在上、下模合拢时能容纳多余的金属，飞边槽靠近模膛处较浅，可增大金属外流阻力，促使金属充满模膛。

预锻模膛的作用是先使坯料变形到接近于锻件的形状和尺寸，再进行终锻时金属容易充满终锻模膛，同时可提高终锻模膛的寿命。预锻模膛比终锻模膛高度略大，宽度小，容积大，模锻斜度大，圆角半径大，不带飞边槽。对于形状复杂的锻件（如连杆、拨叉等），大批量生产时常采用预锻模膛预锻。

② 制坯模膛 对于形状复杂的模锻件，为使坯料形状基本接近模锻件形状，使金属合理分布和很好地充满模膛，就必须先在制坯模膛制坯。制坯模膛可分为拔长模膛、滚压模膛、弯曲模膛等。

根据锻件的复杂程度不同，所需变形的模膛数量不等。锻模可分为单膛锻模和多膛锻模。单膛锻模在一副锻模上只有终锻模膛，多膛锻模则有两个以上模膛。

③ 模锻件的结构工艺性 为便于模锻件生产和降低成本，设计模锻件时，应注意以下问题。

a. 由于模锻件精度较高，因此零件的配合表面可留有加工余量；非配合表面一般不需要进行加工，不留加工余量。

b. 模锻件要有合理的分模面、模锻斜度和圆角半径。

c. 应避免有深孔或多孔结构。

d. 为了使金属容易充满模膛、减少加工工序，零件外形应力求简单、平直和对称，尽量避免零件截面间相差过大或具有薄壁、高筋、凸起等结构。

e. 为减少余块，简化模锻工艺，在可能的条件下，尽量采用锻-焊组合工艺。

(2) 胎模锻

胎模锻是在自由锻设备上使用可移动模具生产模锻件的锻造方法。胎模锻一般先用自由锻把坯料预制成近似锻件的形状，然后在自由锻设备上，用胎模最后成形。

与自由锻相比，具有生产率高、操作简便、锻件尺寸精度高、表面粗糙度数值小、余块少、节省金属、锻件成本低等优点。与模锻相比，具有胎模制造简单、不需贵重的模锻设备、成本低、使用方便等优点。但胎模锻件尺寸精度和生产率不如锤上模锻高，劳动强度较大，胎模寿命短。胎模锻适于中、小批量生产，在缺少模锻设备的中、小型工厂应用广泛。常用的胎模结构有以下三种。

① 扣模 扣模由上、下扣组成，如图 5-9（a）所示。扣模常用来生产长杆非回转体锻件。

② 套模 锻模呈套筒形，如图 5-9（b）、（c）所示。主要用于锻造齿轮、法兰盘等回转

体锻件。

③ 合模　合模由上、下模及导柱或导销组成，如图 5-9（d）所示。合模适用于各类锻件的终锻成形，尤其是非回转体类复杂形状的锻件，如连杆、叉形件等。

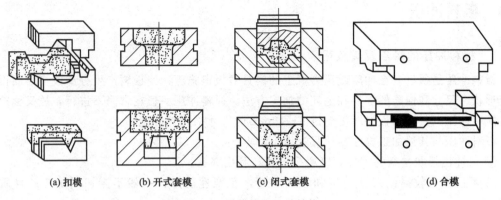

图 5-9　胎模锻的几种结构

如图 5-10 所示为法兰盘胎模锻过程。所用胎模为套筒模，它由模筒、模垫和冲头组成。原始坯料加热后，先用自由锻镦粗，然后将模垫和模筒放在下砧铁上，再将镦粗的坯料平放在模筒中，压上冲头后终锻成形，最后将连皮冲掉。

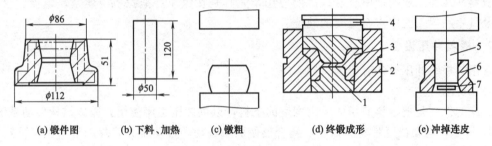

图 5-10　法兰盘胎模锻过程

1—模垫；2—模筒；3,6—锻件；4—冲头；5—冲子；7—连皮

（3）压力机上模锻

用于模锻生产的压力机有摩擦压力机、曲柄压力机和平锻机等。现介绍曲柄压力机模锻。

曲柄压力机模锻传动系统如图 5-11 所示，曲柄压力机的动力是由电动机，通过减速和离合器装置带动偏心轴旋转，再通过曲柄连杆机构，使滑块沿导轨做上下往复运动。下模块固定在工作台上，上模块则装在滑块下端，随着滑块的上下运动，就能进行锻造。

曲柄压力机模锻特点是金属在静压力下变形，工作时震动与噪声小，劳动条件好；机身刚度大，滑块导向精确，上下模膛对合准确，不产生错模；锻件精度高，加工余量和公差小，节约金属；在工作台及滑块中均有顶出装置，锻造结束可自动把锻件从模膛中顶出，因此锻件的模锻斜度小；锻件一次成形，终锻前常用预成形、预锻工步。

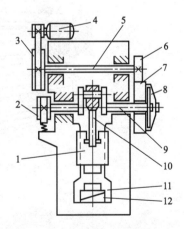

图 5-11　曲柄压力机结构传动图

1—滑块；2—制动器；3—带轮；
4—电动机；5—转轴；6—小齿轮；
7—大齿轮；8—离合器；9—曲轴；
10—连杆；11—工作台；12—楔形垫块

曲柄压力机设备复杂,造价高,但生产率高,锻件精度高,适合于大批量生产条件下锻制中、小型锻件。

5.3 板料冲压

5.3.1 板料冲压的特点及其应用

板料冲压是通过装在冲床或压力机上的模具对板料施压,使板料产生分离或变形而得到一定形状、尺寸和性能的零件和毛坯的加工方法。板料冲压一般在常温下进行,故又称冷冲压,简称冲压。只有当板料厚度超过 8~10mm 时,才采用热冲压。

板料冲压与其他加工方法相比具有以下特点。

① 可冲出形状复杂的零件,废料少,材料利用率高。

② 冲压件有较高的尺寸精度和表面质量,互换性能好,一般不需切削加工,且质量稳定。

③ 可获得强度高、刚度好、质量轻的冲压件。

④ 操作简单,工艺过程便于实现机械自动化,生产率高,成本低。

⑤ 冲模制造复杂、成本高。

板料冲压在工业生产中有着广泛的应用,尤其是在汽车、拖拉机、航空、电器、仪表、国防及日用品等工业中占有重要的地位。

5.3.2 板料冲压设备

常用的板料冲压设备有剪床、冲床等。

(1) 剪床

剪床的作用是把板料剪切成一定宽度的条料,以供冲压工序使用。剪床结构传动系统如图 5-12 所示,电动机经带轮、齿轮、离合器使曲轴转动,带动装有刀片的滑块上、下运动,进行剪切工作。

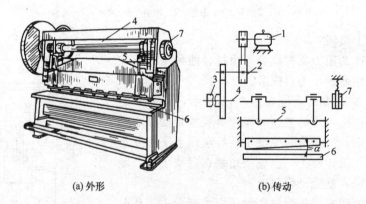

图 5-12 剪床
1—电动机;2—轴;3—离合器;4—曲轴;5—滑块;6—工作台;7—滑块制动器

(2) 冲床

冲床是进行冲压加工的基本设备。常用的小型冲床结构如图 5-13 所示。电动机带动带传动减速装置,并经离合器传给曲轴,曲轴和连杆则把传来的旋转运动变成直线往复运动,带动固定上模的滑块,沿床身导轨做上下运动,完成冲压动作。

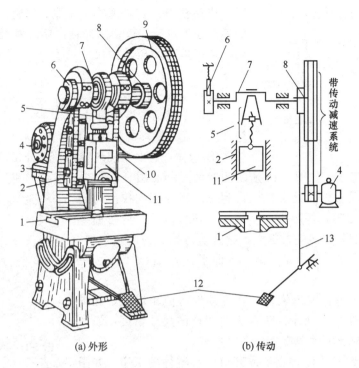

(a) 外形　　　　　　　　(b) 传动

图 5-13　冲床

1—工作台；2—导轨；3—床身；4—电动机；5—连杆；6—制动器；7—曲轴；
8—离合器；9—带轮；10—传动带；11—滑块；12—踏板；13—拉杆

5.3.3　板料冲压的基本工序

板料冲压的基本工序有分离工序和变形工序两大类。

(1) 分离工序

分离工序是指将坯料的一部分和另一部分分开的工序，如落料、冲孔、修整、剪切等。

① 剪切　将板料沿不封闭轮廓进行分离的工序，称为剪切。

② 冲裁　落料与冲孔都是将板料沿封闭的轮廓分离的工序，统称为冲裁。落料是被分离的部分成为成品或毛坯，周边是废料。冲孔则是被分离的部分为废料，周边是带孔的成品。

如图 5-14 所示为冲裁过程示意图，为保证顺利完成冲裁过程，凸、凹模刃口必须锋利，凸、凹模间隙要均匀适当。一般情况下，冲裁模单面间隙大小为 3%～5% 板料的厚度，冲裁件质量要求高时，应选取较小的间隙值；冲裁件质量要求不高时，应尽可能加大间隙，提高冲模使用寿命。

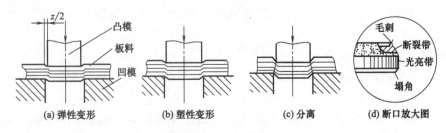

(a) 弹性变形　　(b) 塑性变形　　(c) 分离　　(d) 断口放大图

图 5-14　板料冲裁过程示意图

③ 修整 修整是使落料或冲孔后的成品获得精确轮廓的工序称为修整。修整应在专用的修整模上进行,以切除冲裁时断面存留的剪裂带和毛刺,从而提高冲压件的尺寸精度和降低表面粗糙度值,如图 5-15 所示。

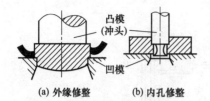

图 5-15 板料冲裁过程示意图

(2) 变形工序

变形工序是指将坯料的一部分相对于另一部分产生塑性变形而不破坏的工序,如弯曲、拉深和翻边等。

① 弯曲 弯曲是使坯料的一部分相对于另一部分弯曲成一定角度的工序。如图 5-16 所示为弯曲过程简图。弯曲时,坯料内侧受压缩,处于压应力状态;外侧受拉伸,处于拉应力状态。当外侧的拉应力超过材料的抗拉强度时,将产生弯裂现象。坯料越厚,内弯曲半径越小,坯料压缩和拉伸应力越大,越容易弯裂。为防止弯裂,弯曲模的弯曲半径要大于限定的最小弯曲半径 $r_{\min}$,通常 $r_{\min} = (0.25 \sim 1)\delta$。

弯曲后,由于弹性变形恢复,会使零件弯曲角增大,此现象称为回弹,如图 5-17 所示。为保证弯曲件的尺寸精度,设计模具时,其角度应比零件角度小一个回弹角。

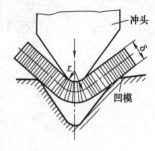

图 5-16 弯曲过程简图

② 拉深 拉深是使坯料变形成开口空心零件的工序。如图 5-18 所示为拉深过程简图。在拉深过程中,为防止工件起皱,必须使用压边圈以适当的压力将坯料压在凹模上。为了防止工件被拉裂,要求拉深模的顶角以圆角过渡;凸、凹模之间留有略大于板厚的间隙;确定合理的拉深系数 m(空心件直径 d 与坯料直径 D 之比),m 越小,坯料变形越严重。

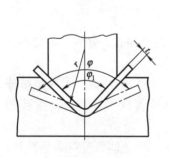

图 5-17 弯曲件的回弹

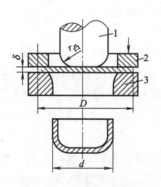

图 5-18 拉深过程简图
1—凸模;2—压边圈;3—凹模

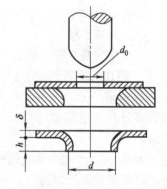

图 5-19 翻边过程简图

③ 翻边 翻边是使带孔坯料孔口周围获得凸缘的工序。如图 5-19 所示为翻边过程简图。

(3) 冲模

冲模是冲压生产中不可缺少的主要工艺装备。冲模按结构特征可分为单工序模、连续模(级进模)、复合模三种。

① 单工序模 在冲床的一次行程中只完成一道工序的模具,称为单工序模。如图 5-20 所示,上模板通过模柄与冲床滑块连接。操作时,条料沿两导料板之间送进,碰到挡料销为

止。冲下的零件落入凹模孔，凸模返回时由卸料板将坯料推下。继续进料至挡料销，重复上述动作。

单工序模结构较简单，容易制造，成本低，维修方便，但生产率低，适于小批量生产。

② 连续模（级进模） 按照一定的顺序，在冲床的一次行程中在模具的不同位置上，同时完成两道以上冲压工序的模具称为级进模。连续模（级进模）生产率高，易于实现自动化，但要求定位精度高，结构复杂，难以制造，成本较高。适合于大批量生产一般精度的中、小型零件。

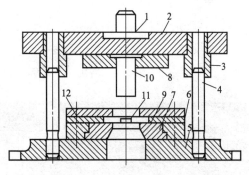

图 5-20 单工序模
1—模柄；2—上模板；3—导套；4—导柱；
5—下模板；6—压边圈；7—凹模；8—压板；
9—导料板；10—凸模；11—挡料销；12—卸料板

③ 复合模 冲床在每一次行程中，在模具的同一位置上完成两道以上冲压工序的模具称为复合模。复合模具有生产率高、零件加工精度高等优点，但制造复杂、成本高，适合于高精度的大批量生产。

习　题

5-1　什么是冷变形强化？它对工件性能及加工过程有何影响？
5-2　什么是再结晶？再结晶对金属组织和性能有何影响？在生产中如何应用？
5-3　如何区分冷塑性变形和热塑性变形？
5-4　什么是金属锻压性能？影响锻压性能的因素有哪些？
5-5　试述自由锻的特点和应用。
5-6　自由锻有哪些基本工序？
5-7　设计自由锻零件结构时应考虑哪些因素？
5-8　试述板料冲压的特点和应用。
5-9　板料冲压有哪些基本工序？
5-10　落料和冲孔的区别是什么？

第6章 焊接成形

本章重点

常用焊接方法的种类、特点、生产工艺过程及应用。完成焊条电弧焊焊接件的加工过程。

学习目的

掌握焊条电弧焊的焊接方法、生产工艺与过程。掌握常用金属材料的焊接性及焊接工艺特点。了解其他焊接方法的特点、生产工艺过程及应用。

教学参考素材

各种焊接件实物或图片，观看焊接生产工艺过程视频或参观工厂等。

6.1 焊接的特点与方法

6.1.1 焊接的特点

焊接是通过加热或加压，或两者并用，并且用或不用填充材料，使工件达到结合的一种加工方法。焊接的主要特点如下。

① 焊接方便、工艺简单、适应性强。
② 焊接连接性能好，省工省料，成本低。
③ 生产率高，便于自动化、机械化。
④ 焊接接头组织性能不均匀，容易产生焊接应力和变形。

焊接是一种重要的金属加工方法。在国民经济各个部门得到极为广泛的应用，据统计，占钢总产量45%左右的钢材是经过各种形式焊接之后投入使用的，如车辆、船舶、飞机、锅炉、压力容器、大型建筑结构等都需要进行焊接。

6.1.2 焊接方法分类

焊接的种类很多，按焊接过程的不同可分为熔焊、压焊和钎焊三大类。

(1) 熔焊

熔焊是指在焊接过程中，将焊件接头加热至熔化状态，不加压力而完成焊接的方法。熔焊时，加热两焊件的接头形成熔池，一般还向熔池填充金属，待熔池冷却结晶后形成焊接接头（焊缝），将两部分材料连接成一体。按加热热源形式不同，熔焊方法可分为气焊、电弧焊、等离子弧焊、电渣焊、电子束焊、激光焊等。

(2) 压焊

压焊是指在焊接过程中必须对焊件施加压力（加热或不加热），以完成焊接的方法。常用的压焊有电阻焊、点焊、摩擦焊等。

(3) 钎焊

钎焊是指采用比母材熔点低的金属材料作钎料,将焊件和钎料同时加热到高于钎料熔点,低于母材熔点的温度,利用液态钎料润湿母材、填充接头间隙,并与母材相互扩散实现连接焊件的方法。

6.2 常用焊接方法

6.2.1 焊条电弧焊

利用电弧作为热源的熔焊方法称为电弧焊。电弧焊包括焊条电弧焊、埋弧焊和气体保护电弧焊等。焊条电弧焊是熔焊中最基本的一种焊接方法,它具有设备简单、操作灵活、成本低等优点,可在各条件下进行各种位置的焊接,是目前应用最为广泛的焊接方法。本节重点讲解焊条电弧焊。

焊条电弧焊是指用手工操作焊条进行焊接的一种电弧焊方法,其操作过程如图 6-1 所示。焊接时,先将焊条与工件瞬时接触,然后将焊条提高到一定距离,于是在焊条端部与工件之间产生明亮的电弧。电弧的高热瞬间熔化了焊条端部和电弧下面的工件表面,使其形成熔池,随着焊条的向前移动,新的熔池不断产生,旧熔池不断冷却凝固,从而形成连续的焊缝,使工件牢固地连接在一起,如图 6-2 所示。

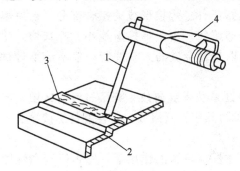

图 6-1 焊条电弧焊的操作示意图
1—焊条;2—焊缝;3—焊缝;4—绝缘手柄

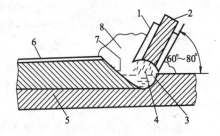

图 6-2 焊条电弧焊的焊接过程示意图
1—焊条涂层;2—焊芯;3—焊缝弧坑;4—电弧;
5—热影响区;6—熔渣;7—熔池;8—保护气体

(1) 焊接基本原理

① 焊接电弧　焊接电弧是由焊接电源供给的,具有一定电压的电焊条(电极)与焊件(电极)间的气体介质中产生的强烈而持久的放电现象称为焊接电弧。它是熔焊的能源,如图 6-3 所示,焊接电弧由阳极区、阴极区和弧柱区三部分组成。

焊接电弧中充满了高温电离气体,并放出大量的光和热。产生的热量与焊接电流的平方和电压的乘积成正比,电流越大,产生的总热量越大。通常阳极区产生的热量较多,约占电弧总热量的 43%,温度可达 2600K;阴极区产生的热量较少,约占电弧总热量的 36%,温度可达 2400K;弧柱区产生的热量约占电弧总热量的 21%,温度最高,中心的温度可达 6000~8000K。

阳极区的温度高于阴极区,温度高多可熔化更多的金属或加快金属的熔化,这在生产实践中具有重要意义。当采用直流电源焊接时,电极有两种接法。若焊接厚板可将工件接在阳极(称正

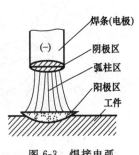

图 6-3 焊接电弧
组成示意图

接)，使工件有较大的熔深，如图 6-4（a）所示；而焊接薄板应将工件接在阴极（称反接），可防止熔深过大而烧穿，如图 6-4（b）所示。采用交流电源焊接时，由于交流电正、负极交替变化，无正、反接之分。

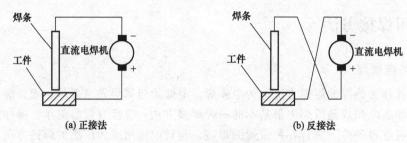

图 6-4　电极的两种接法

② 焊接接头的组织和性能　焊接过程是局部加热和冷却的过程。由于温度分布不均匀，焊缝附近区域相当于受到一次不同规范的热处理，因此必然引起焊接接头金属组织和性能的变化，直接影响焊接质量。

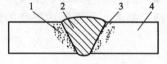

图 6-5　焊接接头的组成
1—热影响区；2—焊缝；
3—熔合区；4—热影响区

焊接接头由焊缝、熔合区和热影响区组成，如图 6-5 所示。

a. 焊缝。焊缝是指工件经焊接形成的接合部分，是由熔池金属结晶得到的铸态组织。由于焊接熔池小，冷却快，化学成分严格控制，所以焊缝金属的力学性能一般不低于母材金属。

b. 熔合区。熔合区是从焊缝向热影响区过渡的区域。熔合区金属的组织是由部分铸态组织和晶粒十分粗大的过热组织所组成，其性能是焊接接头中最差的。

c. 热影响区。热影响区是指焊缝附近的母材，在焊接热源的作用下，发生组织和性能变化的区域。热影响区各点温度不同，其组织和性能不同。例如低碳钢焊接接头的热影响区可分为过热区、正火区和部分相变区，如图 6-6 所示。

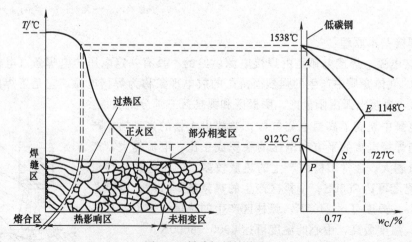

图 6-6　低碳钢焊接接头

过热区是焊接时加热到 1100℃ 以上至固相线之间的区域。由于加热温度高，奥氏体晶粒迅速长大，冷却后得到晶粒粗大的过热组织，过热区是焊接接头中性能最差的区域。在焊接刚度大的结构件时,容易在此区域产生裂纹。

正火区是加热到 A_{c3}~1100℃之间的温度区域,由于焊接时在 A_{c3} 以上温度停留的时间极短,相当于加热后在空气中冷却,因此,这个区域的金属相当于进行一次正火处理,焊接后得到均匀细小的铁素体和珠光体组织,故称正火区。正火区的力学性能优于母材。

部分相变区是加热到 A_{c1} 至 A_{c3} 之间的温度区域。因为只有部分组织转变为奥氏体晶粒,部分铁素体来不及转变,故称部分相变区。此区冷却后晶粒大小不均匀,力学性能比母材稍差。

综上所述,熔合区和过热区是焊接接头中力学性能最差的区域,也是发生破坏的危险区,对焊接质量有严重影响,应尽量减小这两个区域的范围。

③ **焊接应力与变形** 焊接过程中,焊件受到局部的、不均匀的加热和冷却,因此,焊接接头各部位金属热胀冷缩的程度不同。由于焊件本身是一个整体,各部位是互相联系、互相制约的,不能自由地伸长和缩短,这就导致焊缝区乃至整个焊件产生应力和变形。

焊接构件由焊接而产生的内应力称为焊接应力。焊接时,在任何情况下焊接应力总是存在的。

焊接构件由焊接而产生的变形称为焊接变形。由于焊接方法、工件材质、结构等因素,焊接变形的形式是多种多样的,最常见的基本形式见表6-1。

表 6-1 焊接变形的基本形式

焊接变形	焊接变形的基本形式图	产生原因
收缩变形	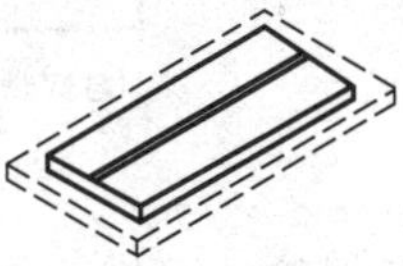	焊接后纵向(沿焊缝方向)和横向(垂直于焊缝方向)收缩引起的
角变形	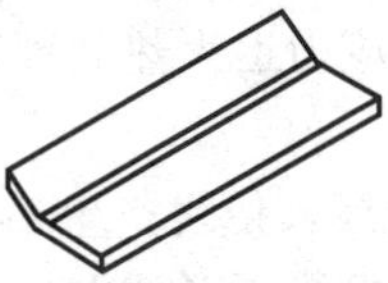	V形坡口对接焊后,由于焊缝截面形状上下不对称,焊缝收缩不均匀引起的
弯曲变形		焊接T形梁时,由于焊缝布置不对称,焊缝纵向收缩引起的
扭曲变形	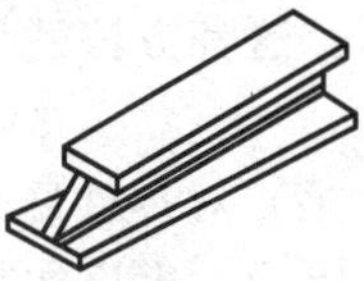	焊接工字梁时,由于焊接顺序和焊接方向不合理引起的
波浪变形	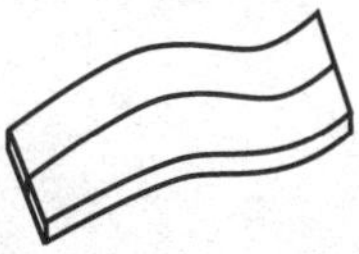	焊接薄板时,由于焊缝收缩使薄板局部产生较大压应力而失去稳定性引起的

焊接变形与应力的存在,会对焊接结构的制造和使用带来不利影响。如降低结构的承载能力,甚至导致结构开裂,影响结构的加工精度和尺寸稳定性。因此,在焊接过程中必须要加以控制,减小焊接应力与变形的工艺措施有以下几点。

a. 反变形法。为了抵消焊接变形，焊前先将焊件在与焊接变形相反的方向进行人为的变形，这种方法叫反变形法，这是生产中最常用的方法，如图 6-7 所示。

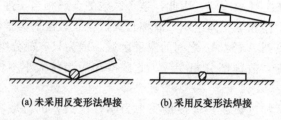

图 6-7 反变形法

b. 刚性固定法。当焊件刚性较小时，焊前对焊件采用外加刚性拘束，强制焊件在焊接时不能自由变形，这种防止变形的方法叫刚性固定法，如图 6-8 所示。应当指出，这种方法能有效地减小焊接变形，但会产生较大的焊接应力。

c. 采用合理的焊接顺序。焊接顺序应尽量使焊缝的纵向和横向收缩都比较自由，减小焊接应力，如图 6-9 所示。

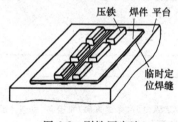

图 6-8 刚性固定法

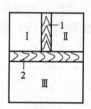 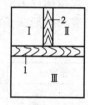

图 6-9 合理的焊接顺序

d. 焊前预热、焊后处理。工件预热后再进行焊接，可减少工件各部分温差，降低焊缝冷却速度，以减小焊缝应力和变形。焊后采用去应力退火热处理来消除残留应力，以减小焊接变形。

e. 锤击焊缝。在焊接过程中用锤敲击焊缝金属，使之产生塑性变形，以减小焊接应力。

在实际生产中，针对同一的焊接结构，防止焊接变形的方法是很多的。有时可将几种方法联合使用，以达到较好的效果。但是，在焊接过程中，即使采用了上述工艺措施，有时也会产生超过允许值的焊接变形，因此需对已变形的焊件进行矫正。矫正的方法有以下几种。

a. 机械矫正法。在机械力的作用下矫正变形，如采用压力机、矫直机、手工锤击矫正，使焊件恢复到要求的形状和尺寸，如图 6-10 所示。这种方法适用于低碳钢和普通低合金钢等塑性好的材料。

b. 火焰加热矫正法。利用火焰（如氧-乙炔火焰）对焊件局部加热时产生的塑性变形来矫正原来的变形，这种方法设备简单，如图 6-11 所示。火焰加热矫正法适用于低碳钢和没

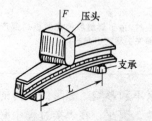 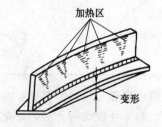

图 6-10 机械矫正法 图 6-11 火焰加热矫正法

有淬硬倾向的普通低合金钢。

(2) 焊条电弧焊电源与工具

① 焊条电弧焊对电源的要求　焊条电弧焊电源应具有适当的空载电压和较高的引弧电压，以利于引弧，保证安全。当电弧稳定燃烧时，焊接电流应增大，电弧电压应急剧下降；还应保证焊条与焊件短路时，短路电流不应太大；同时焊接电流应能灵活调节，以适应不同的焊条与焊件的要求。

② 焊条电弧焊电源的种类　常用的焊条电弧焊设备有交流弧焊机、直流弧焊机和逆变焊机。

a. 交流弧焊机。它是一种特殊的降压变压器，是电弧焊的常用设备。具有结构简单、噪声小、成本低等优点，但电弧稳定性较差。常用的有 BX3-400 型等交流弧焊变压器，焊接额定电流为 400A，外形如图 6-12 所示。

b. 直流弧焊机。直流弧焊机有弧焊发电机和焊接整流器（整流式直流弧焊机）两种。

弧焊发电机是由一台三相感应电动机和一台直流弧焊发电机组成，具有电弧稳定、容易引弧、焊接质量好等优点，但结构复杂、噪声大、成本高及维修困难，现已被淘汰。外形如图 6-13 所示。

焊接整流器是一种将交流电经变压、整流转换成直流电的弧焊设备，它与弧焊发电机相比具有结构简单、重量轻、噪声小、制造维修方便等优点。常用的有 ZX5-300 型号，外形如图 6-14 所示。

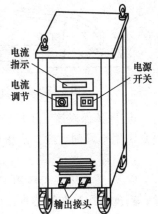

图 6-12　交流弧焊机

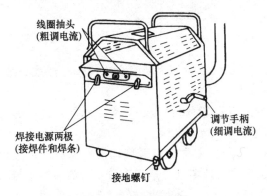

图 6-13　弧焊发电机

图 6-14　焊接整流器

c. 逆变焊机。逆变电源是近些年发展较快的新一代焊接电源。它从电网吸取 380V 三相交流电，经整流滤波成直流，然后经逆变器变成频率为 2000~30000Hz 的交流电，再经单相整流和滤波输出。逆变电源具有体积小、质量轻、节约材料、高效节能、适应性强等优点，是更新换代的电源。

③ 焊条电弧焊工具　焊条电弧焊工具有电焊钳、焊接电缆、面罩、焊条保温筒和干燥筒等。

a. 电焊钳。用于夹持焊条和传导电流。具有良好的导电性，不易发热，重量轻，夹持焊条紧，更换方便，常用的有 300A 和 500A 两种规格，如图 6-15 所示。

b. 焊接电缆。用于连接焊条、焊接件、焊接机，传导焊接电流，外表必须绝缘，导电性能好，规格按使用的电流大小选择，通常焊接电缆的长度不超过20～30m，中间接头不超过两个，接头处要保证绝缘可靠。

c. 面罩。用于遮挡飞溅的金属和弧光，保护面部和眼睛，有头戴式和手持式两种。护目玻璃用来减弱弧光强度，吸收大部分红外线和紫外线，保护眼睛。护目玻璃的颜色和深浅按焊接电流大小进行选择，如图6-16所示。

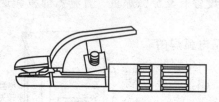

图6-15 电焊钳

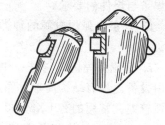

图6-16 面罩

d. 焊条保温筒、干燥筒。焊条保温筒是用于加热存放焊条，以达到防潮的目的。干燥筒是利用干燥剂吸潮，防止使用中的焊条受潮。其他工具还有手锤、钢丝刷等。

(3) 焊条

① 焊条的组成和作用　焊条由焊芯和药皮两部分组成，如图6-17所示。焊芯是金属丝，药皮是压涂在焊芯表面的涂料层。

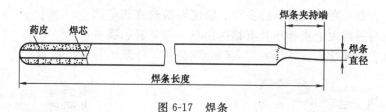

图6-17 焊条

a. 焊芯。焊芯的作用一是导电，产生电弧；二是熔化后作为填充金属与母材形成焊缝。焊芯的化学成分和杂质含量直接影响焊缝质量。

焊芯通常是采用焊接专用钢丝。焊条的直径是以焊芯直径（mm）来表示的，常用的有$\phi 2$、$\phi 2.5$、$\phi 3.2$、$\phi 4$、$\phi 5$等几种。焊条长度为300～450mm。

b. 药皮。药皮的作用一是改善焊接工艺性，如药皮中含有稳弧剂，使电弧易于引燃和保持燃烧稳定；二是对焊接区起保护作用，药皮中含有造渣剂、造气剂等，造渣后熔渣与药皮中有机物燃烧产生的气体对焊缝金属起双重保护作用；三是起有益的冶金化学作用，药皮中含有脱氧剂、合金剂等，使熔化金属顺利地进行脱氧、脱硫、去氢等冶金化学反应，并补充被烧损的合金元素。

② 焊条的分类

a. 按用途分类。按用途不同，焊条可分为结构钢焊条、不锈钢焊条、铸铁焊条等十一大类，其中结构钢焊条应用最广。我国生产的结构钢焊条主要用于焊接低碳钢和低合金结构钢，其牌号用汉语拼音加上3位数字表示。例如，J422，"J"表示焊条种类（结构钢焊条），前两位数字"42"表示焊缝金属最小抗拉强度（420MPa），第三位数字表示药皮类型（钛钙型）和适用焊接电源种类（交、直流电源）。

b. 按药皮性质不同，焊条可以分为酸性焊条和碱性焊条两大类。

酸性焊条药皮中含有较多酸性氧化物（如MnO、SiO_2等），其优点是熔渣呈玻璃状，容易脱渣；焊接工艺性能好，对焊件上的油、锈等不敏感；电弧稳定，交、直流弧焊机均可使用。其缺点是脱硫、脱磷能力差，抗裂性能差，同时焊缝金属中氢的含量较高，焊缝的力学性能（特别是塑性和韧性）较差。酸性焊条用于一般钢结构件的焊接，典型的酸性焊条如J422（E4303）。

碱性焊条药皮中含有较多碱性氧化物（$CaCO_3$、CaF_2），熔渣呈碱性。其优点是脱硫、脱磷能力强，药皮有去氢作用，焊接接头中含氢量很低，故又称低氢型焊条，如J507（E5015）。碱性焊条的焊缝具有良好的抗裂性和力学性能。主要用于重要结构（如锅炉、压力容器和合金结构钢等）的焊接，一般用直流弧焊机。

碱性焊条的缺点是对焊件上的油、锈等敏感，电弧不稳定，碱性焊条的熔渣呈结晶状，不易脱渣。

③ 焊条的选用　合理选择焊条对保证焊缝质量、提高生产率、降低生产成本都是十分重要的。选用焊条时，通常应考虑以下基本因素。

a. 焊接件为结构钢时，应满足焊缝和母材"等强度"的要求，一般选择与母材同强度等级的焊条。

b. 焊接件为特殊性能的合金钢时，通常选择与母材具有相近化学成分的焊条。

c. 当焊件中含碳、硫、磷较高时，应选用抗裂性、抗气孔性较好的碱性焊条。

d. 根据结构件的使用条件。对工作在较差条件下（如受冲击、高温、变压等）的焊接结构件，应选择碱性焊条；而对在一般条件下工作的结构件，可选酸性焊条。

e. 对几何形状复杂、厚度大、刚性大的焊接结构件，在焊接时易产生较大的应力和引起裂纹，应选用碱性焊条。

f. 对焊前难清理，且易产生气孔的焊件，可选用酸性焊条。

g. 当现场缺乏直流弧焊电源时，应选用交、直流两用焊条。

(4) 焊接工艺

电弧焊的基本工艺是指焊接接头、坡口形式、焊缝空间位置及焊接参数的选择等。

① 焊接接头　焊接接头的基本形式有对接、搭接、角接和T形接，如图6-18所示。

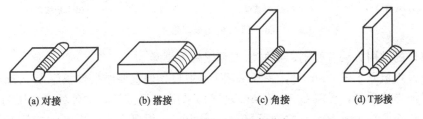

图6-18　焊接接头的基本形式

a. 对接。对接接头受力比较均匀，焊接质量容易保证，是用得最多的接头形式，但焊前准备与装配要求高。重要的受力焊缝或焊接结构应尽量选用，如压力容器。

b. 搭接。搭接接头因两工件不在同一平面，受力时将产生附加弯矩，而且金属消耗量也大，一般应避免采用，但搭接接头焊前准备与装配简单，对某些受力不大的平面连接和桁架结构多采用搭接接头。

c. 角接接头与T形接头受力比较复杂，接头成直角或一定角度连接时，通常采用角接接头与T形接头，角接接头一般只起连接作用，不能传递工作载荷。T形接头在接头成角度的连接中应用比较广泛。

② 坡口形式　开坡口的目的是为使焊接接头根部焊透，同时也使焊缝成形美观，此外

通过控制坡口大小能调节焊缝中母材金属与填充金属的比例，使焊缝金属达到所需的化学成分。常见的坡口形式有I形坡口、V形坡口、X形坡口、U形坡口等四种，如图6-19～图6-21所示。

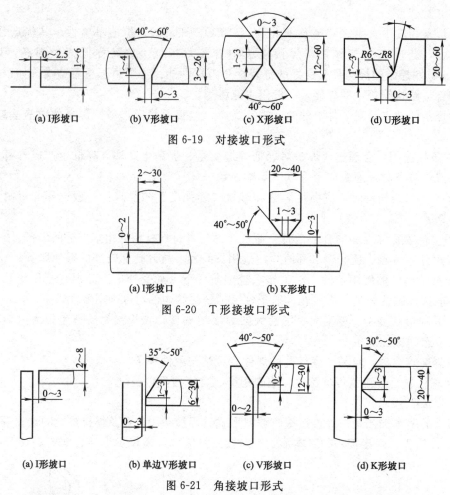

图6-19 对接坡口形式

图6-20 T形接坡口形式

图6-21 角接坡口形式

加工坡口的常用方法有气割、机械加工和碳弧气刨等。

焊条电弧焊板厚小于6mm时，一般采用I形坡口，但重要结构件板厚大于3mm就需开坡口，以保证焊接质量；板厚在3～26mm之间可采用V形坡口，这种坡口加工简单，但焊后角变形大；板厚在12～60mm之间可采用X形坡口；板厚在20～60mm之间可采用U形坡口。同等板厚情况下，X形坡口比V形坡口需要的填充金属量约少1/2，且焊后角变形小，但需双面焊。U形坡口比V形坡口省焊条，省焊接工时，但坡口加工麻烦。

焊接结构件最好采用相等厚度的金属材料，以便获得优质的焊接接头。如采用厚度相差较大的金属材料进行焊接，则接头处会造成应力集中，而且接头两边受热不匀易产生焊不透等缺陷。根据经验，对于不同厚度的板材，为保证焊接接头两侧加热均匀，接头两侧板厚截面应尽量相同或相近，不同厚度钢板对接时允许的厚度差见表6-2。

表6-2 不同厚度钢板对接允许厚度差　　　　　　　　　　　　　　　mm

较薄板的厚度 δ_1	≥2～5	5～9	9～12	>12
允许厚度差（$\delta-\delta_1$）	1	2	3	4

③ **焊缝布置** 按焊缝在空间位置的不同，可分为平焊、横焊、立焊、仰焊等 4 种类型，如图 6-22 所示。其中平焊操作方便，易于保证焊缝质量，故应尽量采用。

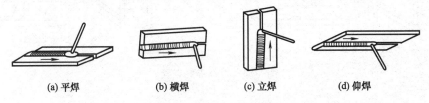

(a) 平焊　　(b) 横焊　　(c) 立焊　　(d) 仰焊

图 6-22　各种空间位置焊缝

合理布置焊缝，有利于减小应力与变形，获得较好的焊接质量，布置焊缝时一般工艺原则如下。

a. 焊缝位置应尽可能分散。焊缝密集和交叉会造成接头过热，加大热影响区，使组织恶化，力学性能下降。两焊缝间距一般要求大于 3 倍板厚且不小于 100mm，如图 6-23 所示。

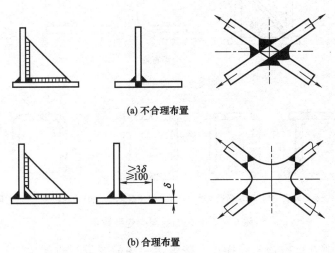

(a) 不合理布置

(b) 合理布置

图 6-23　焊缝分散位置

b. 焊缝应尽量避开最大应力和应力集中的位置。对于受力较大、较复杂的焊接构件，在最大应力和应力集中处不应布置焊缝。例如，焊接钢梁，跨度中间承受最大应力，焊缝应避免在梁的中间。压力容器的凸形封头应有一直段，使焊缝避开应力集中的转角位置，如图 6-24 所示。

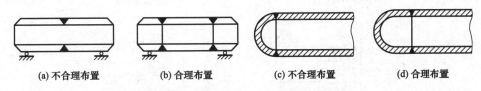

(a) 不合理布置　　(b) 合理布置　　(c) 不合理布置　　(d) 合理布置

图 6-24　焊缝避开最大应力和应力集中处

c. 焊缝布置应尽可能对称。焊缝对称布置可使焊接变形相互抵消，如图 6-25 所示。

d. 焊缝布置应便于操作，以避免和减少焊缝的缺陷，如图 6-26 所示。

e. 尽量减少焊缝长度和数量。减少焊缝长度和数量，可减少焊接加热，减少焊接应力和变形，减少焊接材料消耗，降低成本，提高生产率，如图 6-27 所示。

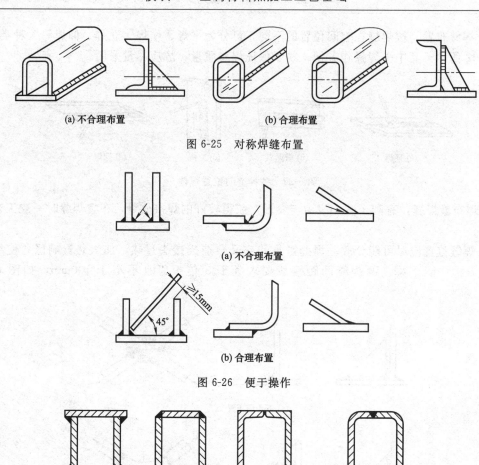

图 6-25 对称焊缝布置

图 6-26 便于操作

图 6-27 合理选材减少焊缝数量

f. 焊缝应尽量避开机械加工表面。有些焊接结构需要进行机械加工,为保证加工表面精度不受影响,焊缝应避开机械加工表面,如图 6-28 所示。

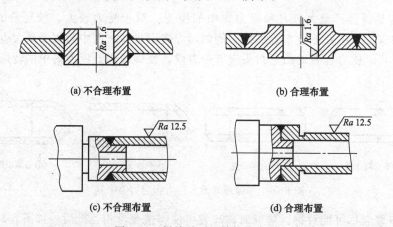

图 6-28 焊缝避开机械加工表面

④ 焊接参数的确定

a. 焊条直径的选择。焊条直径主要取决于工件厚度、接头形式、焊缝位置、焊接层数等因素。对于一般焊接结构,焊条的直径可根据焊件厚度从表 6-3 中查得。

表 6-3 焊条直径与焊件厚度的关系

焊件厚度/mm	<2	2～4	4～10	10～12	>14
焊条直径/mm	1.5～2	2.5～3.2	3.2～4	4～5	>5

b. 焊接电流的选择。焊接电流主要根据焊条直径来确定。选择时首先应在保证焊接质量的前提下,尽量选用较大的电流,以提高劳动生产率。以平焊位置的低碳钢和低合金钢焊件为例,焊条直径为 3～6mm 时,其焊接电流大小可根据经验公式选择。

$$I=(30\sim50)d \tag{6-1}$$

式中　I——焊接电流,A；
　　　d——焊条直径,mm。

平焊时,取较大值；其他位置焊缝的焊接,取较小值；使用碱性焊条时焊接电流比使用酸性焊条小些。

c. 焊接层数。厚件、易过热的材料焊接时,常采用开坡口、多层多道焊的方法,每层焊缝的厚度以 3～4mm 为宜。也可按式(6-2)安排层数。

$$n=\delta/d \tag{6-2}$$

式中　n——焊接层数,取整数；
　　　d——焊条直径,mm；
　　　δ——焊件厚度,mm。

6.2.2 其他焊接方法

(1) 埋弧自动焊

埋弧自动焊是将焊条电弧焊的引弧、焊条送进、电弧移动的操作动作由机械自动完成,电弧在焊剂层下燃烧的一种熔焊方法。

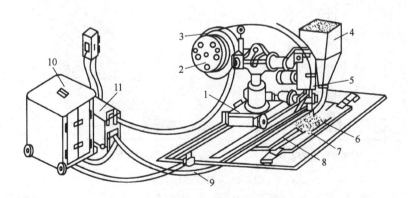

图 6-29　埋弧自动焊过程

1—焊接小车；2—控制盘；3—焊丝盘；4—焊剂漏斗；5—焊接机头；6—焊剂；
7—渣壳；8—焊缝；9—焊接电缆；10—焊接电源；11—控制箱

埋弧自动焊机由焊接电源、焊车和控制箱组成。焊接时,焊接机头将焊丝自动送入电弧区自动引弧,通过焊机弧长自动调节装置,保证一定的弧长,电弧在颗粒状焊剂下燃烧,母材金属与焊丝被熔化成较大体积的熔池。焊接小车带着焊丝自动均匀向前移动,或焊机头不动而焊件匀速移动,熔池金属被电弧气体排挤向后堆积,凝固后形成焊缝。未熔化的焊剂可回收重新使用,焊接过程如图 6-29 所示。

埋弧自动焊与焊条电弧焊相比有下列特点。

a. 生产率高。埋弧自动焊时,焊丝从导电嘴伸出的长度较短,这样就可以使用较大的焊接电流,焊接电流比焊条电弧焊高 6~8 倍,提高了焊接速度。同时,埋弧自动焊熔深大,可以不开或少开坡口也能焊透,节省材料,焊接生产率显著提高。

b. 焊接质量好。由于焊剂供应充足,保护效果好;焊缝的化学成分和性能比较均匀,又由于熔深较大,不易产生未焊透的缺陷;焊接工艺参数稳定;对操作者要求低,焊缝成形好。

c. 改善劳动条件。埋弧焊消除了弧光对人体的有害作用,放出的有害气体较少。自动焊机减轻了工人劳动强度。

d. 埋弧焊适应性差。主要适用于长直的平焊缝焊接和环缝焊接,不能焊空间位置焊缝及不规则焊缝。在锅炉、造船、桥梁、起重、冶金及机械制造中应用最广泛。

e. 设备费用高,设备结构复杂。

埋弧焊主要应用于碳素结构钢、低合金结构钢、不锈钢及耐热钢等厚板材长焊缝的焊接。

(2) 气体保护焊

气体保护焊是利用外加气体作为电弧介质并保护电弧与焊接区的电弧焊。常用的保护气体有氩弧焊和二氧化碳气体保护焊。

① 氩弧焊　氩弧焊是以氩气为保护气体的一种电弧焊。按照电极的不同,氩弧焊可分为熔化极氩弧焊和非熔化极氩弧焊两种,如图 6-30 所示。熔化极氩弧焊也称直接电弧法,其焊丝直接作为电极,并在焊接过程中熔化为填充金属;非熔化极氩弧焊也称间接电弧法,其电极为不熔化的钨极,填充金属由另外的焊丝提供,故又称钨极氩弧焊。

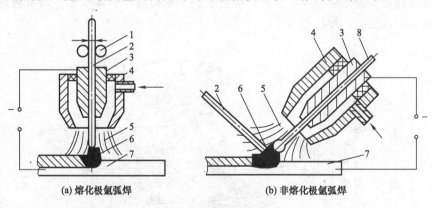

图 6-30　氩弧焊示意图

1—送丝轮;2—焊丝;3—导电嘴;4—喷嘴;5—保护气体;6—电弧;7—工件;8—钨极

氩弧焊的特点及应用如下。

a. 氩气是惰性气体,既不与熔化金属发生任何化学反应,又不溶解于金属,因而能非常有效地保护熔池,获得高质量的焊缝。此外,氩弧焊是一种明弧焊,便于观察,操作灵活,适用于全位置焊接。

b. 电弧稳定,电弧热量集中,热影响区小,焊接变形小,焊缝成形美观,焊接质量好。

c. 氩气价格昂贵,焊接成本高。

氩弧焊主要用于焊接易氧化的非铁金属(如铝、镁、铜、钛)及其合金、高强度低合金钢、不锈钢和耐热钢等。

② 二氧化碳气体保护焊 二氧化碳气体保护焊是以二氧化碳（CO_2）为保护气体，以焊丝作电极和填充金属，可以半自动或自动方式进行焊接。其焊接过程和熔化极氩弧焊相似，如图 6-31 所示。

CO_2 气体保护焊的特点及应用如下。

a. 生产率高。明弧操作，操作性好，可全位置焊接。焊后不需清渣，易于实现机械化和自动化。

b. 焊接质量较好。焊缝含氢量低。电弧在气流压缩下燃烧，热量集中，热影响区较小，变形和开裂倾向也小。

c. 成本低。CO_2 气体来源广，价格便宜。

d. 焊缝成形差，飞溅大。

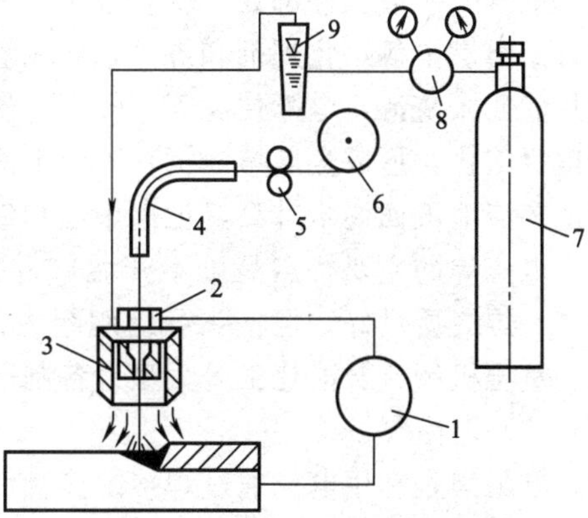

图 6-31 二氧化碳气体保护焊
1—焊接电源；2—导电嘴；3—焊炬喷嘴；
4—送丝软管；5—送丝机构；6—焊丝盘；
7—CO_2 气瓶；8—减压器；9—流量计

CO_2 气体保护焊主要适用于低碳钢和低合金结构钢构件的焊接，主要用于焊接薄板。

（3）气焊

气焊是指利用气体火焰作为热源来熔化母材和填充金属的一种熔焊方法，最常用的是氧气-乙炔焊，如图 6-32 所示。焊接时，氧气和乙炔的混合气体在焊嘴中形成。点燃后，加热焊丝和焊件形成熔池，移动焊丝和焊炬形成焊缝。焊丝一般选用与母材相近的金属丝。

与焊条电弧焊相比，气焊火焰的温度较低，热量比较分散，加热比较缓慢，生产率低，焊接变形大，热影响区大，焊接接头质量不高。但操作方便，因此，仍有广泛的应用。气焊适用于各种位置的焊接，特别适宜焊接薄钢板。常用于焊接 3mm 厚度以下的低、高碳钢和铸铁等。在质量要求不高时，也可用于焊接不锈钢、铜等有色金属和合金。

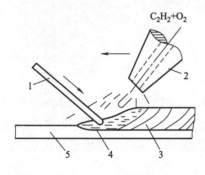

图 6-32 气焊示意图
1—焊丝；2—焊嘴；3—焊缝；4—熔池；5—工件

（4）电渣焊

电渣焊是利用电流通过液态熔渣产生的电阻热作为焊接热源的一种熔焊方法。按电极形式分为丝极电渣焊、板极电渣焊、熔嘴电渣焊和管极电渣焊，如图 6-33 所示为丝极电渣焊。

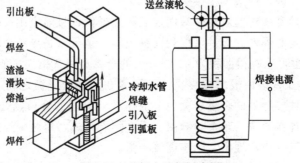

图 6-33 丝极电渣焊示意图

电渣焊一般工件都处于垂直位置，两焊件相距 25～35mm，焊件两侧装有冷却滑块。焊接开始引燃电弧熔化焊剂和焊件，形成渣池和熔池，当渣池具有一定深度时增加送丝速度，使焊丝插入渣池，电弧便熄灭，转入电渣焊过程。这时，电流通过熔渣产生电阻热，将焊件和电极熔化，形成金属熔池沉在渣池下面。渣池既作为焊接热源，又起机械保护作用。随着熔池和渣池液面逐步升高，远离熔池和渣池的金属逐渐冷却凝固形成焊缝。

电渣焊的主要特点是可不开坡口，适用于很厚 40mm 以上工件的焊接，成本低，生产率高，焊缝质量好，但接头处组织粗大。它在机械制造工业中，如水压机、汽轮机、轧钢机、重型机械、石油化工等大型设备制造中应用广泛。

(5) 电阻焊

电阻焊是利用电流通过焊接的接触面时产生的电阻热，对焊件局部迅速加热使之达到塑性状态或局部熔化状态，并加压而实现连接的一种焊接方法。

按照接头方式不同，电阻焊可分为对焊、点焊和缝焊等，如图 6-34 所示。

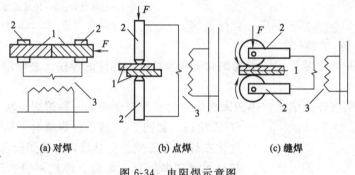

(a) 对焊　　　　(b) 点焊　　　　(c) 缝焊

图 6-34　电阻焊示意图
1—焊件；2—电极；3—电源

① 对焊　对焊是对接电阻焊，按焊接工艺不同对焊分为电阻对焊和闪光对焊两种。

a. 电阻对焊。电阻对焊是将焊件置于对焊机电极夹钳中夹紧后，加预压力使焊件端面互相压紧，再通电加热，利用电阻热将焊件接触面及其附近加热至高温塑性状态时断电并迅速施加顶锻力而形成接头。

电阻对焊操作简单，接头比较光滑。但对焊件端面加工和清理要求较高。它适用于形状简单、小断面的金属型材（如直径在 $\phi 20$mm 以下的钢棒和钢管）的对接。

b. 闪光对焊。闪光对焊时，焊件装好后不接触，先通电，再移动焊件使之接触。强电流通过时使接触点金属迅速熔化、蒸发、爆破，高温金属颗粒向外飞射而形成火花（闪光）。经多次闪光加热后，焊件端面达到均匀半熔化状态，同时多次闪光将端面氧化物清理干净，立即断电并迅速加压顶锻，形成焊接接头。

闪光对焊接头质量高，焊前对焊件端面加工要求较低，目前应用比电阻对焊广泛。它适用于受力要求高的重要对焊件。焊件可以是同种金属，也可以是异种金属。焊件直径可小至 0.01mm 的金属丝，也可以是截面积为 2000mm^2 的金属型材或钢坯，如车圈、管子等。

② 点焊　点焊是工件装配成搭接接头，被压紧在两柱状电极之间，通电后使接触处温度迅速升高，使两焊件接触处的金属熔化而形成熔核（周围的金属则处于塑性状态），将接触面焊成一个焊点的焊接方法。整个焊缝由若干个焊点组成，每两个焊点之间应有足够的距离，以减少分流（电流减小）现象，影响焊接质量。

点焊主要用于 4mm 以下的薄板的焊接，尤其是汽车和飞机制造。焊件材料可以是低碳钢、不锈钢、铜合金、铝合金、镁合金等。

③ 缝焊　缝焊的焊接过程与点焊相似，都属于搭接电阻焊。缝焊采用滚动的圆盘作电极。焊接时，圆盘状电极压紧焊件并滚动，边焊边滚，配合断续通电，形成许多连续并彼此重叠的焊点。

缝焊主要用于有密封要求的薄壁容器（如水箱）和管道的焊接，焊件厚度一般在3mm以下，低碳钢可达3mm，焊件材料可以是低碳钢、合金钢、铝及其合金等，如易拉罐、油箱等。

④ 钎焊　钎焊是采用比焊件熔点低的金属材料作钎料，将焊件和钎料加热至高于钎料熔点、低于焊件熔点的温度，利用液态钎料湿润焊件，填充接头间间隙，并与焊件相互扩散而实现连接的焊接方法。根据钎料的熔点不同，钎焊分为硬钎焊与软钎焊两种。

a. 硬钎。钎料熔点高于450℃的钎焊称为硬钎焊。常用的硬钎料有铜基钎料和银基钎料。其接头强度较高（大于200MPa），适用于受力较大、工作温度较高、承受载荷的焊件，如自行车车架、刀具等，机械加工中使用的硬质合金刀具就是用硬钎料焊成的。

b. 软钎焊。钎料熔点低于450℃的钎焊称为软钎焊。常用的软钎料有锡铅合金（又称焊锡）等。其接头强度较低（小于70MPa），工作温度低，适用于受力不大、工作温度较低但要求密封性好的焊件，如各种电子元器件和导线的连接。软钎焊所用加热方法有烙铁加热、火焰加热等。

钎焊在机械、仪表、电机、航空、航天等部门中应用广泛。

6.3　常用金属材料的焊接

6.3.1　金属材料的焊接性

(1) 金属材料焊接性的概念

金属材料的焊接性是指金属材料对焊接加工的适应性。是指在一定的焊接方法、焊接材料、工艺参数及结构形式条件下，获得优质焊接接头的难易程度，即金属材料表现出"好焊"和"不好焊"的差别。

金属材料焊接性包括两方面内容：其一是工艺焊接性，即在一定的焊接工艺条件下，产生焊接缺陷的倾向；其二是使用性能，即焊接接头在使用过程中的可靠性。

金属材料焊接性是金属的一种加工性能，它决定于金属材料的本身性质和加工条件。就目前的焊接技术而言，工业上应用的大多数金属材料都是可以焊接的，只是焊接的难易程度不同而已。随着焊接技术的发展，金属材料的焊接性也在改变。

(2) 金属材料焊接性的评定

金属材料焊接性可以通过估算法和试验法的方法来评定。

① 碳当量法估算钢材的焊接性　钢中的碳和合金元素对钢的焊接性影响程度是不同的，碳的影响最显著，其他合金元素按其作用换算成碳的相当含量来估算被焊接材料的焊接性。换算后的总和称为碳当量，用符号 w_{CE} 表示，以它作为评定金属焊接性的一种参考指标，这种方法称为碳当量法。

碳素结构钢和低合金结构钢的碳当量计算方法为

$$w_{CE} = \left(w_C + \frac{w_{Mn}}{6} + \frac{w_{Cr} + w_{Mo} + w_V}{5} + \frac{w_{Ni} + w_{Cu}}{15} \right) \times 100\% \qquad (6\text{-}3)$$

在计算碳当量时，各元素的质量分数都取成分范围的上限。经验证明，碳当量越高，焊接性也就越差。当 $w_{CE}<0.4\%$ 时，钢材的焊接性良好，焊接时一般不需要预热等工艺措施；$w_{CE}=0.4\%\sim0.6\%$ 时，钢材焊接时冷裂倾向明显，焊接性较差，焊接时一般需采取预热和缓冷等工艺措施来防止裂纹产生；$w_{CE}>0.6\%$ 时，钢材焊接时冷裂倾向严重，焊接性差，焊接时需要较高的预热温度和严格的工艺措施。

② 焊接性试验　焊接性试验是评价金属材料焊接性最为准确的方法。如焊接裂纹试验和接头力学性能试验等。

6.3.2　碳素结构钢和低合金结构钢的焊接

(1) 低碳钢的焊接

低碳钢的含碳量 $w_C<0.25\%$，碳当量小于 0.4%，没有淬硬倾向，冷裂倾向小，焊接性良好。焊接时一般不需要采取特殊的工艺措施，适合各种焊接方法。但低温下对厚度较大的构件，焊前应预热，预热的温度一般为 100~150℃；重要及厚大的构件焊后常进行去应力退火。

焊条电弧焊焊接一般结构件时，可选用 J421（E4313）、J422（E4303）、J423（E4301）等焊条；焊接承受动载荷、结构复杂或厚板时，可选用 J426（E4316）、J427（E4315）、J506（E5016）、J507（E5015）等焊条；埋弧自动焊一般选用 H08A 或 H08MnA 焊丝配合焊剂 HJ431 进行焊接。

(2) 中、高碳钢的焊接

中碳钢的含碳量 w_C 在 $0.25\%\sim0.6\%$ 之间，碳当量大于 0.4%，焊接产生淬硬及冷裂倾向较大，焊接性较差。因此，焊接中碳钢构件，焊前必须进行预热，预热的温度一般为 150~250℃。焊接采用焊条电弧焊，选用抗裂能力较强的低氢型焊条，如 J507（E5015）、J506（E5016）。焊接时采用细焊条、小电流、开坡口、多层多道焊，尽量防止母材过多熔入焊缝。焊后缓慢冷却防止产生冷裂纹。

高碳钢的含碳量 $w_C>0.6\%$，碳当量大于 0.6%，淬硬倾向更大，焊接性差。焊接时应采用更高的预热温度、更严格的工艺措施才可进行焊接，所以高碳钢一般不用来制作焊接结构件，只限于修补工件，常采用焊条电弧焊或气焊修补。

(3) 低合金高强度结构钢的焊接

低合金高强度结构钢的含碳量属于低碳钢范围，但由于合金元素的含量不同，所以，其性能和焊接性差别较大。通常，焊接性随着强度等级的提高而变差。焊接方法一般采用焊条电弧焊和埋弧电弧焊，较厚件可采用电渣焊。

对于 $\sigma_s<400$MPa 的低合金高强度结构钢，碳当量小于 0.4%，焊接性与低碳钢接近，可焊性良好，通常焊前不需预热，焊接时不必采取特殊的工艺措施。如在焊接生产中广泛使用的 Q345（16Mn）钢，其可焊性接近低碳钢，在常温下焊接时与低碳钢基本一致，但在焊接厚度较大（大于 16mm）或低温（低于 -5℃）焊接时，应防止出现淬硬组织，要适当增大焊接电流，减慢焊接速度，进行 100~150℃预热，选用抗裂性强的低氢型焊条，如 E5015、E5016 等。

对于 $\sigma_s>400$MPa 的低合金高强度结构钢，焊接性与中碳钢相当，焊接性较差。因此，一般焊前需预热（温度不低于 150℃），焊接时应选择较大的焊接电流和较小的焊接速度，控制热影响区的冷却速度，焊后及时进行去应力退火。

6.3.3　不锈钢的焊接

在所有的不锈钢中，奥氏体不锈钢如 0Cr18Ni9、1Cr18Ni9 等应用广泛。奥氏体不锈钢具有较好的焊接性，一般不需采用特殊的工艺措施，通常采用焊条电弧焊、氩弧焊和埋弧自动焊进行焊接。焊条电弧焊选用与母材化学成分相同的焊条，氩弧焊和埋弧自动焊选用焊丝的化学成分应与母材相同。

奥氏体不锈钢焊接的主要问题是晶间（晶界）腐蚀和热裂纹，这是不锈钢（1Cr18Ni9）的一种最危险的破坏形式。可通过合理选择母材和焊接材料，焊接时采用细焊条、小电流、快速焊接、焊条不摆动等工艺措施来防止。为防止热裂纹，还应严格控制磷、硫等杂质含量。

6.3.4 铸铁的补焊

铸铁的含碳量高、组织不均匀，硫、磷等杂质含量多、塑性低，焊接性很差，焊接时存在的主要问题是容易产生白口组织和焊接裂纹等。所以不能用来制作焊接件，只能用来焊补缺陷及局部损坏的铸铁件。目前生产中铸铁的焊补方法有热焊法和冷焊法两种。

(1) 热焊法

热焊是焊前将工件整体或局部加热到 600～700℃，焊补过程中温度不低于 400℃，焊后缓冷。热焊可防止白口和裂纹的产生，焊补质量较好，焊后可进行机械加工，但工艺复杂，生产率低，劳动条件差。常用的焊接方法是气焊和焊条电弧焊，一般选用铁基铸铁焊条或低碳钢芯铸铁焊条，用于焊后要求切削加工或形状复杂的重要铸铁件，如机床导轨、汽缸体等。

(2) 冷焊法

焊前工件一般不预热或预热温度在 400℃以下。常用焊条电弧焊对铸铁进行冷焊，常用的焊条有钢芯或铸铁芯铸铁焊条、镍基铸铁焊条和铜基铸铁焊条。冷焊比热焊生产率高，成本低，劳动条件好，但焊补质量不易保证。为防止产生裂纹，焊接时应尽量用小电流、短弧、分段焊等，焊后立即轻轻锤击焊缝。

6.3.5 非铁金属及其合金的焊接

工业上常用的非铁金属及其合金主要是铝和铝合金、铜和铜合金等。它们的焊接性差，主要原因是导热性大，散热性快，强度、塑性低，热膨胀系数大，冷却时的收缩也大，焊件易变形、氧化、易产生气孔和裂纹。目前，工业上广泛采用氩弧焊、气焊等方法进行焊接。其中氩弧焊是焊接铝和铝合金、紫青铜和青铜件较好的方法；气焊常用于焊接要求不高的铝和铝合金、黄铜件。

6.4 焊接缺陷和质量检验

6.4.1 常见焊接缺陷

在焊接生产中，由于焊接结构设计不合理、焊接参数选择不当、焊前准备不足和操作方法不当等原因，往往会产生焊接缺陷。焊接缺陷会影响焊接结构使用和可靠性，因此，在焊接生产中要采取措施避免产生焊接缺陷。常见的焊接缺陷有以下几种。

① 焊缝形状缺陷　指焊缝尺寸不符合要求及咬边、烧穿、焊瘤和弧坑等。

② 气孔　指焊缝熔池中的气体在凝固时未能析出而残留下来形成的窄穴。

③ 夹渣和夹杂　指焊后残留在焊缝中的熔渣和经冶金反应产生的，焊后残留在焊缝中的非金属夹杂。

④ 未焊透、未熔合　指焊缝金属和母材之间或金属之间未完全熔化结合以及焊缝的根

部未完全熔透的现象。

⑤ 裂纹　包括热裂纹和冷裂纹等。

⑥ 其他缺陷　包括电弧擦伤、飞溅、磨痕和錾痕等。

不同的焊接方法产生焊接缺陷的原因是不同的，在生产中要具体分析产生缺陷的原因后再制定预防或消除措施。在以上几种焊接缺陷中，焊接裂纹是危害最大的焊接缺陷。

6.4.2　焊接质量检验

焊接检验的主要目的是检查焊接缺陷，以确保使用安全。主要方法有如下几种。

(1) 外观检验

外观检验即用目视检查或用放大镜进行检查。它可以检查焊缝的表面裂纹、表面气孔、未焊透、咬边和烧穿等缺陷。此外，还可以检查焊缝的形状和尺寸是否符合要求。

(2) 无损检验

① 磁粉检验　磁力线通过金属时，如果金属内无缺陷存在，则磁力线在金属截面上均匀分布。如果内部存在缺陷时，在缺陷处磁力线的分布就会发生变化。如将细的铁粉撒在焊缝金属表面，铁粉全吸附在缺陷处，可发现焊缝缺陷。磁粉检验用于焊缝表面或近表面的裂纹、气孔、夹渣等焊接缺陷的一种方法。

② 超声检验　超声检验是利用超声波（频率大于 20000Hz）能在金属材料中传播，在通过两种介质的界面时将发生反射的特点来检查焊缝中缺陷的一种方法。当超声波自焊件表面由探头发射至金属内部，遇到缺陷和焊件底面时就分别发生反射，在荧光屏上形成脉冲波形，根据这些脉冲波形就可以判断缺陷的位置和大小。超声检验用于探测材料内部缺陷。

③ 射线照相检验　射线（X 射线和 γ 射线）照相检验是借助射线能穿透作用，而且当它们经过不同物质时会引起不同程度的衰减，并将这种衰减的变化在照相底片上反映出来。利用这一特性，X 射线和 γ 射线可用以检查焊缝内部的夹渣、气孔、未焊透、裂缝等缺陷。

④ 渗透检验　渗透检验是借助渗透性强的渗透剂和毛细管的作用检查焊缝的表面缺陷。

(3) 焊后成品检验

焊后成品检验主要是水压试验和气压试验。用于检查锅炉、压力容器和压力管道等焊接接头的强度。

(4) 致密性检验

① 煤油检验　煤油检验用于不受压的焊缝及容器的检验。方法是将白垩粉与水调成糊糊状，涂在焊缝的一侧，待干燥后，在另一侧涂煤油。因煤油有极强的渗透能力，若焊缝有缺陷时，则会在涂有白垩粉的一面形成明显的斑痕。若经过 15～30min 左右仍未发现煤油的斑痕，则认为焊缝致密性合格。

② 吹气检验　在焊缝一侧吹压缩空气，另一侧涂抹肥皂水，当焊缝上有肥皂泡出现处，即可发现缺陷所在。

习　题

6-1　焊接的主要特点是什么？

6-2　什么是焊条电弧焊？焊条电弧焊的电源有哪些？

6-3　简述酸性焊条、碱性焊条在工艺性能、焊缝性能上的主要区别。

6-4　焊接应力和变形产生的原因是什么？

6-5　简述焊接接头的类型、特点及其选用。

6-6　简述焊缝布置的一般工艺原则。

6-7　焊件为什么常用 Q235A、20、30、16Mn 等材料？

6-8　如何选择焊接方法？下列情况应选用什么焊接方法？

(1) 低碳钢桁架结构，如厂房屋架；

(2) 厚度 20mm 的 Q345 钢板拼成工字梁；

(3) 不锈钢装饰薄板的焊接；

(4) 供水管道的维修；

(5) 低碳钢薄板的焊接。

6-9　什么是金属的焊接性？如何评价？

模块三 金属切削加工基础

第7章 金属切削原理与刀具基础

本章重点

金属切削加工的基本规律及其应用。

学习目的

明确切削用量三要素及其选用原则；熟悉车刀的结构、几何角度及其作用和选择；了解常用刀具材料的性能；了解金属切削的基本过程；明确刀具磨损的原因及形式，掌握刀具耐用度的知识。

教学参考素材

各种刀具实物，观看切削视频、观察车削加工，实际操作车削加工。

7.1 切削运动与切削要素

7.1.1 零件表面的形成

在机床上用切削刀具并通过刀具从工件上切去多余的金属材料，从而形成已加工表面的方法，称为金属切削加工，一般也称为机械加工。

机器零件的形状虽然多种多样，但都是由外圆面、内圆面（孔）、平面和曲面或成形面构成。

如图7-1所示，圆柱面可以看作是直线母线沿圆导线运动的轨迹；圆锥面可以看作是斜

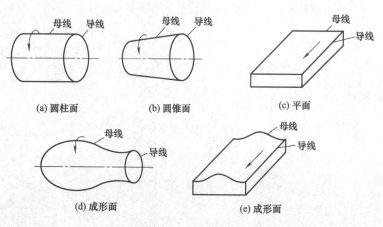

图 7-1 切削运动

直线母线（与圆导线轴线斜交成一定角度）沿圆导线运动的轨迹；平面可以看作是直线母线沿直线导线运动的轨迹；成形面可以看作是曲线母线沿圆导线或直导线运动的轨迹。形成这些表面所需的母线及其运动，均是由机床上的工件和刀具作相对运动来实现的。

7.1.2 切削运动与切削要素

（1）切削运动

不论何种方式的切削加工，要从工件上切除多余的金属，刀具与工件之间必须有一定的相对运动，称为切削运动，如图 7-2 所示。切削运动分为主运动和进给运动。

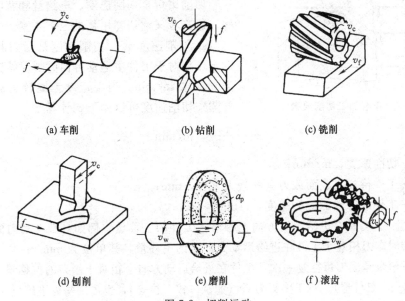

(a) 车削　　(b) 钻削　　(c) 铣削

(d) 刨削　　(e) 磨削　　(f) 滚齿

图 7-2　切削运动

① 主运动　由机床或人力提供的刀具与工件之间产生主要的相对运动称为主运动。主运动的特点是速度最高，消耗的功率最多。在切削运动中只有一个主运动，它可由工件完成，也可由刀具完成，可以是直线运动，也可以是旋转运动。例如，车削外圆时工件的旋转运动；钻孔时钻头的旋转运动；铣平面时铣刀的旋转运动；刨削时刨刀的直线运动等都是主运动。

② 进给运动　由机床或人力提供的刀具与工件间产生附加的相对运动，是使多余金属层不断被投入切削，从而加工出完整表面所需的运动。通常进给运动的速度较低，消耗的功率较小。进给运动可以有一个或多个。进给运动可以是直线运动，也可以是旋转运动，可以是连续的，也可以是步进的。例如车外圆时车刀沿纵向的直线运动；铣平面时工件的纵向直线移动；钻孔时钻头沿轴线移动；刨削时刨刀的横向间歇移动；磨削外圆时，就有圆周进给、轴向进给和径向进给等三个进给运动。

③ 合成切削运动　主运动和进给运动合成的运动即为合成切削运动，其速度和方向用 v_e 表示，如图 7-3 所示。

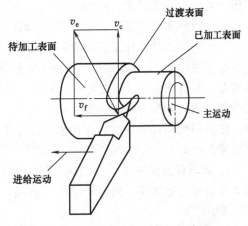

图 7-3　车削运动和工件上的表面

(2) 切削要素

切削要素包括切削用量要素和切削层尺寸平面要素。

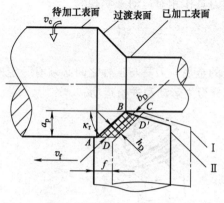

图 7-4 车削加工切削要素

① 切削用量 在金属的切削加工过程中，工件上有三个不断变化着的表面，如图 7-4 所示，已加工表面是工件上经刀具切削后产生的新表面；过渡表面是工件上由切削刃形成的那部分表面；待加工表面是工件上尚未切除的金属层表面。

切削用量是切削速度、进给量和背吃刀量的总称。这三者又称切削用量的三个要素。

a. 切削速度 v_c。切削速度是指刀具切削刃上选定点相对于工件主运动方向的瞬时线速度，单位为 m/s 或 m/min。当主运动为旋转运动时（如车外圆）切削速度可以用下式计算

$$v_c = \frac{\pi d n}{1000} \quad \text{m/min} \tag{7-1}$$

式中 v_c——切削速度，m/min；

d——工件待加工表面或刀具的最大直径，mm；

n——工件或刀具的旋转速度，r/min。

b. 进给量 f。刀具在进给运动方向上相对于工件的位移量。例如外圆车削时的进给量是工件每转一转时车刀相对于工件在进给运动方向上的位移量，其单位为 mm/r；牛头刨床上刨削平面时，进给量是刨刀每往复一次，工件在进给运动方向上相对于刨刀的位移量，其单位为 mm/d.str（毫米/双行程）。对于多刃刀具（如铣、铰、拉等），也可用每齿进给量 f_z 表示。

单位时间内的进给量称为进给速度，它是切削刀具选定点相对于工件进给运动的瞬时速度，用 v_f 表示，单位为 mm/s 或 mm/min。

$$v_f = nf \tag{7-2}$$

c. 背吃刀量 a_p。对于外圆车削，背吃刀量 a_p 等于工件已加工表面至待加工表面间的垂直距离，单位为 mm。即

$$a_p = \frac{d_w - d_m}{2} \tag{7-3}$$

式中 a_p——背吃刀量，mm；

d_w——工件待加工表面直径，mm；

d_m——工件已加工表面直径，mm。

② 切削层尺寸平面要素 如图 7-4 所示外圆车削，工件转一周，车刀由位置 Ⅰ 移动到位置 Ⅱ，其位移量为 f，在这一过程中，位于 DC 与 AB 之间的一层金属被切除，称为切削层金属。通过切削刃基点（通常指主切削刃工作长度的中点）并垂直于该点主运动方向的平面，称为切削层尺寸平面。在切削层尺寸平面上测得的切削层几何参数，称为切削层尺寸平面要素。

a. 切削层公称厚度。在切削层尺寸平面上垂直于切削刃的方向上测得的切削层尺寸，称为切削层公称厚度，用符号 "h_D" 表示，单位为 mm。切削层公称厚度代表了切削刃的工作负荷。

b. 切削层公称宽度。在切削层尺寸平面上，沿切削刃方向所测得的切削层尺寸，用符

号"b_D"表示,单位为 mm。切削层公称宽度通常等于切削刃的工作长度。

c. 切削层公称横截面积。指切削层尺寸平面的实际面积,用符号"A_D"表示,单位为 mm²。如图 7-4 所示,车外圆时,A_D 等于切削层公称厚度与切削层公称宽度的乘积,也必然等于背吃刀量与进给量的乘积。即

$$A_D = h_D b_D = a_p f \tag{7-4}$$

当切削速度一定时,切削层公称横截面积代表了生产率。

7.2 金属切削刀具

7.2.1 刀具的几何参数及标注

刀具的种类很多,如图 7-5 所示是不同的加工设备、不同用途、形状不同的刀具,如车刀、铣刀、刨刀、钻头等。观察切削刃部位,会发现它们有一个共同的特点,刀具切削部分的形状大部分均为楔形。车刀是最常用、最简单和最基本的切削工具,最具有代表性,其他刀具都可以看成是由车刀演变而来的。因此,在研究金属切削工具时,通常以普通外圆车刀为例进行研究和分析。

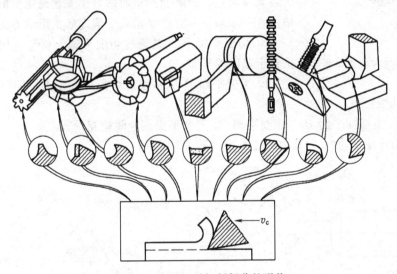

图 7-5 各种刀具切削部分的形状

(1) 车刀的组成

如图 7-6 所示,车刀由切削部分和刀杆组成。切削部分直接参加切削工作,刀柄用于把刀具装夹在机床上。切削部分由前刀面、主后刀面、副后刀面、主切削刃、副切削刃和刀尖组成,简称一尖、两刃、三面。

① 前刀面 刀具上切屑流出的表面。前刀面常倾斜成一定的角度,以适应各种不同条件下切削工作的需要。

② 主后刀面 刀具上与前刀面相交形成主切削刃的后刀面,即与过渡表面相对的表面。主后刀面也常倾斜成一定角度,以减少与工件加工表面之间的摩擦。

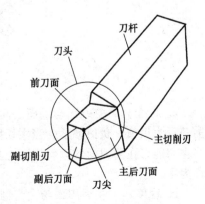

图 7-6 车刀的组成

③ 副后刀面　刀具上同前刀面相交形成副切削刃的后刀面，即与已加工表面相对的表面。副后刀面也常倾斜成一定角度，以减少与工件已加工表面之间的摩擦。

④ 主切削刃　承担主要的切削任务。

⑤ 副切削刃　承担辅助的切削任务。

⑥ 刀尖　主切削刃与副切削刃相交形成的那部分切削刃。是具有一定圆弧半径的刀尖，其半径用 r_ε 表示。

(2) 车刀的几何角度

① 正交平面参考系　为了便于确定车刀的几何角度，常选择某一参考坐标系作为基准。刀具静止参考系是用于定义刀具设计、制造、刃磨和测量刀具几何角度的参考系，在刀具静止参考系中定义的角度称为刀具标注角度。刀具在设计标注、刃磨、测量角度时最常用的是正交平面参考系。

正交平面参考系如图 7-7 所示。正交平面参考系由以下三个平面组成。

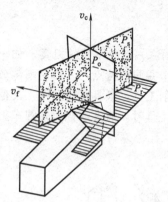

图 7-7　正交平面参考系

a. 基面 P_r　是过切削刃上选定点的平面。它平行或垂直于刀具在制造、刃磨及测量时适合于安装或定位的一个平面或轴线，一般来说其方位要垂直于假定的主运动方向。

b. 切削平面 P_s　是通过切削刃选定点与主切削刃相切并垂直于基面的平面。

c. 正交平面 P_o　是通过切削刃选定点并同时垂直于基面和切削平面的平面。

基面 P_r、主切削平面 P_s、正交平面 P_o 三个平面在空间相互垂直。

② 刀具的标注角度　刀具的标注角度如图 7-8 所示。

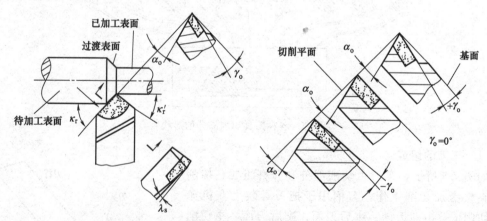

图 7-8　车刀的标注角度

a. 前角 γ_o。前刀面与基面之间的夹角，在正交平面中测量。它表示前刀面的倾斜程度。前角可为正值、负值或零。当主切削刃在前刀面的倾斜表面上处于最高处时，前角为正值；当主切削刃在前刀面的倾斜表面上处于最低处时，前角为负值；当前刀面与基面平行时，前角为零。

b. 后角 α_o。主后刀面与主切削平面之间的夹角，在正交平面中测量。合适的后角可减少加工表面与主后刀面之间的摩擦，减少主后刀面的磨损。

c. 主偏角 κ_r。在基面中测量,是主切削刃平面与进给运动方向之间的角度。在背吃刀量与进给量不变的情况下,改变主偏角的大小,可改变切削刃参加切削的工作长度,并使切削厚度和切削宽度发生变化。主偏角一般为正值。

d. 副偏角 κ_r'。在基面中测量,是副切削刃平面与进给运动反方向之间的角度。副偏角影响已加工表面粗糙度和刀头强度。

e. 刃倾角 λ_s。主切削刃与基面之间的夹角,在主切削平面中测量。其主要作用是影响刀尖强度和控制切屑排出方向。λ_s 可为正值、负值或零,如图 7-9 所示。当刀尖高于主切削刃时 λ_s 为正;当刀尖低于主切削刃时 λ_s 为负;若主切削刃与基面平行时 λ_s 为零。

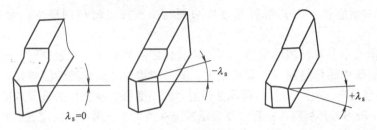

图 7-9　λ_s 的正负规定

③ 刀具的工作角度　上述标注角度是在车刀刀尖与工件回转轴线等高、刀杆纵向轴线垂直于进给方向,以及不考虑进给运动的影响等条件下确定的。切削过程中,由于刀具的安装位置、刀具与工件间相对运动情况的变化,实际起作用的角度与标注角度有所不同,称这些角度为工作角度。刀具安装位置对角度的影响如下。

a. 刀柄中心线与进给方向不垂直对主、副偏角的影响。当车刀刀柄与进给方向不垂直时,实际工作的主偏角 κ_{re} 和副偏角 κ_{re}' 将发生变化,如图 7-10(a)所示。

$$\kappa_{re} = \kappa_r + G \quad \kappa_{re}' = \kappa_r - G$$

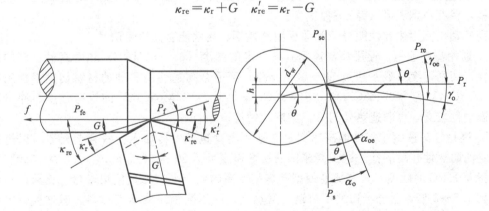

(a) 刀柄中心线不垂直进给方向　　(b) 车刀安装高低对前角、后角的影响

图 7-10　刀具的工作角度

b. 切削刃安装高于或低于工件中心时,对前角、后角的影响。当切削刃安装高于或低于工件中心时,按参考平面定义,通过切削刃作出的实际工作切削平面 P_{se}、基面 P_{re} 将发生变化,所以使刀具实际工作前角 γ_{oe} 和后角 α_{oe} 也会发生变化,如图 7-10(b)所示。

切削刃安装高于工件中心时:

$$\gamma_{oe} = \gamma_o + \theta \quad \alpha_{oe} = \alpha_o - \theta$$

切削刃安装低于工件中心时:

$$\gamma_{oe} = \gamma_o - \theta \quad \alpha_{oe} = \alpha_o + \theta$$

7.2.2 常用刀具材料及其应用

刀具材料一般指刀具切削部分的材料,其切削性能的优劣直接影响着生产率、工件的加工精度和已加工表面质量、刀具消耗和加工成本。正确地选择刀具材料是设计和选用刀具的重要内容。

(1) 刀具材料应具备的性能

刀具在工作时要承受很大的压力、较高的切削温度及剧烈的摩擦。在切削余量不均匀或断续切削时,刀具还受到冲击和振动,因此刀具材料必须具有如下的性能。

① 高硬度和耐磨性　刀具材料的硬度必须高于被加工材料的硬度。常温下硬度须在 60HRC 以上。

刀具在切削时承受着剧烈的摩擦,因此应有较好的耐磨性。一般情况下硬度越高,耐磨性越好;金相组织中碳化物越多、颗粒越细、分布越均匀、其耐磨性能越好。

② 足够的强度和韧性　刀具材料承受切削力而不变形,承受冲击载荷或振动而不断裂及崩刃的能力。一般用刀具材料的抗弯强度表示其强度的大小;用冲击韧度表示其韧性的大小。

③ 高的热硬性　热硬性表示材料在高温下保持硬度、耐磨性、强度和韧性的能力。刀具材料的热硬性越高,则允许的切削速度也越高,抵抗切削刃产生塑性变形的能力也越强。

④ 良好的工艺性和经济性　为便于制造刀具,要求刀具材料具有良好的工艺性能,如锻造、轧制、焊接、切削加工、热处理和可磨削性等。同时,价格要求低廉。

(2) 常见刀具材料的种类与应用

常用刀具材料的种类有高速钢、硬质合金、陶瓷、超硬刀具材料四大类。在一般机械加工中常用的是高速钢和硬质合金。

① 高速钢　高速钢是含有 W(钨)、Mo(钼)、Cr(铬)、V(钒) 等合金元素较多的工具钢,俗称白钢、风(锋) 钢。

高速钢按其用途和性能可分为通用型高速钢、高性能型高速钢两类。

a. 通用型高速钢。通用型高速钢具有一定的硬度 (63~66HRC) 和耐磨性、高的强度和韧性,切削速度一般不超过 50~60m/min,不适合高速切削和硬的材料切削。常用的牌号是 W18Cr4V 和 W6Mo5Cr4V。与 W18Cr4V 相比,W6Mo5Cr4V 的抗弯强度、冲击韧性和高温塑性较高,可制造热轧刀具,如麻花钻等。

b. 高性能高速钢。高性能高速钢是在通用型高速钢中再加入一些合金元素,以进一步提高它的耐热性和耐磨性。这类高速钢的切削速度可达 50~100m/min,在 630~650℃时仍可保持 60HRC 的硬度,具有比通用型高速钢更高的生产率与刀具使用寿命,比通用高速钢可提高 1.5~3 倍,适合于切削不锈钢、耐热钢、高强度钢等难加工材料。但这种钢的综合性能不如通用型高速钢。常用的牌号是 9W18Cr4V、W12Cr4V4Mo 等。

② 硬质合金　硬质合金是由硬度和熔点都很高的金属碳化物(如 WC、TiC、TaC、NbC 等)的粉末和金属黏结剂(如 Co、Ni、Mo 等)按一定比例混合、压制成形,在高温高压下烧结而成。由于硬质合金中含有大量金属碳化物,其硬度、熔点都很高,化学稳定性也好,因此,硬质合金的硬度可达 89~93HRA,热硬性温度高达 900~1000℃,允许的切削速度比高速钢高 4~10 倍。但其抗弯性和冲击韧度较高速钢低,因此,很少做成整体式的,实际使用中,一般制成各种形状的刀片焊接或夹固在刀体上使用。

常用的硬质合金可分成钨钴类、钨钛钴类和钨钛钽(铌)钴类三类。性能及用途见表 7-1。

表 7-1 硬质合金成分、性能及用途

类别	牌号	化学成分(%)质量分数				机械性能		用 途
		WC	TiC	TaC	Co	σ_{bb}不小于/GPa	HRA 不小于	
钨钴类硬质合金	YG3	97			3	1.10	91	铸铁、有色金属及其合金的精加工和半精加工
	YG6	94			6	1.40	89.5	铸铁、有色金属及其合金的半精加工和半粗加工
	YG8	92			8	1.50	89	铸铁、有色金属及其合金的粗加工或断续切削
	YG3x	97			3	1.00	92	铸铁、有色金属及其合金的精加工,也可用于合金钢、淬火钢的精加工
	YG6X	94			6	1.35	91	用于冷硬铸铁、耐热合金的精加工和半精加工,也可用于普通铸铁的精加工
钨钛钴类硬质合金	YT5	85	5		4	1.30	89.5	碳素钢、合金钢的粗加工,也可用于断续切削
	YT14	78	14		8	1.20	90.5	碳素钢、合金钢连续切削时的粗加工、半精加工,断续切削时的精加工
	YT15	79	15		8	1.15	91	
	YT30	66	30		10	0.90	92.5	碳素钢、合金钢的精加工
钨钛钴钽类	YW1	84	6	4	6	1.25	92	用于耐热钢、高锰钢、不锈钢等难加工材料及普通钢、铸铁、有色金属及其合金的半精加工和精加工
	YW2	82	6	4	8	1.50	91	用于耐热钢、高锰钢、不锈钢等难加工材料及普通钢、铸铁、有色金属及其合金的粗加工和半精加工

另外,在硬质合金或高速钢的基体上,涂敷一层数微米厚的高硬度、高耐磨性的金属化合物(TiC、TiN、Al203等)构成了涂层刀具。涂层硬质合金刀具的耐用度比没有涂层的刀具可以提高2~10倍。国内涂层硬质合金刀片牌号有 CN、CA、YB 等系列。

③ 陶瓷刀具材料 陶瓷刀具材料主要有两大类,即氧化铝(Al_2O_3)基陶瓷材料和氮化硅(Si_3N_4)基陶瓷材料。陶瓷刀具的硬度达91~95HRA,超过硬质合金,其耐磨性为一般硬质合金的5倍;其耐热性高,在1200℃时硬度仍可保持在80HRA以上,而且化学稳定性好,与钢不易亲和;抗黏结、抗扩散能力较强;具有较低的摩擦因数。但陶瓷刀具的最大缺点是抗弯强度低、抗冲击性能差,刀片易破损。陶瓷刀具主要用于高速精加工和半精加工冷硬铸铁、淬硬钢等。

④ 超硬材料 超硬刀具材料一般指金刚石和立方氮化硼。

人造金刚石的硬度接近于10000HV,是目前人工制成的硬度最高的刀具材料。但人造金刚石的耐热性差,切削温度超过800℃时就会失去切削能力,韧性差,与铁系金属亲和力大,故不适合加工黑色金属。目前,主要可用于高速精加工有色金属及合金、非金属硬脆材料以及用作牙科磨具和磨料。

立方氮化硼(CBN)硬度仅次于金刚石。其硬度高达7000~9000HV,耐磨性好,耐热性高达1400℃,主要用于对高硬度、高强度淬火钢和耐热钢、冷硬铸铁进行半精加工,也适用于有色金属的精加工。

7.3 金属切削过程

金属切削过程就是用刀具切除多余金属，形成切屑和已加工表面的过程。其实质是材料受到刀具前面挤压后，产生弹性变形、塑性变形和剪切滑移，进而使切削层和工件母体分离的过程。

在这一过程中伴随着切削热、积屑瘤、加工表面硬化、刀具磨损等物理现象。研究金属切削过程中这些现象的基本理论、基本规律对提高金属切削加工的生产率和工件表面的加工质量，减少刀具的损耗关系有重要作用。

7.3.1 切屑的形成及种类

（1）切屑的形成过程

切削时刀具以一定的相对运动速度挤压切削层，使之产生变形、剪切滑移，成为切屑，如图 7-11 所示。

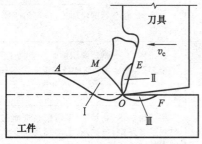

图 7-11 切屑形成过程及切屑变形区

切削塑性金属时，按照切削层金属变形程度的不同，将切削区域划分为三个变形区。

① 第一变形区（Ⅰ） 材料在前刀面挤压作用下，从图中侧线开始发生塑性变形到 OM 线，剪切滑移基本完成。这一区域是切削过程中的主要变形区，又称剪切滑移区。切削过程中切削力、切削热主要来自这个区域。

② 第二变形区（Ⅱ） 切屑沿前刀面排出时，紧贴前刀面的底层金属进一步受到前面的挤压阻滞和摩擦，再次剪切滑移而纤维化，使切屑底层很薄的一层金属流动滞缓。这一区域又称摩擦变形区。切屑经过这一变形区时，其底层比上层伸长得多，发生切屑卷曲。

③ 第三变形区（Ⅲ） 已加工表面受到切削刃钝圆部分与后刀面的挤压、摩擦和回弹，造成已加工表面纤维化和加工硬化。第三变形区直接影响已加工表面的质量、使用性能和刀具后面的磨损。

（2）切屑的种类

由于工件材料不同，切削条件不同，切削过程中的变形程度也就不同，因此得到的切屑种类也不一样。常见的切屑主要分为带状切屑、挤裂切屑、粒状切屑、崩碎切屑四大类，如图 7-12 所示。

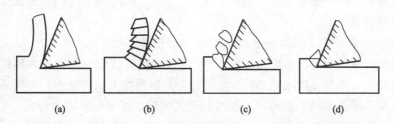

图 7-12 切屑种类

① 带状切屑 如图 7-12（a）所示，切屑呈带状，与前刀面接触的底面光滑，背面呈毛茸状。在使用大的刀具前角、较高的切削速度和较小的进给量切削塑性材料时，易产生此类

切屑。形成带状切屑时,切削过程平稳,切削力波动小,加工表面较光洁。但切屑连续不断,缠绕在刀具和工件上,且不利于切屑的清除和运输,应采取断屑措施。

② 挤裂切屑 如图 7-12（b）所示,切屑背面呈锯齿状,底面有时出现裂纹。一般在用较低的切削速度和较大的进给量粗加工中等硬度的钢材时,容易得到节状切屑。形成节状切屑时,切削力波动大,加工表面较粗糙。

③ 粒状切屑 如图 7-12（c）所示,在形成节状切屑的情况下,若进一步减小前角、降低切削速度,或增大切削厚度,则切屑在整个厚度上分别挤裂,形成梯状的粒状切屑。粒状切屑比较少见,形成时,切削力波动大。

④ 崩碎切屑 如图 7-12（d）所示,切削铸铁等脆性材料时,切削层产生弹性变形后,一般不经过塑性变形就突然崩碎,切屑呈不规则的碎块。产生崩碎切屑时,切削力和切削热都集中在切削刃和刀尖附近,刀尖容易磨损,切削过程不平稳,影响表面粗糙度。

7.3.2 积屑瘤

(1) 积屑瘤的现象及其形成

切削塑性材料时,在一定的切削条件下,切削刃附近的前刀面上会堆积粘附着一块楔形金属,这块金属称为积屑瘤,如图 7-13 所示。

切削塑性材料时,在一定的温度和压力作用下,与前刀面接触的切屑底层受到很大的摩擦阻力,使这层金属的流动速度低于切屑上层的流动速度,形成一层很薄的"滞留层"。当前刀面对滞留层的摩擦阻力大于切屑金属分子之间的结合力时,就会发生"冷焊"现象,滞留层的部分新鲜金属粘附在切削刃附近,形成楔形的积屑瘤。

积屑瘤的产生、成长、脱落过程是在短时间内进行的,并在切削过程中周期性地不断出现。

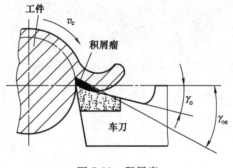

图 7-13 积屑瘤

(2) 积屑瘤对切削加工的影响

① 对刀具强度的影响 由于积屑瘤的硬度很高（约为工件硬度的 2～3.5 倍）,附着在切削刃及前刀面上,可代替切削刃进行切削,起到了保护刀面、减少刀具磨损、增强切削刃的作用。

② 对切削力的影响 积屑瘤黏结在前刀面上,增大了刀具的实际前角,可使切削力减小,因此,在粗加工中,可利用它来保护切削刃。

③ 对已加工表面的影响 由于积屑瘤是不稳定的,时生时灭,会造成切削厚度的波动,这将影响工件的尺寸精度,而且其碎片随机性散落,可能会粘附在已加工表面上,从而会使已加工表面变得粗糙。因此,在精加工时应避免形成积屑瘤。

(3) 避免形成积屑瘤的措施

当工件材料一定时,影响积屑瘤形成的主要因素有切削速度、进给量、刀具材料、前角及切削液等,可以采用以下措施避免形成积屑瘤。

① 降低工件材料的塑性,提高硬度,可减少黏结,抑制滞流层的形成。

② 增大刀具前角,可减小刀具前面和切屑之间的压力,减小切削变形和降低切削温度,抑制积屑瘤。

③ 控制切削速度,采用低速或高速切削,避开产生积屑瘤的速度范围。

④ 适当地使用切削液可以降低切削温度、减少摩擦，有利于防止积屑瘤的产生。

7.3.3 切削力

（1）切削力的产生

切削力是切削过程中作用在刀具与工件上的力。它直接影响工件质量、刀具寿命和机床动力消耗等。切削过程中的能量主要消耗在克服材料的变形抗力，克服刀具与工件和刀具与切屑之间的摩擦力。这些构成了切削过程中的总切削力，用 F_r 表示。

以车削外圆为例，可以把作用在刀具上的总切削力 F_r 分解成三个相互垂直的切削分力，如图 7-14 所示。

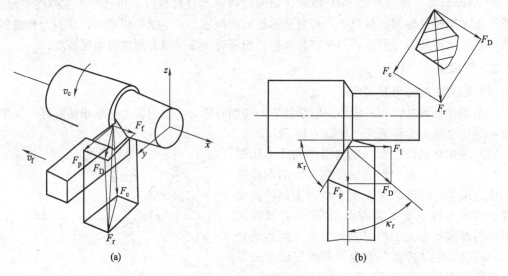

图 7-14 切削合力及分力

① 主切削力 F_c　在主运动速度方向的分力。主切削力是计算机床动力的主要依据，消耗功率在 95% 以上。

② 背向力 F_p　在垂直于进给方向的分力。它是计算工艺系统刚度的主要依据，容易引起工件变形。

③ 进给力 F_f　在进给运动方向的分力。它在基面内与进给运动方向平行。进给力作用于机床的进给机构上，是验证进给系统零件强度和刚度的依据。

（2）影响切削力大小的因素

① 工件材料　工件材料的强度、硬度愈高，韧性、塑性愈好，切削时产生的切削力越大。如加工 35 钢的切削力比 45 钢减少 13%。不锈钢 1Cr18Ni9Ti 的硬度强度与正火的 45 钢基本相近，但其塑性、韧性较高，所以切削力比切削正火的 45 钢大 25%。

② 切削用量　切削用量对切削力的影响较大，背吃刀量和进给量增加时，切削力也将增大。如车削时背吃刀量增加一倍，则主切削力也增加一倍，进给量增加一倍，主切削力增大 68%~86%。切削速度的增加对切削力的影响不显著。

③ 刀具几何参数　前角增大，切削变形减小，故切削力减小。后角增大，刀具后刀面与工件的加工表面摩擦愈小。改变主偏角的大小，可以改变轴向力与径向力的比例，特别是加工细长工件时，径向力将使工件产生弯曲变形，经常采用较大的主偏角以使径向力减小。

除以上因素外，刀尖圆弧半径、刀具的磨损、刀具材料和冷却润滑条件等，都会影响切削力大小。

7.3.4 切削热和切削温度

（1）切削热的产生与传散

在切削过程中，绝大部分消耗的功都转变成热，这些热称为切削热。切削热来源于三个变形区，如图 7-11 所示。在第一变形区，由切削层金属的弹性变形和塑性变形而产生的热，传散到切屑与工件上，也有一部分热通过切屑再传给刀具，这是主要的热源。在第二变形区，由切屑与前面摩擦所产生的热传散到切屑和工件。第三变形区，由工件与后刀面摩擦而产生的热传散到工件和刀具。

切削热由切屑、工件、刀具以及周围的介质传散出去。各部分传热的比例取决于工件材料、切削速度、刀具材料、刀具角度和是否采用切削液。车削加工时，50%～80%的热量由切屑带走，10%～40%的热量传入工件，3%～9%传入车刀，1%左右传入空气，如图 7-15 所示。

（2）切削温度及其影响因素

切削温度是指切削区（即工件、切屑与刀具接触表面）的温度。影响切削温度的因素主要有以下几点。

① 工件材料 工件材料的强度、硬度越高，切削时变形抗力越大，消耗的功率越多，产生的切削热越多，切削温度就越高。工件材料的导热性好，可以降低切削温度。

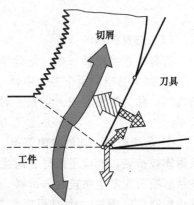

图 7-15　切削热的产生和传导

② 切削用量 增加切削用量，单位时间内切除的金属量增加，切削热也相应增多。但是，切削用量增加也改善了散热条件。例如，v_c 增加，使切屑流速加快，切屑上的热量来不及传到刀具和工件上，就被切屑带走；f 增加，可使切屑变厚，热容量增加，传入切屑的热量增加；a_p 增加可使切削刃参加工作的长度增加，增加了散热面积等。所以，v_c 增加一倍，切削温度升高 20%～30%；f 增加一倍，切削温度升高 10%；a_p 增加一倍，切削温度只升高 3%。

③ 刀具角度 前角增大可使切屑变形和摩擦减小，降低切削温度。实验证明，前角从 10°增加到 18°，切削温度下降 15%。但前角不能过大，以免刀头散热体积减小，不利于降低切削温度。减小主偏角，可以增加切削刃参加工作长度，改善散热条件，降低切削温度。

④ 切削液 切削液能迅速从切削区带走大量的热量，又能减小摩擦，可以使切削温度明显降低。

7.3.5 刀具磨损与刀具耐用度

（1）刀具的磨损形式

① 后刀面磨损 如图 7-16（a）所示，切削脆性材料或以较低的切削速度、较小的切削厚度切削塑性材料时产生的磨损。后刀面磨损程度以此处的平均磨损量 VB 表示。

② 前刀面磨损 以较高的切削速度和较大的切削厚度切削塑性材料时，切屑对前刀面的压力大，摩擦剧烈，温度高。在前刀面上靠近切削刃处磨出一个月牙洼，月牙洼扩大到一定程度，月牙洼和切削刃之间的窄边在切削时容易造成崩刃。磨损量用月牙洼深度 KT 表示，如图 7-16（b）所示。

③ 前、后刀面同时磨损 以中等切削速度和中等切削厚度切削塑性材料时，同时出现前刀面和后刀面的磨损，如图 7-16（c）所示。

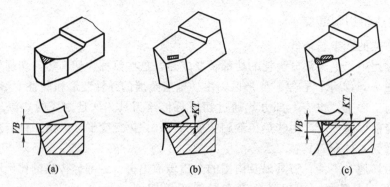

图 7-16 车刀典型的磨损形式示意图

(2) 刀具磨损的类型

刀具磨损是机械、热、化学等方面因素综合作用的结果。其主要类型有以下几种。

① 磨料磨损 由于工件中含有一些硬的质点,切削过程中在刀具表面上刻划出一条条的沟痕,称为磨料磨损。它是一种机械摩擦造成的磨损。工件硬度较高时,容易产生磨料磨损。

② 黏结磨损 切屑与前刀面、加工表面与后刀面之间在温度和压力作用下,接触面间吸附膜被挤破,形成了新鲜表面接触。当接触面之间距离达到了原子间距离时,产生黏结。黏结磨损可能发生在较软的材料一边,也可能发生在较硬材料一边。黏结磨损主要发生在中等切削速度范围内,磨损程度主要取决于工件材料与刀具材料间的亲和力、两者的硬度比等。

③ 扩散磨损 在高温切削时,摩擦副之间的某些元素相互扩散到对方中去,改变了原有材料的性质,加速了刀具的磨损,称为扩散磨损。

④ 氧化磨损 切削液中某些化学元素和空气中的氧与刀具表面在高温下起化学反应,形成一层硬度较低的化合物,被工件或切屑带走而造成的磨损,称为氧化磨损。氧化磨损与氧化膜的黏附强度有关,黏附强度越低,则磨损越快。

⑤ 相变磨损。当切削温度超过刀具材料的相变温度时,刀具材料金相组织发生变化,硬度降低而产生的磨损称为相变磨损。

(3) 刀具磨损过程

刀具磨损过程可分为三个阶段,如图 7-17 所示。

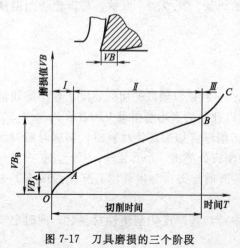

图 7-17 刀具磨损的三个阶段

① 初期磨损阶段（OA） 由于刃磨后的刀具表面微观形状是高低不平的,起初后刀面与工件表面的实际接触面积很小,故磨损较快,在曲线上 OA 段较陡。经过研磨或油石修光的刀具,初期磨损量较小。初期磨损量通常在 $VB=0.05\sim0.1$ mm 之间。

② 正常磨损阶段（AB） 经过初期磨损阶段后,刀具表面被磨平,接触面增大,压强减小,磨损比较均匀,AB 段基本上呈直线。这一阶段时间较长,是刀具的主要工作阶段。

③ 急剧磨损阶段（BC） 经过较长时间正常磨损后,刀具切削刃变钝。刀具对工件的切削作

用基本丧失，转化为相互摩擦。刀具的磨损量和切削温度迅速增加。

(4) 刀具的磨钝标准与耐用度

① 刀具的磨钝标准　生产中一般规定刀具后刀面的平均磨损值 VB 所允许达到的最大磨损尺寸为刀具的磨钝标准。

② 刀具耐用度 T（min）　是指刀具从刃磨后开始切削，一直到磨损量达到磨钝标准为止所经过的总的切削时间。

确定刀具耐用度的方法有两种：一种是最高生产率耐用度；另外一种是最低成本刀具耐用度。

对于制造和刃磨都比较简单且成本不高的刀具，如车刀、刨刀等，耐用度可以定得低一些；反之，对于制造和刃磨比较复杂而且成本较高的刀具，如铣刀、齿轮刀具等，耐用度应定得高一些。例如：硬质合金车刀耐用度大约 60~90min，钻头耐用度约为 80~120min，硬质合金端铣刀的耐用度约为 200~300min。

一般情况下，应按最低成本刀具耐用度原则来确定刀具的耐用度。但是在特殊情况（如生产任务比较紧或工序间存在不平衡现象）时应采用最高生产率耐用度。

7.4　金属材料切削条件的选择

7.4.1　金属材料的切削加工性

(1) 金属材料切削加工性的评定

金属材料的切削加工性是指金属材料切削加工的难易程度。这种难易程度是个相对的概念，对于不同的金属材料，不同的切削条件和加工要求，材料的切削加工性不一样。

在相同的切削条件下，使刀具寿命高的工件材料，其切削加工性好。或者在一定刀具寿命（T）下，所允许的最大切削速度（v_c）高的工件材料，其切削加工性就好。

通常用刀具寿命 $T=60$min 时，某种材料所允许的最大切削速度 v_{60} 值的大小来评定该材料的切削加工性的好坏。一般以正火状态的 45 钢的切削速度 v_{60} 作为基准，写作 (v_{60})，将其他材料的 v_{60} 与 (v_{60}) 相比，可得到其相对切削加工性 K_r，即

$$K_r = \frac{v_{60}}{(v_{60})} \tag{7-5}$$

凡是 $K_r>1$ 的材料，比 45 钢容易切削；凡是 $K_r<1$ 的材料，比 45 钢难切削。

(2) 影响材料切削加工性的主要因素

金属材料的切削加工性能与其本身的物理、力学性能有很大关系。主要影响因素有以下几点。

① 材料的强度和硬度　材料的硬度和强度越高，切削过程中的切削力就越大，消耗的功率也越大，切削温度也越高，刀具的磨损加剧，切削加工性就越差。特别是材料的耐热性（高温硬度值）越高，这时刀具材料的硬度与工件材料的硬度之比就越低，切削加工性就越差，刀具越容易磨损。这也是某些耐热钢、高温合金钢切削加工性差的主要原因。

② 材料的塑性　材料的塑性越大，切削时的塑性变形就越大，切削温度就越高，刀具容易出现黏结磨损和扩散磨损，刀具的使用寿命降低。在低速切削塑性高的材料时易产生积屑瘤，影响表面加工质量。塑性大的材料，切削时不易断屑，因此切削加工性较差，但塑性太小的材料，切削时切削力和切削热集中在切削刃附近，加剧刀具的磨损，切削加工性也不好。

③ 材料的韧性　韧性较大的材料，在切削变形时吸收的功较多，切削力也大，并且不易断屑，已加工表面粗糙度值也较大，切削加工性较差。

④ 材料的导热性　工件材料的导热性越好，由切屑带走和工件散出的热量就越多，越有利于降低切削区的温度，减小刀具的磨损，切削加工性好。

（3）改善工件材料切削加工性的途径

生产中改善金属工件材料切削加工性最常用的办法一是通过适当的热处理工艺，改变材料的金相组织，使材料的切削加工性得到改善。例如，高碳钢经球化退火，可降低硬度；低碳钢经正火处理，可降低塑性，提高硬度；马氏体不锈钢经调质处理，可降低塑性；铸铁件切削前进行退火，可降低表面层的硬度。二是在满足工件使用要求的前提下，应尽可能选择切削加工性能较好的工件材料，同时还应注意合理选择材料的供应状态。例如，低碳钢经冷拔加工后，可降低塑性，提高其切削加工性；中碳钢部分球化的珠光体组织的切削加工性最好；高碳钢完全球化退火状态易于切削加工；锻造毛坯余量不均匀，且表层有硬皮，不如冷拔或热轧毛坯切削加工性好。三是选用合适的刀具材料，确定合理的刀具角度和切削用量，安排适当的加工方法和加工顺序，都可以改善材料的切削加工性。

7.4.2　金属切削条件的选择

（1）刀具几何角度的选择

刀具的几何角度，对切削过程中的金属切削变形、切削力、切削温度、工件加工质量及刀具的磨损都有显著影响。选择合理的刀具几何参数，可使刀具切削能力得到充分发挥，降低生产成本，提高切削效率。

① 前角的选择　前角的大小将影响切削过程中的切削变形和切削力，同时也影响工件的表面粗糙度和刀具强度与寿命。增大刀具前角，可以达到减小切削层塑性变形和摩擦阻力、降低切削力和切削热的目的。但刀具前角过大，会降低切削刃和刀头的强度，刀头散热条件变差，切削时容易崩刃，使刀具寿命降低。

工件材料的强度和硬度较低时，取较大的前角，反之，应取较小的前角。加工塑性材料时，为了减少切屑的变形和切削力，应取较大的前角；加工脆性材料时，为了增加刃口强度，应取较小的前角；用硬质合金刀具切削特别硬的材料时，应取负前角。

高速钢的抗弯强度大，韧性好，可取较大的前角；硬质合金刀具脆性较大，应取较小的前角。

粗加工时，为了提高刀刃的强度，应取较小的前角；精加工时，为使刀具锋利，提高表面加工质量，应取较大的前角。当机床功率不足和工艺系统刚性较差时，可取较大的前角，以减小切削力和切削功率，减轻振动。

② 后角的选择　后角的作用是减少刀具后刀面与过渡表面之间的摩擦。后角增大可减少后刀面与加工表面之间的摩擦，后角越大，切削刃越锋利，但是切削刃和刀头的强度削弱，散热体积减小。

粗加工、强力切削及承受冲击载荷的刀具，为增加刀具强度，应取较小的后角；精加工时，增大后角可提高刀具寿命和已加工表面的质量。

工件材料的硬度与强度高，应取较小的后角，以保证刀头强度；工件材料的硬度与强度低，塑性大，易产生加工硬化，为了防止刀具后刀面磨损，应取较大的后角；加工脆性材料时，切削力集中在刃口附近，应取较小的后角。

③ 主偏角、副偏角的选择　主偏角和副偏角越小，刀头的强度越高，散热面积越大，刀具寿命长，而且，主偏角和副偏角减小，工件加工后的表面粗糙度会减小，但是，主偏角

和副偏角减小时，会加大切削过程中的背向力，容易引起工艺系统的弹性变形和振动。

工艺系统的刚度较好时，主偏角可取小值，如 $\kappa_r=30°\sim45°$。在加工高强度、高硬度的工件材料时，可取 $\kappa_r=10°\sim30°$，以增加刀头的强度。当工艺系统的刚度较差或强力切削时，一般取 $\kappa_r=60°\sim75°$；车削细长轴时，为减小背向力，取 $\kappa_r=0°\sim93°$。在选择主偏角时，还要视工件形状及加工条件而定，如车削阶梯轴时，可取 $\kappa_r=90°$，用一把车刀车削外圆、端面和倒角时，可取 $\kappa_r=45°\sim60°$。

副偏角主要根据工件已加工表面的粗糙度要求和刀具强度来选择，在不引起振动的情况下，尽量取小值以减小已加工表面的粗糙度值，如车刀取 $\kappa_r'=5°\sim10°$。

切断刀、锯片铣刀和槽铣刀等，为了保持刀具强度和重磨后宽度变化较小，取 $\kappa_r'=1°\sim2°$。

④ 刃倾角的选择　刃倾角主要影响切屑的排出方向，如图 7-18 所示。精车和半精车时刃倾角宜选用正值，使切屑流向待加工表面，防止划伤已加工表面。加工钢和铸铁，粗车时取刃倾角 $\lambda_s=-5°\sim0°$；车削淬硬材料时，取 $\lambda_s=-15°\sim-5°$，使刀头强固，刀尖可避免受到冲击，散热条件好，提高了刀具寿命。

增大刃倾角的绝对值，使切削刃变得锋利，可以切下很薄的金属层。如微量精车、精刨时，可取 $45°\sim75°$ 的大刃倾角刀具，使切削刃加长，切削平稳，排屑顺利，生产效率高，加工表面质量好。

工艺系统刚性差，切削时刃倾角 $\lambda_s>0$，以减小背向力，避免切削中的振动。

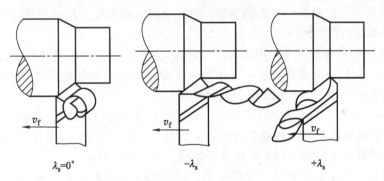

图 7-18　刃倾角对排屑的影响

（2）切削用量的选择

合理地选择切削用量，能够保证工件加工质量，提高切削效率，延长刀具使用寿命和降低加工成本。

粗加工时，应尽量保证较高的金属切除率和必要的刀具寿命，一般优先选择大的背吃刀量，其次选择较大的进给量，最后根据刀具寿命，确定合适的切削速度。精加工时，应保证工件的加工质量，一般选用较小的进给量和背吃刀量，尽可能选用较高的切削速度。

① 背吃刀量的选择　粗加工的背吃刀量应根据工件的加工余量确定，应尽量用一次走刀就切除全部加工余量。当加工余量过大、机床功率不足、工艺系统刚度较低、刀具强度不够以及断续切削或冲击振动较大时，可分几次走刀。对切削表面层有硬皮的铸、锻件，应尽量使背吃刀量大于硬皮层的厚度，以保护刀尖；半精加工和精加工的加工余量一般较小，可一次切除。有时为了保证工件的加工质量，也可多次走刀。多次走刀时，第一次走刀的背吃刀量取得比较大，一般为总加工余量的 $2/3\sim3/4$。

② 进给量的选择　粗加工时，进给量的选择主要受切削力的限制。在工艺系统的刚度

和强度良好的情况下，可选用较大的进给量值；半精加工和精加工时，由于进给量对工件的表面粗糙度值影响很大，进给量一般取得较小。通常按照工件加工表面粗糙度值的要求，根据工件材料、刀尖圆弧半径、切削速度等条件来选择合理的进给量。当切削速度提高，刀尖圆弧半径增大，或有修光刃时，可以选择较大的进给量，以提高生产率。粗车时进给量的参考值和精车时进给量的参考值都可以在切削用量手册中查到。

③ 切削速度的选择　在背吃刀量和进给量选定以后，可在保证刀具合理寿命的条件下，确定合适的切削速度。粗加工时，背吃刀量和进给量都较大，切削速度受刀具寿命和机床功率的限制一般较低；精加工时，背吃刀量和进给量都取得较小，切削速度主要受工件加工质量和刀具寿命的限制一般取得较高。选择切削速度时，还应考虑工件材料的切削加工性等因素。例如，加工合金钢、高锰钢、不锈钢、铸铁等的切削速度应比加工普通中碳钢的切削速度低20%～30%，加工有色金属时，则应提高1～3倍。在断续切削和加工大件、细长件、薄壁件时，应选用较低的切削速度。切削速度的参考值也可以在切削用量手册中查到。

(3) 切削液的选择

① 切削液的作用

a. 冷却作用。切削液能从切削区域带走大量切削热，从而降低切削温度。

b. 润滑作用。切削液能渗入到刀具与切屑和加工表面之间，形成一层润滑膜或化学吸附膜，以减小它们之间的摩擦。

c. 清洗作用。切削液的流动，可以冲走切削区域和机床上的细碎切屑和脱落的磨粒。

d. 防锈作用。在切削液中加入防锈剂，可在金属表面形成一层保护膜，对工件、机床、刀具和夹具等都能起到防锈作用。

② 切削液的种类与选用　常用的切削液分为三大类：水溶液、乳化液、切削油。

a. 水溶液。它的主要成分是水，其中加入了少量的有防锈和润滑作用的添加剂。水溶液的冷却效果良好，多用于普通磨削和其他精加工。

b. 乳化液。它是将乳化油（由矿物油、表面活性剂和其他添加剂配成）用水稀释而成，用途广泛。低浓度的乳化液冷却效果较好，主要用于磨削、粗车、钻孔加工等。高浓度的乳化液润滑效果较好，主要用于精车、攻丝、铰孔、插齿加工等。

c. 切削油。它主要是矿物油，如机械油、轻柴油、煤油等，少数采用动植物油或复合油。普通车削、攻丝时，可选用机油；精车加工有色金属或铸铁时，可选用煤油；加工螺纹时，可选用植物油。在矿物油中加入一定量的油性添加剂和极压添加剂，能提高其高温、高压下的润滑性能，可用于精铣、铰孔、攻丝及齿轮加工。

习　题

7-1　切削加工由哪些运动组成？它们各有什么作用？

7-2　切削用量三要素是什么？

7-3　刀具正交平面参考系由哪些平面组成？它们是如何定义的？

7-4　常用刀具的材料有哪几类？各适用于制造哪些刀具？

7-5　硬质合金按化学成分和使用特性分为哪几类？各适宜加工哪些工件材料？

7-6　金属切削过程中三个变形区是怎样划分的？各有哪些特点？

7-7　切屑类型有哪四类？各有哪些特点？

7-8　各切削分力对加工过程有何影响？试述背吃刀量 a_p 与进给量 f 对切削力的影响规律。

7-9　切削热是如何产生的？它对切削过程有什么影响？

7-10　试述背吃刀量 a_p、进给量 f 对切削温度的影响规律。

7-11 简述刀具磨损的原因。高速钢刀具、硬质合金刀具在中速、高速时产生磨损的主要原因是什么？

7-12 切削变形、切削力、切削温度、刀具磨损和刀具寿命之间存在着什么关系？

7-13 何谓工件材料的切削加工性？它与哪些因素有关？

7-14 说明前角和后角的大小对切削过程的影响。

7-15 说明刃倾角的作用。

7-16 常用切削液有哪几种？各适用什么场合？

第8章　金属切削加工机床与加工方法

本章重点

常用的金属切削机床的类型、分类方法；车削、铣削、磨削等的工艺特点及应用范围。

学习目的

掌握常用的金属切削机床的类型、加工范围和工艺特点，并获得一定的操作技能。

教学参考素材

零件图，车床、铣床、磨床等，观看机械零件生产工艺过程视频或参观实训工厂等。

8.1　金属切削机床基础知识

8.1.1　金属切削机床的分类

金属切削机床是机械制造的主要加工设备，它是用切削刀具将金属毛坯加工成所要求的机器零件的机器，所以，它是制造机器的机器，习惯上简称为机床。

机床在一般机械制造厂中约占机器设备总数的 50%～70%，而所担负的加工工作量约占机器总制造工作量的 40%～60%。机床的技术性能直接影响着机械制造业的产品质量和劳动生产率。因此机床在国民经济现代化发展中起着重要的作用。

随着工业的发展和加工工艺的需要，目前机床已具有多种多样的形式。机床主要是按加工性质和所使用的刀具进行分类。目前我国将机床分为 12 大类，即车床、钻床、镗床、磨床、齿轮加工机床、螺纹加工机床、铣床、刨插床、拉床、电加工机床、切断机床及其他机床。除了上述基本分类法外，还可按照其通用程度分为通用机床、专门化机床和专用机床；按照加工精度不同分为普通机床、精密机床和高精度机床；按照自动化程度不同分为手动、机动、半自动和自动机床；按照质量大小和尺寸不同分为仪表机床、中型机床、大型机床、重型机床和超重型机床等。

同类型的机床按其工艺范围可进一步分为如下类别。

通用机床，这类机床可以加工多种零件的不同工序，加工范围较广，如卧式车床、卧式铣床、万能升降台铣床等都属于通用机床。通用机床由于通用性较好，结构比较复杂，适用于单件、小批量生产。

专门化机床，这类机床专门用于加工不同尺寸的一类或几类零件的某一道（或几道）特定工序，其工艺范围较窄，如齿轮加工机床、精密丝杠车床、凸轮轴车床、曲轴连杆颈车床等都属于专门化机床。

专用机床，这类机床用于加工某一种（或几种）零件的特定工序，其工艺范围最窄，如加工机床主轴箱的专用镗床、加工车床床身导轨的专用龙门磨床等都是专用机床。专用机床是根据特定的工艺要求专门设计、制造的。它的生产率比较高,自动化程度也比较高。

8.1.2 金属切削机床的型号编制

机床型号必须能反映出机床的种类、主要参数、使用及结构特性。我国的机床型号是按《金属切削机床型号编制方法》(GB/T 15375—2008)采用汉语拼音字母和阿拉伯数字相结合的方式来编制机床型号的,通用机床的型号表示方法如下。

(1) 机床型号

① 机床的类别代号 机床的类别代号用汉语拼音字母(大写)表示。如"车床"的汉语拼音是"Chechuang",所以用"C"表示。机床的类别代号如表8-1所示。

表8-1 金属切削机床的分类及其代号

类别	车床	钻床	镗床	磨床			齿轮加工机床	螺纹加工机床	铣床	刨插床	拉床	电加工机床	切断机床	其他机床
代号	C	Z	T	M	2M	3M	Y	S	X	B	L	D	G	Q

② 机床的特性代号 机床的特性代号包括通用特性和结构特性,也用汉语拼音字母(大写)表示。

a. 通用特性代号。当某类型机床除有普通特性外,还具有如表8-2所示的各种通用特性时,则在类别代号之后加上相应的特性代号,也用汉语拼音字母(大写)表示。如 CM6132 型精密卧式车床型号中的"M"表示"精密"。

表8-2 金属切削机床通用特性代号

通用特性	高精度	精度	自动	半自动	数控	加工中心(自动换刀)	仿形	加重型	轻型	简式或经济型	柔性加工单元	数量	高速
代号	G	M	Z	B	K	H	F	C	Q	J	R	X	S

b. 结构特性代号。结构特性代号是为了区别主参数相同而结构不同的机床,在型号中用大写汉语拼音字母表示。例如,CA6140 型卧式车床型号中的"A"字在结构上区别于 C6140 型卧式车床。结构特性的代号由各生产厂家自行确定,在不同型号中的意义可不一样。当机床有通用特性代号时,结构特性代号应排在通用特性代号之后。

③ 机床的组别和系列代号 机床的组别和系列代号用两位数字表示。每类机床按用途、性能、结构分为 10 组(即 0~9 组),每组中又分为 10 个系列(即 0~9 型)。金属切削机床的类、组、系列的划分及其代号可参阅 GB/T 15375—2008。

④ 机床主要参数的代号 机床主要参数是表示机床规格大小,反映机床的加工能力。它在机床型号中是用阿拉伯数字表示的。通常用主要参数的折算值(1/10 或 1/100)来表示。在型号中第三位及第四位数字都表示主要参数。机床主要参数及表示方法可参阅 GB/T 15375—2008。

⑤ 机床重大改进序号 当机床的性能和结构有重大改进时,按其设计改进的次序分别用大写汉语拼音字母表示,附在机床型号的末尾,如 C6140A 即为 C6140 卧式车床的第一次重大改进。

(2) 机床型号编制举例

如 CM6140 型精密卧式车床,型号中的代号及数字的含义如下。

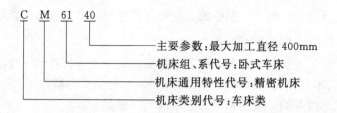

8.2 车削加工

8.2.1 车床与车削加工

(1) 车床

车床是完成车削加工所必需的机床。车床的种类很多，按其结构和用途不同，主要可分为卧式车床及落地车床、立式车床、转塔车床、仿形及多刀车床、单轴自动车床和多轴自动、半自动车床、数控车床和车削中心等。

车床的主运动通常是工件的旋转运动，进给运动通常是刀具的直线移动。

在各种车床中，卧式车床应用最为普遍。

① 卧式车床　卧式车床使用非常普遍。其中 CA6140 型卧式车床是一种通用性强、工艺范围广泛的车床，如图 8-1 所示。卧式车床主要由主轴箱、进给箱、溜板箱、刀架、尾座、电气箱、床身和床腿等组成。各部分功用如下。

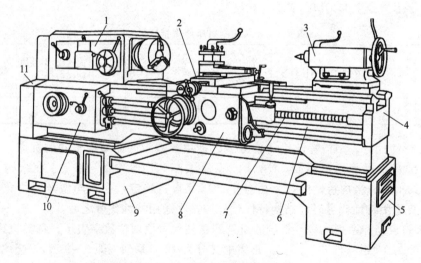

图 8-1　CA6140 型卧式车床
1—主轴箱；2—刀架；3—尾座；4—床身；5,9—床腿；6—光杠；
7—丝杠；8—溜板箱；10—进给箱；11—交换齿轮

a. 主轴箱。安装在床身的左上端，内装主传动系统和主轴部件。主轴的端部可安装卡盘，用以夹持工件，带动工件旋转，实现主运动。

b. 进给箱。安装在床身的左下方前侧，进给箱内有进给运动传动系统，用以控制光杠及丝杠的进给运动变换和不同进给量的变换。

c. 溜板箱。安装在床身的前侧床鞍的下方，与床鞍相连，其作用是实现纵横向进给运动的变换，带动床鞍、刀架实现进给运动。

d. 刀架。床鞍安装在床身的导轨上,在溜板箱的带动下沿导轨做纵向运动;刀架可与床鞍一起纵向运动,也可经溜板箱的传动在床鞍上做横向运动。刀架上安装刀具。

e. 尾座。安装于床身的尾部,可沿导轨纵向移动调整位置。它用于支承长工件和安装钻头等刀具进行孔加工。

f. 床身。床身是卧式车床的基础部件,它用作车床的其他部件的安装基础,保证其他部件相互之间的正确位置和正确的相对运动轨迹。

② 立式车床　立式车床主要用于加工径向尺寸大而轴向尺寸相对较小、且形状比较复杂的大型或重型零件。立式车床是汽轮机、水轮机、重型电机、矿山冶金等重型机械制造厂不可缺少的加工设备,在一般机械制造厂使用得也很普遍。立式车床结构布局上的主要特点是主轴垂直布置,并有一个直径很大的圆形工作台,供安装工件之用;工作台台面处于水平位置,因而笨重工件的装夹和找正比较方便。由于工件及工作台的重量由床身导轨或推力轴承承受,大大减轻了主轴及其轴承的载荷,因此较易保证加工精度。立式车床分单柱式和双柱式两种,前者加工直径一般小于160mm,后者加工直径一般大于200mm。重型立式车床其加工直径超过2500mm。

单柱立式车床如图8-2所示。

(2) 车削加工范围

在车床上用车刀或孔加工刀具等对工件进行切削加工的过程称为车削加工。车削加工是机械加工中应用最为广泛的方法之一,主要用于回转体零件的加工。在一般机械制造企业中,应用范围最广的是卧式车床。

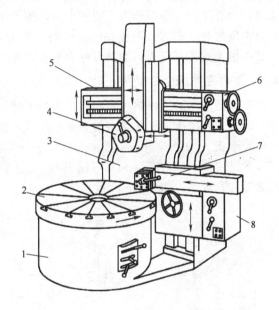

图8-2　立式车床外形
1—底座;2—工作台;3—立柱;4—垂直刀架;5—横梁;
6—垂直刀架进给箱;7—侧刀架;8—侧刀架进给箱

卧式车床的加工范围很广,能进行多种表面的加工,如各种轴类、套类和盘类等零件的表面的加工。卧式车床的加工范围如表8-3所示。

表8-3　卧式车床的加工范围

加工范围	钻中心孔	钻孔	铰孔	攻螺纹
图例				

加工范围	车外圆	镗孔	车端面	切断
图例				

加工范围	车成形面	车锥面	滚花	车螺纹
图例				

(3) 车削常用刀具

车刀有许多种类，按用途可分为直头外圆车刀、弯头外圆车刀、90°外圆车刀、宽刃外圆车刀、内孔车刀、端面车刀、切断车刀、螺纹车刀、成形车刀等。按刀具材料可分为高速钢车刀、硬质合金车刀、陶瓷车刀、金刚石车刀等。按车刀的结构可分为焊接式和机夹式等，其中机夹式按其能否刃磨又可分为重磨式和可转位式车刀。

8.2.2 工件在车床上的装夹

由于车削加工的工件的尺寸和形状多种多样，必须使用专门的装夹机构，才能将工件装夹在车床上，在车床上经常使用的夹具（附件）有卡盘、顶尖、心轴、中心架、跟刀架等。

(1) 卡盘

卡盘是应用广泛的车床夹具（附件），用于装夹轴类、盘类工件。卡盘分为三爪卡盘、四爪卡盘和花盘等，如图 8-3 所示。

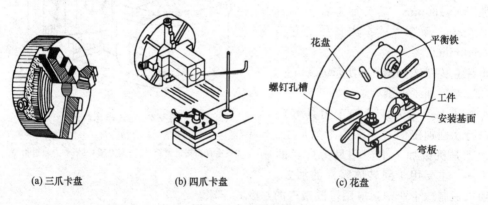

(a) 三爪卡盘　　(b) 四爪卡盘　　(c) 花盘

图 8-3　卡盘示意图

三爪卡盘装夹工件时，自动定心，不需找正，但夹紧力较小，适用于装夹中、小型工件。四爪卡盘的四个卡爪可单独径向调整，因此，适用于装夹形状不规则的工件，夹紧力较大。但装夹工件时必须找正。花盘适用于装夹加工表面与定位基面相垂直的不规则的工件。

(2) 顶尖

在车床上加工实心轴类零件时，常用顶尖装夹工件，装在主轴上的顶尖称为前顶尖，装在尾座上的顶尖称为后顶尖。后顶尖又分为死顶尖和活顶尖。死顶尖定心准确、加工精度较高，但易磨损；活顶尖工作时同工件一起回转，不易磨损，但装配误差大，加工精度较低。

(3) 心轴

在车床上加工带孔的盘套类工件的外圆的端面时，常用心轴装夹工件。先把工件装夹在心轴上，再把心轴装夹在两顶尖之间进行加工。

(4) 中心架和跟刀架

加工细长轴类零件时，需要采用辅助装夹装置，以防止工件的变形，如中心架和跟刀架等,如图 8-4 所示。中心架适用于细长轴类零件的粗加工,跟刀架适用于细长轴类零件的半精加工和精加工。

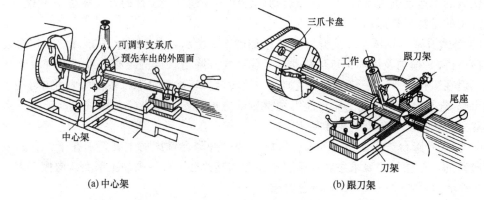

图 8-4 中心架和跟刀架

8.2.3 车削加工工艺特点及应用

(1) 车削加工的工艺特点

① 车削加工的范围广。可加工不同类型工件的回转表面、端面和成形面;可加工钢、铸铁、有色金属等材料的工件;可根据零件的使用要求,获得低精度、中等精度和相当高的加工精度;适应于各种生产类型。

② 生产率较高。一般车削加工时,工件的回转运动不受惯性力的限制,加工过程中基本无冲击现象,可采取很高的切削速度。车刀的刀柄可以伸出很短,刚度好,可采用相当大的切削用量。因此,生产率较高。

③ 切削过程稳定。在多数情况下由于车削是连续进行的,除粗车时可能因毛坯余量不均匀导致非连续切削外,一般均为连续切削,因此,切削过程连续稳定,具备了进行高速车削和强力车削的重要条件。

④ 生产成本低。车刀为单切削刃刀具,结构简单,制造、刃磨和装拆都很方便,便于根据具体要求选用合理的几何形状,有利于保证加工质量,提高生产率和降低加工成本。

⑤ 易保证工件各加工面的位置精度。对于轴、套、盘类零件,由于各加工面具有同一回转轴线,并且与车床主轴的回转轴线重合,可在一次装夹中加工出不同直径的外圆、内孔和端面,所以可保证加工面间的同轴度和垂直度等。

(2) 车削加工的应用

车削加工零件时,根据要求一般分为粗车、半精车和精车。一般粗车的尺寸精度为 IT13~IT11,表面粗糙度 Ra 值为 50~12.5μm。半精车可作为中等精度零件的终加工,也可作精车或精磨之前的预加工。半精车的尺寸精度为 IT10~IT9,表面粗糙度 Ra 值为 6.3~3.2μm。精车作为较高精度表面的终加工,半精车的尺寸精度为 IT7~IT6,表面粗糙度 Ra 值为 1.6~0.8μm。

8.3 铣削加工

8.3.1 铣床与铣削加工

(1) 铣床

铣床是完成铣削加工所必需的机床。铣床的种类很多,按其结构和用途不同,主要可分为卧式铣床、立式铣床和龙门铣等。

铣床的主运动通常是铣刀的旋转运动,进给运动通常是工件的直线移动。

常用的是卧式铣床和立式铣床。

① 卧式升降台铣床　卧式升降台铣床如图 8-5 所示,其主轴水平布置。工作台在上下(垂直)方向、横向及纵向都可以移动。万能卧式升降台铣床的结构与卧式升降台铣床基本相同,但在工作台 5 和床鞍 6 之间增加了一层转盘。转盘相对于床鞍在水平面内可绕垂直轴线在±45°范围内转动,使工作台能沿调整后的方向进给,以便铣削螺旋槽。卧式升降台铣床配置立铣头后,可作立式铣床使用。

② 立式升降台铣床　立式升降台铣床与卧式升降台铣床的主要区别在于,它的主轴是垂直布置的,根据加工要求主轴在垂直平面内调整角度。可用来加工平面、沟槽等表面。如图 8-6 所示为常见的一种立式升降台铣床。

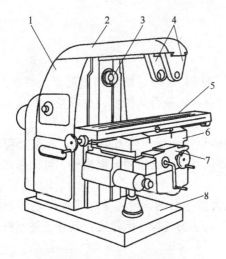

图 8-5　卧式升降台铣床
1—床身；2—悬梁；3—主轴；4—刀杆支架；
5—工作台；6—床鞍；7—升降台；8—底座

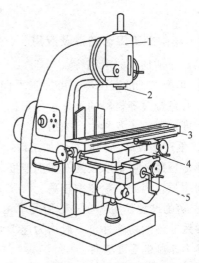

图 8-6　立式升降台铣床
1—铣头；2—主轴；3—工作台；
4—床鞍；5—升降台

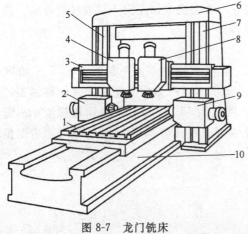

图 8-7　龙门铣床
1—工作台；2,9—水平铣头；3—横梁；4,8—垂直铣头；
5,7—立柱；6—顶梁；10—床身

③ 龙门铣床　龙门铣床是一种大型高效能的铣床,主要用于加工各类大型工件上的平面和沟槽等。机床装有二轴、三轴甚至更多主轴以进行多刀、多工位的加工,如图 8-7 所示为具有 4 个铣头的中型龙门铣床。每个铣头都是一个独立部件,其中包括单独的驱动电动机、主轴部件、变速传动机构及其操纵机构等。加工时,工作台 1 带动工件做纵向进给运动。龙门铣床可用多把铣刀同时加工几个表面,所以生产率较高。它在成批和大量生产中得到了广泛应用。

(2) 铣削加工范围

铣削加工范围广泛,它主要用于加工各

种平面、台阶面、沟槽、成形表面、型腔表面、螺旋表面等，如表 8-4 所示。

表 8-4　铣床的加工范围

加工范围	铣平面	铣平面	铣平面	铣沟槽
图例	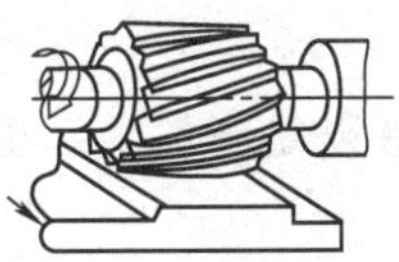	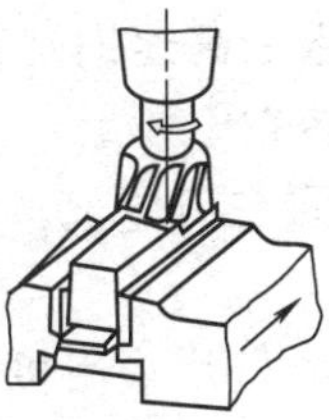	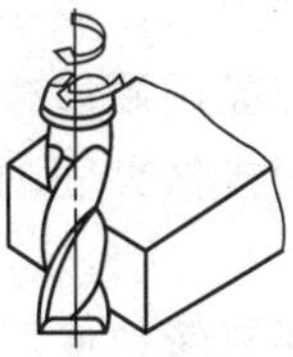	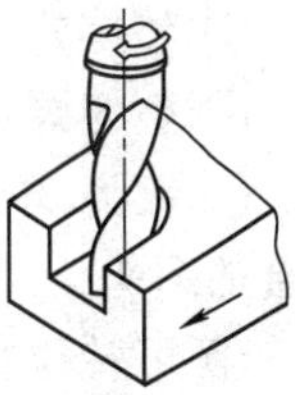

加工范围	铣沟槽	铣台阶	铣梯形槽	切　断
图例	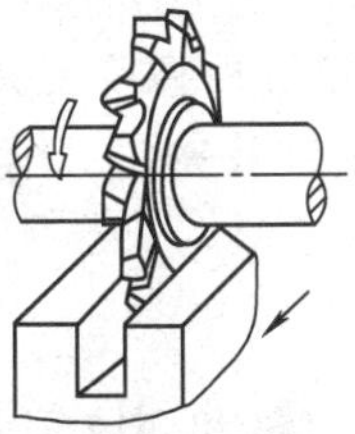	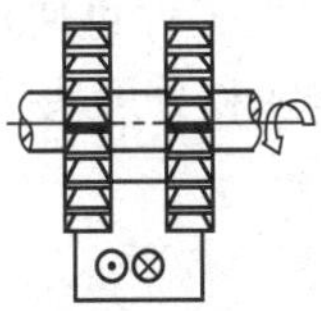	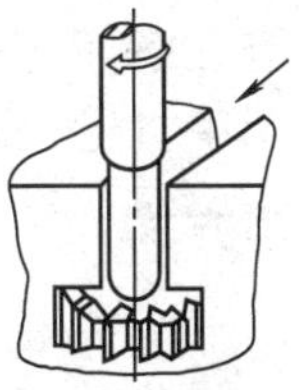	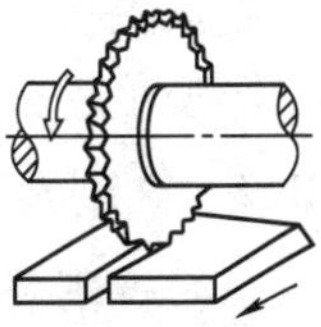

加工范围	铣角度槽	铣角度槽	铣键槽	铣键槽
图例	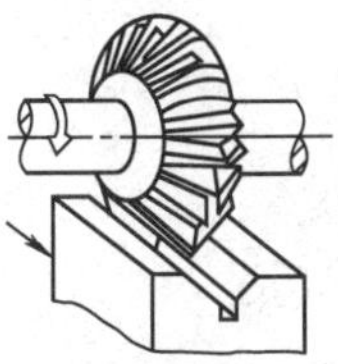		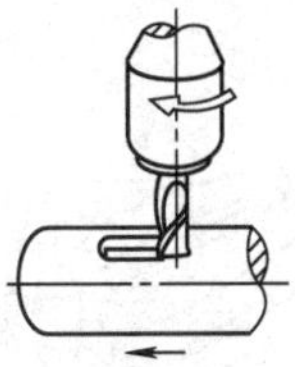	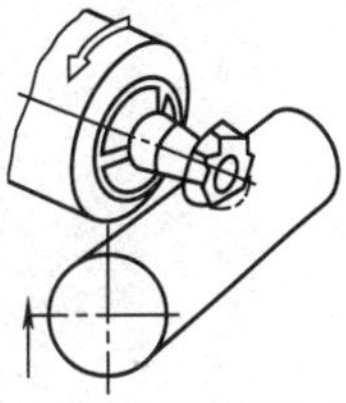

加工范围	铣齿形	铣螺旋槽	铣曲面	铣立体面
图例			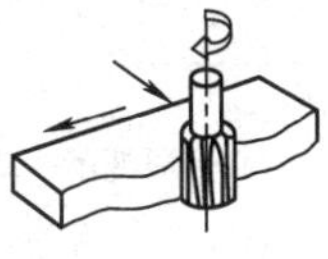	

(3) 铣刀

铣刀是一种切削效率较高的多刃刀具，结构比较复杂，但不论如何复杂，铣刀的每一个刀齿都相当于一把车刀。铣刀的种类繁多，按铣刀的用途分类有以下几种。

① 加工平面用的铣刀　这类铣刀有圆柱形铣刀和端面铣刀。圆柱形铣刀刀齿布置在刀体外圆柱面上，按齿形分直齿和螺旋齿两种。一般多选用螺旋齿以提高切削过程的平稳性。端面铣刀刀齿布置在刀体端面上。

② 加工沟槽用的铣刀　根据沟槽的形状不同，这类铣刀分成以下几种。

a. 立铣刀。刀齿布置在外圆柱面和端面上，有直柄和锥柄两种，适用于加工一般端面、凹槽和台阶的加工。

b. 圆盘铣刀。这类铣刀有槽铣刀、切口铣刀和三面刃铣刀。槽铣刀主要用于加工直槽，切口铣刀用于加工窄槽，三面刃铣刀用于加工凹槽和台阶。

c. 角度铣刀。用于加工各种角度的沟槽。

d. 键槽铣刀、半圆槽铣刀、T形槽铣刀。用于加工键槽和T形槽。
　　e. 锯片铣刀。专用于切断，也可用来加工窄槽。
　　③ 加工特殊形状表面的成形铣刀　这类铣刀多用于加工齿形和成形表面等。
　　按铣刀的结构分类有以下几种。
　　① 整体式　刀体和刀齿做成一体，一般用高速钢制造。
　　② 整体焊齿式　刀齿用硬质合金并焊接在刀体上。
　　③ 镶齿式　刀齿用机械夹固的方式紧固在刀体上。刀齿可以是高速钢，也可以是硬质合金的刀头。
　　④ 可转位式　将能够转位使用的多边形刀片采用机械方法夹固在刀体上，这种结构已广泛用于面铣刀、立铣刀和三面刃铣刀。
　　(4) 工件在铣床上的装夹
　　铣床工作台台面上有几条T形槽，较大的工件可使用螺钉和压板直接装夹在工作台上。中、小型工件常用机床用平口钳、回转工作台和分度头等铣床附件装夹在工作台上。

8.3.2　铣削要素与铣削方式

　　(1) 铣削要素
　　铣削时的切削用量由切削速度、进给速度或进给量、背吃刀量和侧吃刀量组成，如图8-8所示。

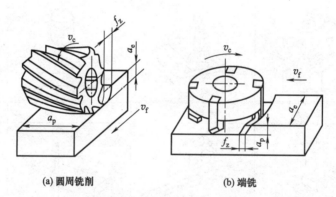

图 8-8　铣削用量

　　① 切削速度 v_c　切削速度 v_c 为铣刀主运动的线速度，单位为 m/min。
$$v_c = \pi d n / 1000 \tag{8-1}$$
式中　d——铣刀直径，mm；
　　　n——铣刀转速，r/min。
　　② 进给速度 v_f 或进给量 f　进给速度是切削刃上选定点相对于工件的进给运动的瞬时速度，单位为 mm/min。进给速度也可以用每齿进给量 f_z 或每转进给量 f 表示。每转进给量 f、进给速度 v_f 与每齿进给量 f_z 三者之间有如下关系，即
$$v_f = f n = f_z Z n \tag{8-2}$$
式中　Z——铣刀齿数。
　　③ 背吃刀量 a_p（铣削深度）　铣削时的背吃刀量是指平行于铣刀轴线方向测量的切削层的尺寸，单位为 mm。
　　④ 侧吃刀量 a_e（铣削宽度）　铣削时的侧吃刀量是指垂直于铣刀轴线方向测量的切削层的尺寸，单位为 mm。

(2) 铣削方式

① 周铣和端铣　周铣是用圆柱铣刀来铣削工件的表面,端铣是用面铣刀来铣削工件的表面,如图 8-8 所示。铣削平面时,用端铣铣平面一般比周铣质量好,生产率较高。其原因在于用端铣刀铣削时,同时接触工件的齿数多,切削力变化小,刀齿的副切削刃对加工表面有修光作用。但周铣的适应性好,在生产中也广泛采用。

② 顺铣和逆铣　铣削有顺铣和逆铣两种方式。铣削时,在铣刀与工件接触点处,铣刀速度(回转方向)与进给速度方向相反为逆铣,如图 8-9(a)所示。铣削时,在铣刀与工件的接触点处,铣刀速度(回转方向)与进给速度方向相同为顺铣,如图 8-9(b)所示。

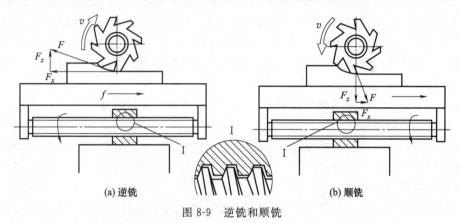

图 8-9　逆铣和顺铣

a. 顺铣。顺铣时铣削力的水平分力与进给方向相同,当水平分力大于工作台的摩擦阻力时,由于进给丝杆与螺母之间有间隙,它会使工作台窜动,甚至会引起啃刀和打刀。但顺铣时铣刀作用在工件上的垂直分力向下,有利于夹紧工件,切削过程比较平稳。顺铣切削时每齿切削厚度由最大到零,刀具的寿命较高。

b. 逆铣。逆铣时铣削力的水平分力与进给方向相反,进给平稳,无工作台窜动。但逆铣时铣刀作用在工件上的垂直分力向上,使工件连同工作台有上抬的趋势,易引起振动,影响切削过程平稳性。逆铣切削时每齿切削厚度从零开始增大,刀具磨损较大。

实践表明,顺铣时,铣刀使用寿命可比逆铣提高 2~3 倍。表面粗糙度值亦可减小,所以,精加工多用顺铣,粗加工多用逆铣。但顺铣不宜用于加工带硬皮的工件。

③ 对称铣削与不对称铣削　端铣时根据铣刀与工件之间的相对位置不同,可分为对称铣削和不对称铣削两种方式。不对称铣削又可分为不对称逆铣和不对称顺铣之分。

a. 对称铣削。它切入、切出时,切削厚度相同,如图 8-10(a)所示。对称铣削有较大的平均切削厚度。铣淬硬钢时应采用这种方式。

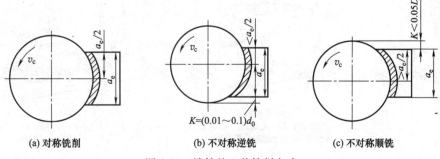

图 8-10　端铣的 3 种铣削方式

b. 不对称逆铣。它切入时厚度最小，切出时厚度最大，如图8-10（b）所示。铣削碳钢和低合金钢时，可减小切入冲击，提高使用寿命。

c. 不对称顺铣。它切入时厚度较大，切出时厚度较小，如图8-10（c）所示。不对称顺铣用于加工不锈钢和耐热合金时，可减少硬质合金的剥落磨损，提高刀具寿命。

8.3.3 铣削加工工艺特点及应用

（1）铣削加工工艺特点

① 生产率较高。铣刀是典型的多刃刀具，铣削时有几个刀刃同时参加工作，总的切削宽度较大。铣削的主运动是铣刀的旋转，有利于采用高速铣削，所以铣削的生产率高。

② 加工范围广。铣刀的类型多，铣床的附件多，使铣削加工的使用范围极为广泛。

③ 铣削过程不平稳。铣刀的刀刃切入和切出时会产生冲击，并引起同时工作刀刃数的变化；每个刀刃的切削厚度是变化的，这将使切削力发生变化。因此，铣削过程不平稳，易产生振动，加工质量中等。

④ 加工成本较高。铣床结构比较复杂，铣刀的制造和刃磨较困难。

（2）铣削加工的应用

铣削的形式很多，铣刀的类型和形状更是多种多样，再加上附件"分度头"、"圆形工作台"等的应用，铣削加工范围较广。主要用来加工平面（包括水平面、垂直面和斜面）、沟槽、成形面和切断等。

铣削加工能达到的尺寸精度为IT9～IT7，能达到的表面粗糙度值为 $6.3\sim1.6\mu m$。

8.4 钻削与镗削加工

8.4.1 钻床与钻削加工

（1）钻床

钻床的主要类型有台式钻床、立式钻床、摇臂钻床等，如图8-11所示。钻床的主运动是主轴带动刀具的回转运动，进给运动是主轴的轴向移动。

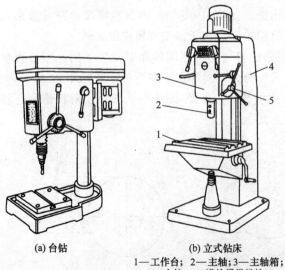
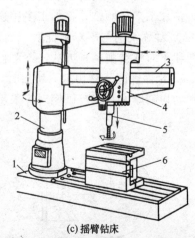

(a) 台钻　　(b) 立式钻床　　(c) 摇臂钻床
1—工作台；2—主轴；3—主轴箱；　1—底座；2—立柱；3—摇臂；4—主轴箱；
4—立柱；5—进给操纵机构　　　　5—主轴；6—工作台（工件）

图8-11　钻床

(2) 钻削加工范围

钻削加工是在钻床上加工孔的工艺方法，钻削主要在钻床上进行。钻削加工范围如表8-5所示。

表 8-5 钻床的加工范围

加工范围	钻孔	扩孔	铰孔	攻螺纹
图例	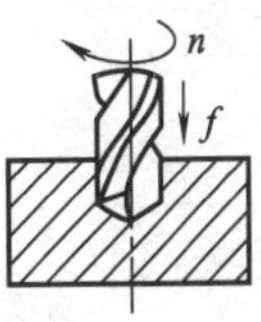	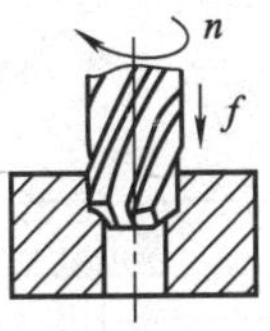	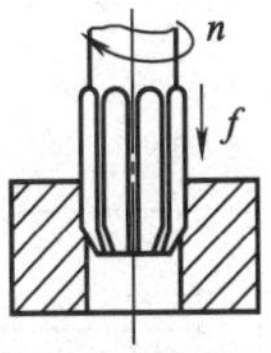	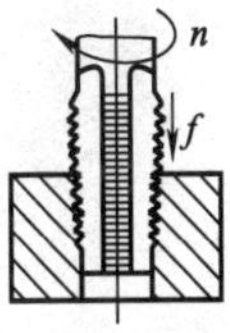

加工范围	锪孔	锪柱孔	反锪鱼眼坑	锪凸台
图例	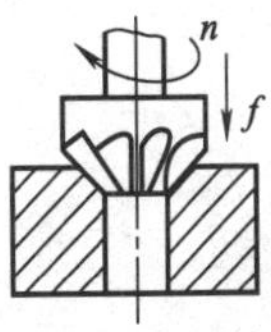	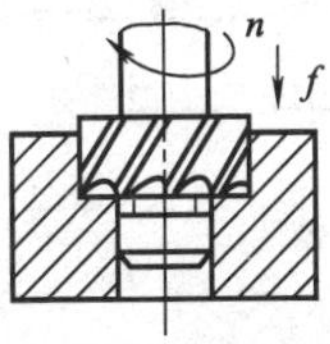	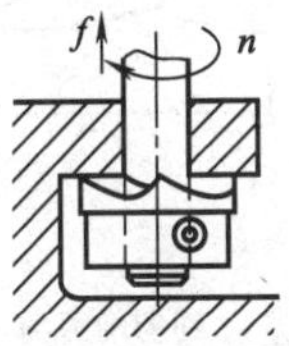	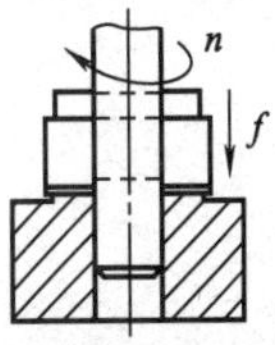

(3) 钻削刀具

① 麻花钻　麻花钻用于在实体材料上加工孔，也可用于扩大孔。生产中使用最多的是麻花钻，对于直径为 0.1~80mm 的孔，都可以使用麻花钻。用麻花钻钻孔属于粗加工。

麻花钻一般用高速钢制成，结构如图 8-12 所示，由柄部、颈部和工作部分组成。

柄部是钻头的夹持部分，用以与机床主轴孔配合并传递扭矩。柄部有直柄（小于 ϕ20mm 直径的钻头）和锥柄之分。

颈部位于工作部分和柄部之间，是为磨削柄部时设计的越程槽，也是打钻头规格和厂标之处。

工作部分是钻头的主体，由切削部分和导向部分组成。导向部分的作用在于切削部分切入孔后起导向作用，也是切削部分的后备。切削部分如图 8-12 (c) 所示，由两个前刀面、两个后刀面、两个副后刀面、两条主切削刃和一条横刃组成。麻花钻的主要几何角度有顶角、前角、后角、横刃斜角和螺旋角。顶角加工钢料和铸铁时取 118°±2°。

② 扩孔钻　扩孔钻是用来扩大工件孔径的加工方法，其主要结构形状如图 8-13 所示。扩孔常用于直径小于 ϕ100mm 孔的加工。

(4) 钻削加工工艺特点及其应用

钻头由于结构上的限制，刚度较低，定心也不好，钻孔加工的精度较低，尺寸一般只能达到 IT13~IT11，表面粗糙度 Ra 值一般为 50~12.5μm。所以，钻孔主要用于加工质量要求不高的孔。扩孔加工导向性好，切削过程平稳。扩孔加工精度较高，加工尺寸精度一般为 IT11~IT10，表面粗糙度 Ra 值一般为 12.5~6.3μm。

8.4.2 铰削加工

铰削加工是使用铰刀从工件孔壁切除微量金属，以提高其尺寸精度和降低表面粗糙度的方法。钻孔和扩孔之后，常使用铰刀对孔进行精加工。

(1) 铰刀

铰刀按使用方法不同，铰刀分手用铰刀和机用铰刀两种。手用铰刀多为直柄，铰削直径

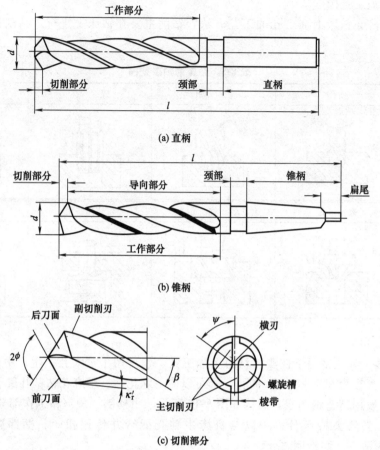

图 8-12 麻花钻示意图

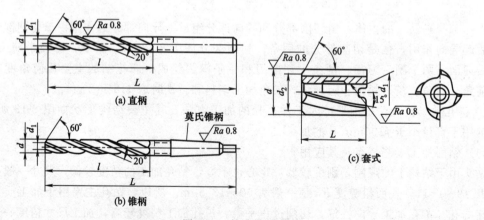

图 8-13 扩孔钻示意图

范围为 1~50mm。机用铰刀多为锥柄，铰削直径范围为 10~80mm。机用铰刀可以安装在钻床、车床、铣床和镗床进行铰孔。

手用铰刀一般用高速钢或高碳钢制造，机用铰刀用高速钢制造。铰刀的结构如图 8-14 所示，由工作部分、颈部和柄部组成。

(2) 铰削加工

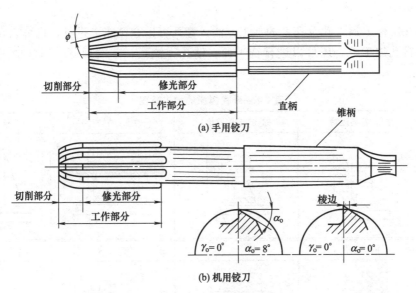

图 8-14 铰刀示意图

铰孔的质量主要取决于铰刀的精度及加工余量、切削用量和切削液等,而不是取决于机床的精度。

铰孔通常采用较低的切削速度以避免产生积屑瘤。铰孔不能校正孔轴线的位置误差,孔的位置精度应由上一工序保证。

铰孔属于精加工,铰孔的尺寸精度一般为 IT9～IT7,表面粗糙度 Ra 值一般为 $3.2 \sim 0.8 \mu m$。

8.4.3 镗床与镗削加工

(1) 镗床

镗床按结构和用途不同,分为卧式铣镗床、坐标镗床和金刚镗床等。其中卧式铣镗床应用最广泛,图 8-15 是一种卧式铣镗床的结构外形图,它由床身、主轴箱、工作台、平旋盘和前后立柱等组成。

镗床的主运动是镗刀的回转运动,进给运动是镗刀或工件的移动。

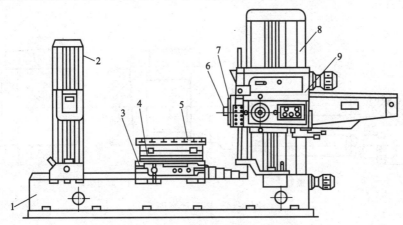

图 8-15 卧式铣镗床结构示意图

1—床身;2—立柱;3—下滑座;4—上滑座;5—工作台;6—镗轴;7—平旋盘;8—立柱;9—主轴箱

（2）镗削加工

镗孔是在工件上加工孔及孔系的加工方法，镗孔可以在镗床上进行，也可以在车床上进行。除了进行孔加工外，还可以进行铣平面、钻孔、铰孔、车端面等。镗削加工范围如表8-6所示。

表8-6 卧式镗床的加工范围

加工范围	镗孔（刀具进给）	镗孔（工件进给）	镗孔（同轴孔）	镗大孔
图例				
加工范围	钻孔	扩孔	铰孔	铣平面
图例				
加工范围	镗内槽	车外圆	车端面	加工螺纹
图例				

（3）镗刀

镗刀有多种类型，按其切削刃数量可分为单刃镗刀和双刃镗刀；按其加工表面可分为通孔镗刀、盲孔镗刀、阶梯镗刀和端面镗刀；按其结构可分为整体式、装配式和可调式。常用的有单刃镗刀和双刃镗刀。

a. 单刃镗刀。单刃镗刀的结构与车刀类似，如图8-16（a）所示，只有一个切削刃。可镗通孔，可镗盲孔。

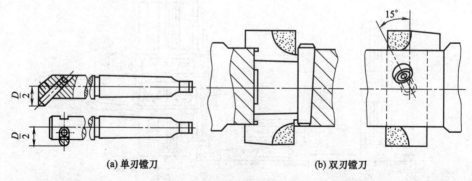

(a) 单刃镗刀　　(b) 双刃镗刀

图8-16 镗刀示意图

单刃镗刀结构简单，适应性广，可以校正原有孔轴线偏斜和小的位置偏差，适用于孔的粗、精加工，切削效率较低，对工人的操作技术要求较高。加工小直径孔的镗刀通常做成整体式，加工大直径孔的镗刀通常做成机夹式。

b. 双刃镗刀。双刃镗刀有两个对称的切削刃，切削时径向力可以相互抵消，工件孔的尺寸和精度由镗刀径向尺寸保证。如图 8-16（b）所示为固定式双刃镗刀，工作时镗刀块可通过斜楔、锥销或螺钉装夹在镗杆上。固定式双刃镗刀是定尺寸刀具，适用于粗镗或半精镗直径较大的孔。

如图 8-17 所示为可调节浮动镗刀。刀头的尺寸可以通过两个调整螺钉调整，并且以间隙配合呈浮动状态安装在刀杆的矩形槽中。在工作时能自动平衡其切削位置，从而保证切除相同的余量，获得较高的加工精度。但它不能校正原有孔轴线的偏斜。浮动镗刀块属于定尺寸刀具，制造和刃磨的要求都比较高，一般只适用于加工批量较大、孔径较大的孔。

（4）镗削加工工艺特点及应用

① 镗削加工工艺特点

a. 加工范围广。与钻—扩—铰工艺相比，孔径尺寸不受刀具尺寸的限制，一把刀具可以加工一定范围内不同直径的孔。

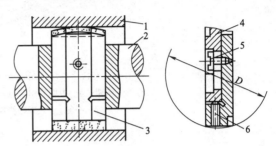

图 8-17 可调节浮动镗刀
1—工件；2—镗杆；3，4—刀片；5—紧固螺钉；
6—调节螺钉

b. 能修正底孔轴线的位置。镗削时，可通过调整刀具和工件的相对位置来修正原孔轴线的偏斜误差，从而保证孔的位置精度。

c. 成本较低。镗刀结构简单，刃磨方便，加工尺寸范围大。在单件小批量生产中采用镗削加工较经济；在大批量生产中为提高效率，常使用镗模镗削加工。

d. 生产率低。一般来说，镗刀的切削刃少，切削用量较小，生产率不如车削和铰削。

② 镗削的应用　镗削加工的精度主要取决于镗床的精度。对于孔径较大（直径 100mm 以上）、尺寸和位置精度要求较高的孔和孔系，镗孔几乎是唯一的加工方法。

镗孔加工尺寸精度为 IT9～IT7，表面粗糙度 Ra 值一般为 3.2～0.8μm。

8.5 磨削加工

8.5.1 磨床与磨削加工范围

（1）磨床

磨床是利用磨具对工件表面进行磨削加工的机床。大多数磨床是使用高速旋转的砂轮来进行磨削加工。

磨床的主运动是砂轮的高速旋转，进给运动是工件的低速旋转和直线移动（或磨头的移动）。

磨床的种类很多，主要类型有以下几种。

① 外圆磨床　包括万能外圆磨床、普通外圆磨床、无心外圆磨床。图 8-18 为万能外圆磨床示意图。

② 内圆磨床　包括普通内圆磨床、行星内圆磨床、无心内圆磨床。图 8-19 为普通内圆磨床示意图。

③ 平面磨床　包括卧轴矩台平面磨床、立轴矩台平面磨床、卧轴圆台平面磨床、立轴圆台平面磨床。图 8-20 为卧轴矩台平面磨床示意图。

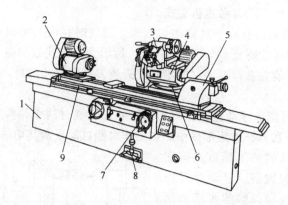

图 8-18 万能外圆磨床示意图

1—床身；2—头架；3—内圆磨削装置；4—砂轮架；5—尾座；6—滑鞍；
7—手轮；8—脚踏操纵板；9—工作台

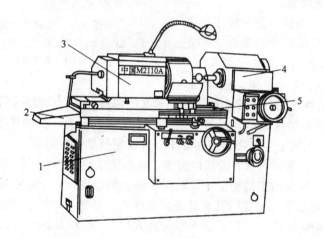

图 8-19 普通内圆磨床示意图

1—床身；2—工作台；3—头架；4—砂轮架；5—滑鞍

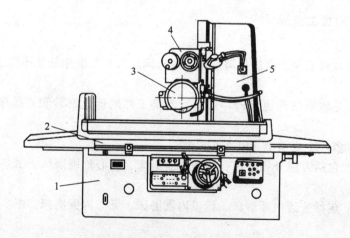

图 8-20 卧轴矩台平面磨床示意图

1—床身；2—工作台；3—砂轮架；4—滑座；5—立柱

(2) 砂轮

磨削加工所用的切削刀具是砂轮。砂轮是用结合剂把磨料黏结成形,再经烧结制成的一种多孔物体。砂轮的特性主要是由磨料、粒度、结合剂、硬度和组织等因素决定的。

① 磨料 磨料是砂轮的主要组成部分,砂轮通过磨料进行切削加工。磨料具有高硬度、高耐磨性和高耐热性。常用磨料分为氧化物系、碳化物系和高硬磨料系三大类。

磨料颗粒的大小称为粒度,是砂轮的重要参数。砂轮的粒度影响磨削加工的质量和生产率。一般来说,粗磨时,应选用粗粒度的砂轮,保证较高生产率;精磨时,应选用细粒度的砂轮,保证磨削质量;磨削软金属材料时,多选用粗粒度的砂轮,以防砂轮表面堵塞;磨削脆、硬材料,多选用细粒度的砂轮。

② 结合剂 结合剂是把磨料黏结在一起组成磨具的材料。砂轮的强度、抗冲击性、耐热性和耐腐蚀性,主要取决于结合剂的种类和性能。

③ 硬度 砂轮的硬度是指在磨削力作用下磨粒从砂轮表面脱落的难易程度。砂轮硬,磨粒难以脱落,反之,容易脱落。

砂轮的硬度与磨料的硬度是两个完全不同的概念。硬度相同的磨粒可以制成不同硬度的砂轮。砂轮硬度低,自砺性好,但损耗快,几何形状不易保持,加工精度和质量较差;砂轮硬度高,工件表面质量较高,但自砺性差,磨削热高。一般来说,磨削较硬的材料,应选用较软的砂轮;磨削较软的材料,应选用较硬的砂轮。磨削有色金属,应选用较软的砂轮。粗磨时,应选用较软的砂轮;精磨或成形磨磨削,应选用较硬的砂轮。

④ 组织 砂轮的组织是指组成砂轮的磨料、结合剂和孔隙三部分体积的比例关系,是表示砂轮结构紧密程度的特性。通常以磨粒所占砂轮体积的百分比来分级。砂轮有三种组织状态:紧密、中等、疏松;细分成 0~14 号,共 15 级。

组织号越小,砂轮越紧密,孔隙少,其外形易保持,磨削质量较高,但砂轮易堵塞,磨削热较高。一般用于磨削成形面、脆硬材料和精磨。组织号越大,砂轮越疏松,孔隙多,有利于降低磨削热,避免堵塞砂轮。一般用于磨软韧材料和粗磨。中等组织号的砂轮常用于磨削淬火钢或刃具。

(3) 磨削加工范围

磨削可加工各种外圆、内孔、平面和成形面及刃磨各种切削刀具等,常见的磨削加工如表 8-7 所示。

8.5.2 磨削加工方法

(1) 磨削用量

以外圆磨削和平面磨削为例,磨削用量有磨削速度、工件进给速度、纵向进给量和横向进给量,如图 8-21 所示。

① 磨削速度 v_c 磨削速度是指砂轮外圆的线速度,单位 m/s。

② 工件进给速度 v_f 外圆磨削时,工件进给速度是指工件外圆处的线速度,也称工件圆周进给速度。平面磨削时,工件进给速度是指工作台直线往复的运动速度,单位 m/s。

③ 纵向进给量 f_a 外圆磨削时,纵向进给量是指工件回转一转时,沿本身轴线方向相对于砂轮移动的距离;平面磨削时,纵向进给量是指砂轮在工作台每一往复行程的时间内,沿本身轴线方向移动的距离,单位 mm。通常,纵向进给量取 $f_a=(0.2\sim0.8)B$(砂轮宽度,mm)。粗磨时取较大值,精磨时取较小值。

表 8-7　磨床的加工范围

加工范围	磨外圆	磨内孔	磨平面
图例			

加工范围	无心磨床磨外圆	磨螺纹	磨齿轮
图例			

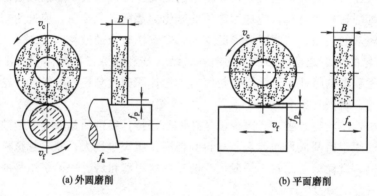

(a) 外圆磨削　　　　(b) 平面磨削

图 8-21　磨削用量

④ 横向进给量 f_p　横向进给量是指工作台每一次纵向往复行程后，砂轮相对工件径向移动的距离，单位 mm。

(2) 磨外圆

磨外圆在外圆磨床上进行，通常作为半精加工后的精加工。常用的磨削方法有纵磨法和横磨法，如图 8-22 所示。

(a) 纵磨法　　　　(b) 横磨法

图 8-22　外圆磨削方法

① 纵磨法　磨削时，工件随工作台作纵向进给运动。每单行程或每往复行程终了时，砂轮做周期性的横向进给，逐步磨去工件全部径向磨削余量。

纵磨法磨削深度小，磨削力小，加工精度高，但生产率低，适合于单件或小批量生产和加工细长工件。

② 横磨法　磨削时，工件不作纵向进给运动，砂轮以缓慢的速度连续地相对于工件作横向进给运动，直至磨去工件的全部径向磨削余量。

横磨法的磨削效率高，但径向力较大，易使工件产生弯曲变形。由于没有纵向进给运动，砂轮表面的修整精度和磨削情况将直接复印在工件表面上，会影响加工表面的质量，因此加工精度较低。适合于磨削刚性较好、长度较短的工件外圆表面及有台阶的轴颈等。

③ 复合磨削法　复合磨削法是纵磨法和横磨法的联合使用，即先用横磨法将工件分段粗磨，留精磨余量，再采用纵磨法磨削至尺寸。复合磨削法有横磨法效率高，纵磨法精度高的特点。

④ 深磨法　深磨法是在一次纵向进给中磨去全部磨削余量，是一种比较先进的磨削方法，适合于大批量生产中加工刚度较大的短轴。

(3) 磨内圆

在大批量生产中，采用内圆磨床磨孔；在单件小批量生产中，采用万能外圆磨床的内圆磨头磨孔。工件上的通孔、盲孔和台阶孔都可以磨削。

内圆磨削也可采用纵磨法和横磨法。

(4) 磨平面

磨平面主要在平面磨床上进行。常用的方法有周磨和端磨，如图 8-23 所示。

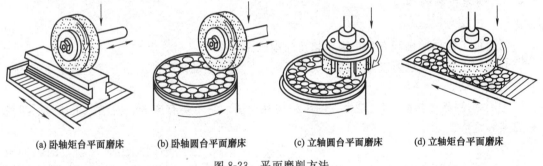

(a) 卧轴矩台平面磨床　　(b) 卧轴圆台平面磨床　　(c) 立轴圆台平面磨床　　(d) 立轴矩台平面磨床

图 8-23　平面磨削方法

① 周磨　磨削时，用砂轮的周边磨削平面。砂轮与工件的接触面积小，磨削力小，磨削热小，冷却和排屑条件好。因此，加工精度高，表面粗糙度值较小。但是，周磨的生产效率较低，只适合于精磨。

② 端磨　磨削时，用砂轮的端面磨削平面。砂轮与工件的接触面积大，磨削力大，磨削热多，冷却和排屑条件差，工件热变形大，易烧伤，磨削质量较低。此外，砂轮端面径向各点的圆周速度不相等，砂轮端面各处磨损不均匀，影响平面的加工质量。因此，端磨的生产效率较高，一般用于粗磨。

8.5.3　磨削加工工艺特点及应用

(1) 磨削加工的工艺特点

① 磨粒切削刃不规则。磨粒切削刃的形状、大小和分布均处于不规则的随机状态，通常切削时有很大的负前角和小后角。

② 磨削速度高、温度高。一般磨削速度为 30～35m/s 左右，高速磨削时可达 60m/s，是一般金属切削刀具速度的十几倍到几十倍。目前，磨削速度已发展到 120m/s。

磨具的高速运动，在磨削区产生大量的切削热，切削温度很高，瞬时温度可达 1000 ℃，容易烧伤工件。

③ 磨削加工余量小，加工精度高。一般磨削加工精度为 IT7～IT6，表面粗糙度为 0.8～0.2μm。

④ 砂轮具有自锐性。在磨削过程中，砂轮的磨粒逐渐变钝，作用在磨粒上的切削力就会增大，致使磨钝的磨粒破碎并脱落，露出锋利刃口继续切削，这就是砂轮的自锐性，它能使砂轮保持良好的切削性能。

(2) 磨削加工的应用

磨削的加工精度很高，外圆磨削的尺寸精度可达 IT7～IT6，表面粗糙度为 0.8～0.2μm；内圆磨削的尺寸精度可达 IT7～IT6，表面粗糙度为 0.8～0.2μm；平面磨削的尺寸精度可达 IT7～IT5，表面粗糙度为 0.8～0.2μm。所以它主要用于零件的精加工和超精加工。

磨削加工适应性强，除磨削普通材料外，还能常用于高硬材料的磨削加工和对各种复杂的刀具进行刃磨。此外，磨削也可用于清理毛坯，甚至对余量不大的精密锻造或铸造毛坯，也可以直接磨削成零件成品。

8.6 刨削加工

8.6.1 刨床与刨削加工

(1) 刨床

刨削加工常用的刨床有牛头刨床和龙门刨床。

刨床的主运动是刨刀或工件的直线往复运动，进给运动是工件或刨刀沿垂直于主运动方向的间歇运动。

① 牛头刨床 如图 8-24 是牛头刨床结构外形图，它主要有床身、横梁、工作台、滑枕和刀架等组成。

牛头刨床刨削加工时，刨刀的纵向直线往复运动为主运动，工件随工作台作横向间歇进给运动。

牛头刨床的刀具只在一个运动方向上进行切削，刀具返回时不进行切削，空行程损失大，滑枕在换向时有较大的冲击，因此主运动速度不能太高，所以，它的生产率较低，只适用于单件小批量生产，用来加工中小型工件。

② 龙门刨床 如图 8-25 所示是龙门刨床结构外形图。

龙门刨床刨削加工时，工件随工作台的直线往复运动为主运动，刀架沿横梁或立柱作间歇进给运动。与牛头刨床相比，具有体形大、动力大、刚性好、工作行程长等特点，因此龙门刨床主要用来加工大

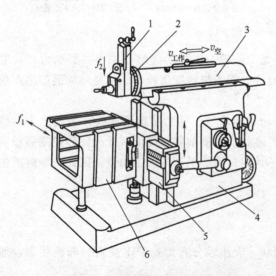

图 8-24 牛头刨床结构外形图
1—刀架；2—调整转盘；3—滑枕；4—床身；
5—横梁；6—工作台

第8章 金属切削加工机床与加工方法

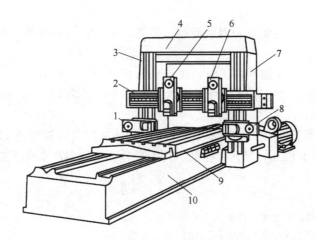

图 8-25 龙门刨床结构外形图
1,8—左、右侧刀架；2—横梁；3,7—立柱；4—顶梁；5,6—垂直刀架；
9—工作台；10—床身

型工件或同时加工多个中、小型工件。其加工精度和生产效率均比牛头刨床高。

（2）刨削加工范围

刨削加工是在刨床上用刨刀对工件进行切削加工。刨削主要用于加工各种平面和沟槽，如表 8-8 所示。

表 8-8 刨床的加工范围

加工范围	刨平面	刨垂直面	刨台阶面	刨直角沟槽
图例				
加工范围	刨斜面	刨燕尾槽	刨T形槽	刨V形槽
图例				
加工范围	刨曲面	刨内孔键槽	刨齿条	刨复合表面
图例				

8.6.2 刨削加工工艺特点及应用

① 生产率较低 刨削主运动中存在返回空程，切削过程不连续，有冲击，切削速度不可能很高，所以，刨削加工的生产率较低。

② 工艺范围窄，刨削加工的工艺范围仅限于平面、平面形沟槽。特别适用于加工窄长

平面。

③ 成本较低　刨刀的制造和刃磨简单、容易；刨床的结构简单，调整方便，刨削加工的成本较低。

④ 加工精度低　由于刨削加工时，主运动为往复运动，切入、切出有较大的冲击和振动，影响了加工质量。刨平面时，两平面之间的尺寸精度为 IT9～IT8，表面粗糙度 Ra 值一般为 6.3～1.6μm。

刨削加工主要用于粗加工和半精加工，通常能达到的尺寸精度为 IT9～IT8，能达到的表面粗糙度为 6.3～1.6μm。因此，刨削多用于单件小批量生产及修配工作中。

习　题

8-1　查阅有关资料，试指出下列机床型号的含义：
C6150；T6180；XK5040；M7130A；Z5130

8-2　车削加工的工艺范围有哪些？

8-3　车削加工时，常用的装夹方式有哪些？

8-4　简述车削加工的工艺特点。

8-5　端铣和周铣，顺铣和逆铣有何特点？如何选用？

8-6　试述铣削加工的范围及工艺特点。

8-7　试分析钻孔、扩孔和铰孔三种孔加工方法的工艺特点，并说明三种孔加工工艺之间的关系。

8-8　在车床上镗孔和在镗床上镗孔有何不同？各用于什么场合？

8-9　外圆磨削有哪几种方式？有何特点？各适用于什么场合？

8-10　平面磨削有哪几种方式？有何特点？各适用于什么场合？

8-11　简述磨削加工的工艺特点。

8-12　平面加工方法有哪些？有何特点？如何选用？

第 9 章　机械加工工艺与机械装配工艺基础

本章重点

机械制造工艺编制及机械装配的基本方法。

学习目的

掌握零件机械制造工艺过程及其工艺编制的基本方法、内容和步骤；了解机器装配工艺过程及其基本方法。

教学参考素材

毛坯、零件、零件图、零件加工工艺过程卡片、零件加工工艺卡片、零件加工工序卡片，零件加工工艺过程视频或工厂参观等。

机器的零件、部件、装配工艺图，机器装配工艺过程视频或工厂参观等。

9.1　机械加工工艺过程的基本知识

9.1.1　生产过程与工艺过程

（1）生产过程

产品的生产过程是指把原材料或半成品变成成品的全过程，对于机械制造而言，生产过程包括生产技术准备、毛坯制造、零件加工、热处理、产品的装配、生产服务等。

生产过程往往由许多工厂或工厂的许多车间联合完成。它有利于零部件的标准化和专业化生产，保证产品质量，降低生产成本。如机床或汽车制造厂常有铸造厂、机械加工厂、标准件厂和电器厂等与之配合。一个工厂的生产过程又可分为各个车间的生产过程。前一个车间生产的产品往往又是其他车间的原材料。例如铸造和锻造车间的成品（铸件和锻件）就是机械加工车间的原材料；机械加工车间的成品又是装配车间的原材料。

（2）工艺过程

工艺过程是指改变生产对象的尺寸、形状、物理化学性能以及相对位置关系等，使其成为成品或半成品的过程，称为工艺过程。如毛坯制造、机械加工、热处理和装配等。工艺过程是生产过程的主要部分。

机械加工工艺过程是指用机械加工方法改变毛坯的形状、尺寸，使其成为成品零件的过程。机械加工工艺过程的基本组成单元是工序。

（3）机械加工工艺过程的组成

机械加工工艺过程是由一个或若干个顺序排列的工序组成的。

一个完整的机械加工工艺过程可以在不同的机床上采用不同的加工方法逐步完成。因此，机械加工工艺过程还可细分为工序、工步、走刀、安装、工位等。

① 工序　工序是指一个或一组工人，在一个工作地对同一个或同时对几个工件所连续完成的那部分工艺过程。工序是工艺过程的基本单元，也是生产管理的基本单元。划分工序

的主要依据是工件在加工过程中的工作地（机床）是否变动和该工序的工艺过程是否连续完成。如果两者中有一个改变，这个加工过程就有不同的工序。如图 9-1 所示为一个阶梯轴类零件，其加工工艺过程和工序划分如表 9-1（单件小批生产）和表 9-2（大批大量生产）所示。

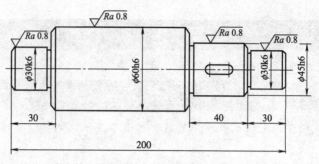

图 9-1　阶梯轴类零件

表 9-1　阶梯轴的工艺过程（单件小批生产）

工序号	工序内容	设备
1	车端面、钻中心孔、车全部外圆、切槽与倒角	车床
2	铣键槽	铣床
3	去毛刺	钳工台
4	磨外圆	外圆磨床

表 9-2　阶梯轴的工艺过程（大批大量生产）

工序号	工序内容	设备	工序号	工序内容	设备
1	铣端面、钻中心孔	铣端面钻中心孔机床	3	铣键槽	铣床
2	车端面、外圆、切槽与倒角	车床	4	去毛刺	钳工台
			5	磨外圆	外圆磨床

② 工步　在一道工序中，在加工表面、切削刀具不变，切削用量中的切削速度、进给量都不变的情况下，所连续完成的那一部分工序，称为工步。若加工表面、切削刀具和切削用量中的切削速度、进给量中有任一因素的改变就变为另一工步。一道工序可以包含若干个工步，也可以仅有一个工步。如表 9-1 中的工序 1 包含车端面（两端面）两个工步；表 9-2 中的工序 1 包含铣端面（两端面）和打中心孔两个工步。

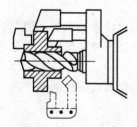

图 9-2　复合工步

为了提高生产率，常采用几把刀具同时加工工件的几个表面，也可看成是一个工步，称为复合工步。如图 9-2 所示，用三把刀同时加工工件的外圆、端面、倒角和孔。在工艺文件上，复合工步应视为一个工步。

③ 走刀　在一个工步内，若被加工表面需切去的金属层很厚，需要分几次切削，则每进行一次切削就是一次走刀。一个工步可包括一次或几次走刀。

④ 安装　工件经一次装夹后所完成的那一部分工序，称为安装。一道工序中工件可以只经过一次安装，也可以有多次安装。表 9-1 中，工序 1 要经过两次安装才能完成，而表

9-2 中,工序 1 仅仅需要一次安装就能完成。

⑤ 工位　工件在一次装夹工件中,工件与夹具或设备的可动部分一起相对刀具或设备的固定部分所占据的每一个位置,称为工位。如图 9-3 所示为在四工位机床上完成每个工件的装夹、钻孔、扩孔和铰孔的例子。

9.1.2　生产纲领和生产类型

（1）生产纲领

产品的用途不同决定了产品的市场需求量不同,从而决定了产品有不同的产量,即生产纲领。生产纲领是企业在计划期内应生产的产品产量。计划期一般为一年,所以生产纲领又称为年产量。零件的生产纲领是企业根据产品生产量在计划期内应生产的零件数量,其计算公式为

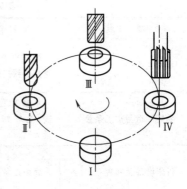

图 9-3　多工位加工
Ⅰ—装卸工件;Ⅱ—钻孔;Ⅲ—扩孔;
Ⅳ—铰孔

$$N = Qn(1+\alpha)(1+\beta) \qquad (9-1)$$

式中　N——零件的生产纲领;

　　　Q——产品的生产纲领;

　　　n——每台产品中该零件的数量;

　　　α——备品的百分率;

　　　β——废品的百分率。

计划期为一年的生产纲领称为年生产纲领。同一零件的生产纲领不同,其毛坯类型、加工方法、生产设备和工艺装备等都有很大的差别。

（2）生产类型

生产类型是指企业（或车间、工段）生产专业化程度的分类。根据产品结构的大小、特征、生产纲领、投入生产的批量和生产的连续性,可以分为三种不同的生产类型。

① 单件生产　主要特点是产品品种多,每一品种的产品仅制造一件或数件,很少重复生产。如重型机械、夹具、模具、大型船舶的制造和新产品的试制都属于这种生产类型。

② 成批生产　主要特点是成批制造相同的零件,并按一定的周期重复生产。机床（一般的车、铣、刨、钻、磨床）的制造往往属于这种生产类型。

一次投入或产出同一产品（零件）的数量称为批量。成批生产又分为小批、中批和大批生产三种类型。小批和大批生产的组织形式和工艺特点分别与单件生产和大量生产类似。

③ 大量生产　主要特点是长期地连续生产数量很大的同一类型的产品。汽车、拖拉机、轴承、缝纫机、自行车等的制造就属于这种生产类型。

生产纲领决定了生产类型,但也与产品的大小和结构复杂程度有关。表 9-3 列出了生产类型与生产纲领（年产量）的关系。表 9-4 列出了各种生产类型工艺过程的特点。

表 9-3　生产类型与生产纲领（年产量）的关系

生产类型		大型零件（≥30kg）	中型零件（4～30kg）	小型零件（<4kg）
单件生产		<5	<20	<100
成批生产	小批生产	5～100	20～200	100～500
	中批生产	100～300	200～500	500～5000
	大批生产	300～1000	500～5000	5000～50000
大量生产		>1000	>5000	>50000

表 9-4 各种生产类型工艺过程的特点

特 点	单件生产	成批生产	大量生产
零件互换性	配对制造,无互换性,广泛用于钳工修配	普遍具有互换性,保留某些试配	全部互换,某些高精度配合件采用分组装配,配磨和配研
毛坯制造与加工余量	木模手工造型或自由锻造,毛坯精度低,加工余量大	部分用金属模或模锻,毛坯精度及加工余量中等	广泛采用金属模机器造型、模锻或其他高效方法,毛坯精度高,加工余量小
机床设备及布置	通用设备,按机群式布置	通用机床及部分高效专用机床,按零件类别分工段排列	广泛采用高效专用机床及自动化机床,按流水线排列或采用自动线
夹具	多采用通用夹具,极少用专用夹具,由划线试切法保证尺寸	专用夹具,部分靠划线保证尺寸	广泛采用高效夹具,靠夹具及定程法保证尺寸
刀具与量具	采用通用刀具及万能量具	较多采用专用刀具及量具	广泛采用高效专用刀具及量具
对工人的技术要求	熟练	中等熟练	对操作工人一般要求,对调整工人技术要求高
工艺规程	只编制简单的工艺过程卡	有较详细的工艺规程,对关键零件有详细的工序卡片	详细编制工艺规程及各种工艺文件
生产率	低	中	高
成本	高	中	低
发展趋势	箱体类复杂零件采用加工中心加工	采用成组技术,由数控机床或柔性制造系统等进行加工	在计算机控制的自动化制造系统中加工,并可能实现在线故障诊断、自动报警和加工误差自动补偿

9.1.3 机械加工工艺规程的作用、原则和制订步骤

规定零件机械加工工艺过程和操作方法等的工艺文件称为机械加工工艺规程,简称工艺规程。它是在具体的生产条件下,将最合理或较合理的工艺过程与操作方法,用图表或文字的形式制成工艺文件,用来指导生产、管理生产。

(1) 工艺规程的作用

① 工艺规程是指导生产的主要技术文件。合理的工艺规程是建立在正确的工艺原理和实践的基础上的,是科学技术和实践经验的结晶。按照工艺规程组织生产可以达到高质、优产和最佳的经济效益。

② 工艺规程是生产组织和管理工作的基本依据。原材料和毛坯的供应,机床设备、工艺装备的调配,专用工艺装备的设计和制造,生产进度计划的编排,劳动力的组织以及生产成本的核算等都是以工艺规程作为基本依据的。

③ 工艺规程是新建或扩建工厂或车间的基本资料。在新建或扩建工厂或车间时,需要依据产品的生产类型及工艺规程计算出机床设备的种类、型号、数量及布置,建筑面积、生产工人的工种及数量等。

(2) 制订工艺规程的原则和原始资料

制订工艺规程的原则是在保证产品质量的前提下，尽可能提高生产率和降低成本。同时，还应在充分利用本企业现有生产条件的基础上，尽可能保证技术上先进、经济上合理，并且有良好而安全的劳动条件。

制订工艺规程的原始资料有以下几种。

① 产品零件工作图及装配图。

② 产品零件的生产纲领和批量。

③ 产品或零件验收的质量标准。

④ 本厂生产条件。例如，设备规格、功能、精度等级、刀、夹、量具规格及使用情况，工人技术水平，专用设备和工装的制造能力。

⑤ 毛坯生产和供应条件。

⑥ 有关的国内外工艺技术水平资料、标准、手册及图册。

（3）机械加工工艺规程工艺文件的格式和内容

零件的机械加工工艺规程制订好后，必须将各项内容填写在工艺文件上，以便遵照执行。工艺文件的形式有多种，在我国各机械制造行业中使用的工艺文件内容也不尽一致，但其基本内容是相同的。常用的工艺文件有机械加工工艺过程卡片、机械加工工艺卡片和机械加工工序卡片。

① 机械加工工艺过程卡片　机械加工工艺过程卡片是以工序为单位简要说明产品或零件的加工过程的一种工艺文件。它是制订其他工艺文件的基础，也是生产准备、编排作业计划和组织生产的依据。但这种卡片，由于各工序的说明不够具体，故一般不直接指导工人操作，而多用于生产管理。但在单件小批生产中，由于通常不编制其他较详细的工艺文件，就以这种卡片指导生产。机械加工工艺过程卡片格式如表9-5所示。

表9-5　机械加工工艺过程卡片

工厂	机械加工工艺过程卡片		产品型号		零部件图号		共　页
			产品名称		零部件名称		第　页
材料牌号	毛坯种类		毛坯外形尺寸		各毛坯件数	每台件数	备注
工序号	工序名称	工序内容	车间	工段	设备	工艺装备	工时
							准终　单件
						编制日期　审核日期	会审日期
标记	处记	更改文件号	签字	日期	标记　处记　更改文件号	签字	日期

② 机械加工工艺卡片　机械加工工艺卡片是以工序为单元详细说明整个工艺过程的工艺文件。它是用来指导工人生产和帮助车间管理人员和技术人员掌握整个零件加工过程的一种主要技术文件，广泛用于成批生产的零件和小批生产中的重要零件。机械加工工艺卡片的内容包括零件的材料和重量、毛坯的制造方法、各个工序的具体内容及加工后要达到的精度和表面粗糙度等，机械加工工艺卡片格式如表9-6所示。

表 9-6 机械加工工艺卡片

工厂			机械加工工艺卡片			产品型号		零部件图号		共 页	
						产品名称		零部件名称		第 页	
材料牌号			毛坯种类		毛坯外形尺寸	各毛坯件数		每台件数		备注	
工序	装夹	工步	工序内容	同时加工零件数	切削用量			设备名称及编号	工艺装备名称及编号	技术等级	工时定额
					切削深度/mm	切削速度/(m/min)	每分钟转数或往复次数	进给量/mm			
									夹具 刀具 量具		单件 准终
								编制日期	审核日期	会审日期	
标记	处记	更改文件号	签字	日期	标记	处记	更改文件号	签字	日期		

③ 机械加工工序卡片 机械加工工序卡片是根据工艺卡片为每道工序制订的,更详细地说明了零件的各个工序应如何进行加工。工序卡片上要画出工序图,说明该工序每一工步的内容、工艺参数、操作要求以及所用的设备及工艺装备等。机械加工工序卡片格式如表 9-7 所示。

(4) 工艺规程制订的步骤

① 零件的工艺性分析。主要分析各项技术要求是否合理;材料选用是否合理;零件的结构工艺性是否良好。

② 毛坯的选择。依据图纸及有关技术要求,确定毛坯的类型、尺寸及制造方法。

③ 选择定位基准。根据零件的结构与技术要求,灵活地确定加工中的粗精基准。

④ 拟定工艺路线。这是机械加工工艺规程制订的核心内容,需要提出几个工艺方案,进行技术经济性分析和对比,寻求最经济合理的方案。它包括确定加工方法,划分加工阶段,确定工序的集中和分散程度,选择定位基准,合理安排加工顺序等。

⑤ 确定各工序的工序余量、工序公称尺寸及其公差。应计算各道工序的加工余量和总的加工余量。为了控制各工序的加工质量以保证最终加工质量,应计算各道工序的尺寸及公差。

⑥ 确定工艺装备。即确定各工序所用的机床和各种工具(包括刀具、夹具、模具、量具、检具、辅具、钳工工具和工位器具等)。如果是通用的而本厂又没有,则可安排生产计划或采购;若是专用的,则要提出设计任务书,由本厂或委托外单位研制。

⑦ 确定切削用量及时间定额。对于单件小批生产,一般不规定切削用量,而是由操作工人根据经验自行选定。但对于自动线和流水线,为了保证生产节拍的均衡,各工序、工步

表 9-7 机械加工工序卡片

工 厂		机械加工工序卡片		产品型号		零部件图号		共 页
				产品名称		零部件名称		第 页
材 料		毛坯种类	毛坯外形尺寸	各毛坯件数	每台件数		备注	
					车间	工序号	工序名称	材料牌号
					毛坯种类	毛坯外形尺寸	毛坯件数	每台件数
					设备	设备型号	设备编号	同时加工件数
					夹具编号		夹具名称	冷却液
								工序工时
								准终 / 单件
工步号	工步内容	工艺装备	主轴转速 /(r/min)	切削速度 /(m/min)	走刀量 /(mm/r)	吃刀深度 /mm	走刀次数	工时定额
								机动 / 辅助
					编制日期	审核日期	会审日期	
标记	处记	更改文件号	签字	日期	标记	处记	更改文件号	签字	日期

都要规定切削用量,并不得随意改变。切削用量的确定可查阅有关切削用量手册及机床参数手册,并进行计算,或根据各工厂的实际经验来确定。

时间定额是指在一定生产条件下,规定生产一件产品或完成一道工序所需消耗的时间,常用作劳动定额指标。时间定额通常由定额员、工艺人员和工人相结合,通过总结过去的经验,并参考有关的技术资料直接估计确定;或者以同类产品的工件或工序的时间定额为依据,进行对比分析后推算出来;也可通过对实际操作时间的测定和分析来确定。随着企业生产技术条件的不断改善,新工艺、新技术的不断出现,时间定额应进行相应修改。合理确定各工序的切削用量及时间定额。

⑧ 填写工艺文件。机械加工工艺规程制订的最后一项工作,就是填写工艺文件。如前所述,工艺规程是进行生产准备工作的依据。良好的工艺文件可以保证生产准备工作的顺利进行,而且在生产中严格规定了各工序的顺序、生产用工艺装备,从而使整个生产优质、高效、低成本、安全地进行。

9.2 零件的工艺分析与毛坯选择

9.2.1 零件的工艺分析

（1）零件的结构工艺性

零件的结构工艺性是指零件在满足使用要求的前提下，制造该零件的可行性和经济性。所谓结构工艺性好，是指在现有的工艺条件下，既能方便制造又有较低的制造成本。在制订机械加工工艺规程时，主要分析零件的切削加工工艺性。表 9-8 列出了一些典型零件结构工艺性对比实例。

表 9-8 零件机械加工工艺性实例

序号	工艺性不好的结构 A	工艺性好的结构 B	说 明
1	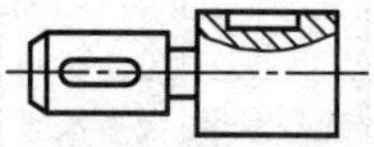	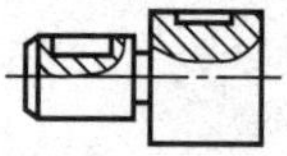	结构 B 键槽的尺寸、方位相同，则可在一次装夹中加工
2	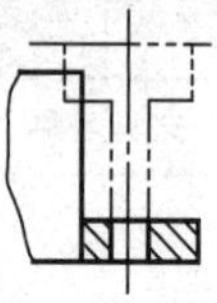	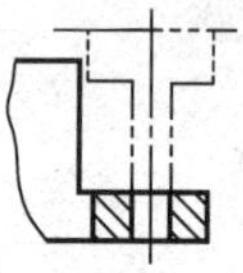	结构 A 的加工不便引进刀具
3	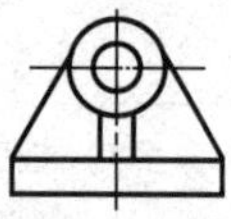	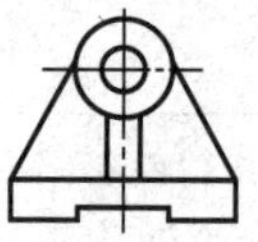	结构 B 的底面接触面积小，加工量小，稳定性好
4	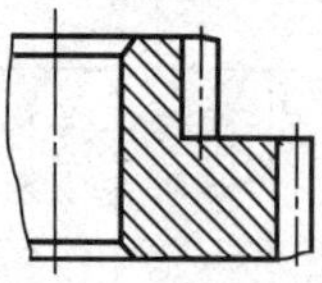	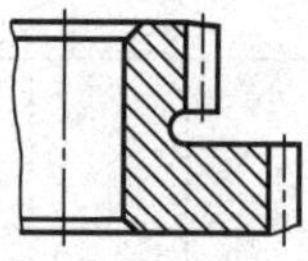	结构 B 留有越程槽，小齿轮可以插齿加工
5	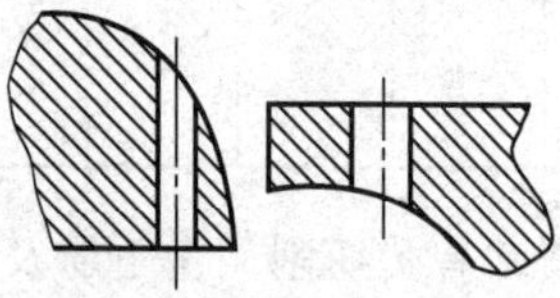	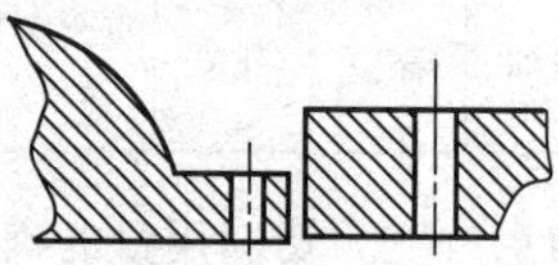	斜面钻孔，易引偏；出口处有阶梯，钻头易折断
6	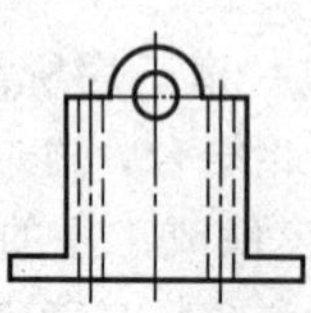	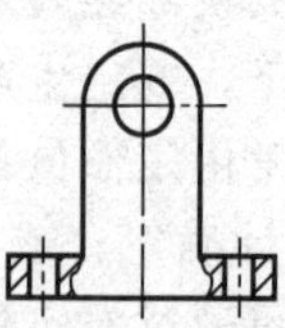	尽量减少深孔加工
7	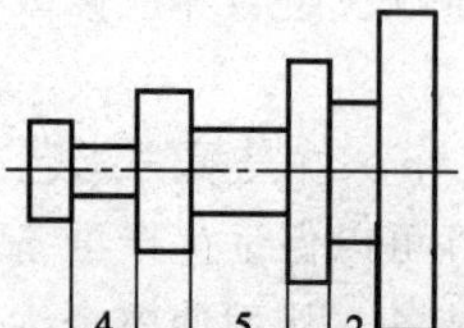	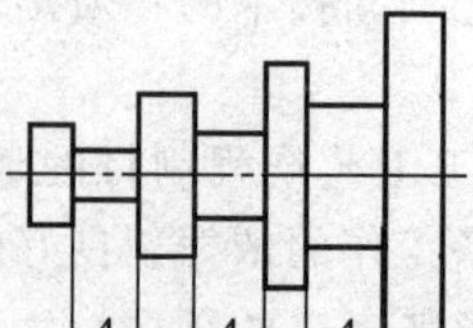	槽宽尺寸应尽量一致

续表

序号	工艺性不好的结构 A	工艺性好的结构 B	说　　明
8	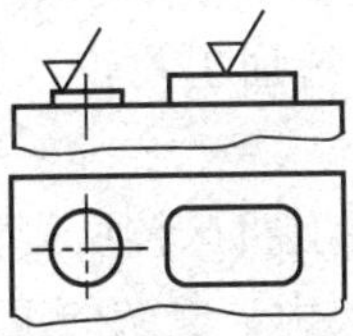	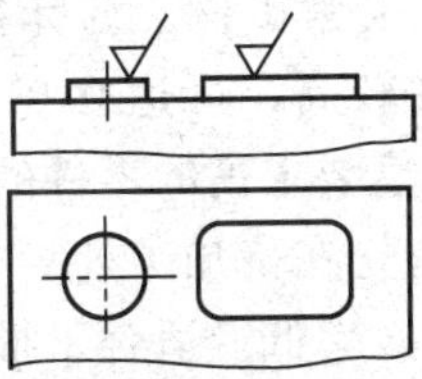	在同一平面的两个加工面，可以一次调整刀具
9	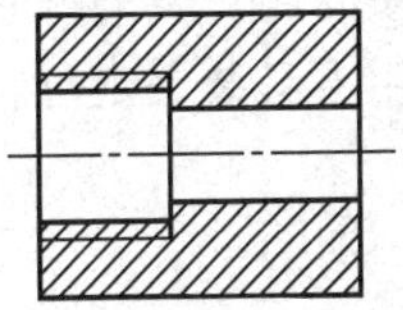	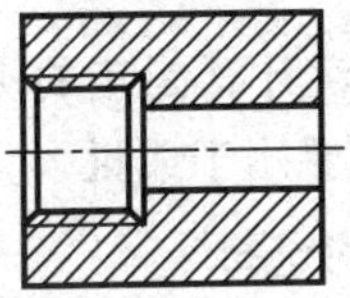	应有螺纹倒角

零件结构工艺性的优劣是相对的，与生产批量、生产条件、加工方法、工艺过程和技术水平等因素密切相关，随着科学技术的发展和新工艺方法的出现而不断变化。例如，零件上不穿通的小孔采用一般的切削加工方法很难加工，可以说其机械加工工艺性不好。但采用特种加工方法后变难为易了。

(2) 零件的技术要求

主要分析零件尺寸精度、几何形状精度、相互位置精度、表面粗糙度及热处理等的技术要求是否合理，在现有的生产条件下能否达到，以便采取适当的措施。

9.2.2　毛坯的选择

合理选择毛坯不仅影响到毛坯本身的制造工艺和费用，而且对零件机械加工工艺、生产率和经济性也有很大的影响。因此，选择毛坯时应从毛坯制造和机械加工两方面综合考虑，以降低零件的制造成本。常用的毛坯主要有铸件、锻件、型材、焊接件等。

(1) 铸件

形状复杂，力学性能要求不高的毛坯宜采用铸造的方法制造。

(2) 锻件

强度要求高的钢制件、一般采用锻件毛坯。

(3) 型材

主要包括各种热轧和冷拉圆钢、方钢、六角钢、八角钢等型材。热轧毛坯精度较低，冷拉毛坯精度较高。

(4) 焊接件

焊接件是将型材或板料等焊接成所需的毛坯，简单方便，生产周期短，但变形大，常需经过时效处理消除应力后才能进行机械加工。

9.3　工件的装夹与定位基准

9.3.1　工件的装夹

工件在开始加工前，首先必须使工件在机床上或夹具中占有一正确的位置，这个过程称为定位。为了使定位好的工件不因切削力作用破坏工件的定位，使工件在加工过程中始终保持正确的位置，还需要将工件夹紧，这个过程称为夹紧。工件的装夹过程就是工件在机床上或夹具中定位与夹紧的过程。常用的装夹方式有直接找正装夹、划线找正装夹和用专用夹具装夹。

① 直接找正装夹　此方法是用划针、角尺、百分表等工具，通过目测、校验和调整来找正工件在机床上的位置，然后夹紧工件。划针找正定位精度低，多用于粗加工毛坯的找正；采用百分表找正，定位精度较高，可达 0.01mm，多用于精加工找正。直接找正效率低，适合于单件小批量生产或精度要求高的零件的生产。

② 划线找正装夹　此方法是先在待加工处划好线，然后装上机床按所划的线进行找正并将其夹紧。这种方法精度低，效率低。适合于批量不大的重、大、复杂的工件或使用夹具有困难的场所。

③ 用专用夹具装夹　用专门设计、制造的夹具装夹。专用夹具装夹定位精度高，可达 0.01mm，但会增加生产成本，主要用于成批大量生产。

9.3.2　工件的定位与定位基准的选择

机械加工中，为了保证工件的位置精度和用调整法获得尺寸精度时，工件相对于机床必须占有一正确位置，即工件必须定位。

(1) 定位原理

① 六点定位原理　任何一个未定位的工件，都可以看作三维空间的一个自由刚体，在空间直角坐标系中可沿三个坐标轴的移动和绕三个坐标轴的转动，分别用 $\vec{X}$、$\vec{Y}$、$\vec{Z}$ 和 $\hat{X}$、$\hat{Y}$、$\hat{Z}$ 表示。因此，它在空间直角坐标系中有六个自由度，如图 9-4（a）所示。

要使工件在某个方向上有一个确定的位置（定位），就必须限制工件在该方向的自由度。当工件的六个自由度完全被限制后，该工件在空间的位置就被确定了。在加工中为使工件在空间保持确定的位置，需要有空间合理分布的固定点与工件的定位基准面相接触，来限制工件的六个自由度，这些用来限制工件自由度的固定点，称为定位支承点，简称支承点。即所谓六点定位原理。例如对于图 9-4（b）的长方形工件，欲使其完全定位，可在 $X-Y$ 平面上设置三个不共线的支承点［如图 9-4（b）所示点 1、2、3］，工件紧靠在这三个支承点上，便限制了工件的 $\hat{X}$、$\hat{Y}$、$\vec{Z}$ 三个自由度；在 $X-Z$ 平面上设置两个支承点 4、5（在理论上这两点尽量相距远一点，它们的连线与 $X-Z$ 平面平行），工件紧靠这两个支承点便可限制 $\hat{Z}$、$\vec{Y}$ 两个自由度；在 $Y-Z$ 平面上设置一个支承点 6，限制了 $\vec{X}$ 自由度。于是共限制了六个自由度，实现了完全定位。

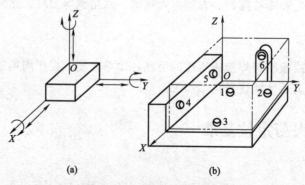

图 9-4　工件六点定位原理

在具体的夹具中，常用定位元件来代替支承点限制工件自由度。表 9-9 列出了常用定位元件所能限制的自由度。

表 9-9 常用定位元件所能限制的自由度的示例

定位基面	定位元件	定位简图	定位元件的特点	限制的自由度
平面 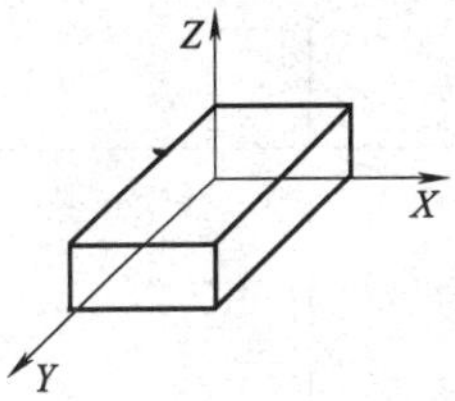	支承钉	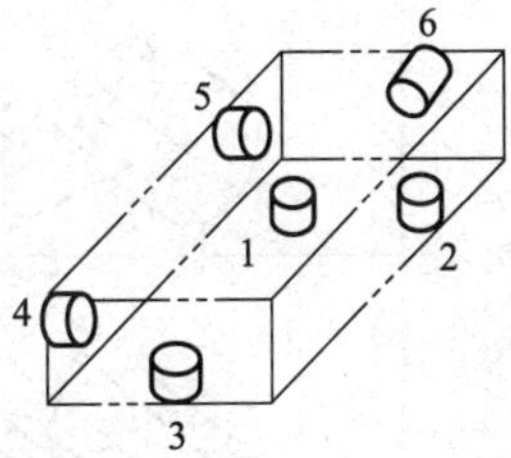		$\vec{Z}$、$\hat{X}$、$\hat{Y}$
	支承板	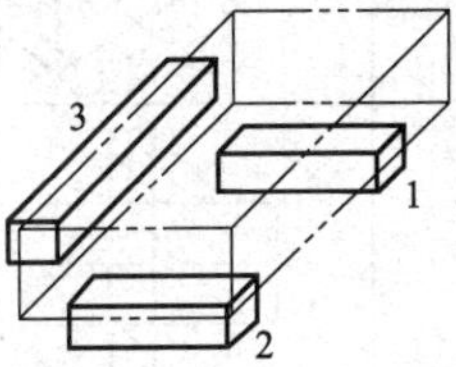	每个支承板也可以设计成两个或两个以上的小支承板	1、2—$\vec{Z}$、$\hat{X}$、$\hat{Y}$；3—$\hat{X}$、$\hat{Z}$
	固定支承与辅助支承	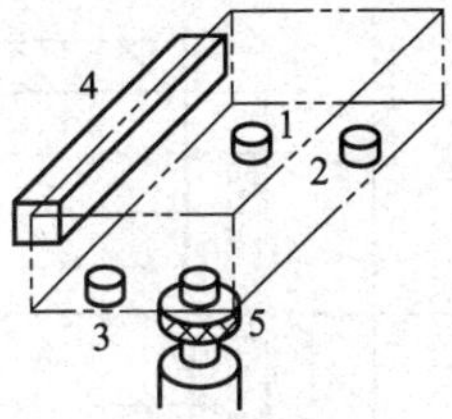	1、2、3、4—固定支承；5—辅助支承	1、2、3—$\vec{Z}$、$\hat{X}$、$\hat{Y}$；4—$\hat{X}$、$\hat{Z}$；5—增加刚性不限制自由度
圆孔 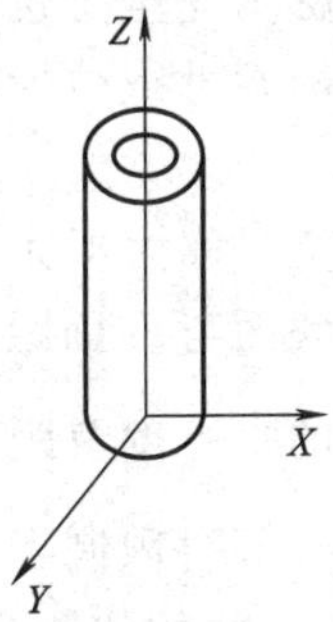	定位销（心轴）	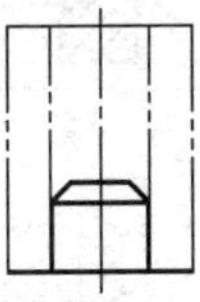	短销（短心轴）	$\vec{X}$、$\vec{Y}$
		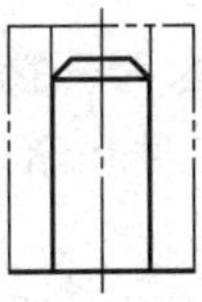	长销（长心轴）	$\vec{X}$、$\vec{Y}$、$\hat{X}$、$\hat{Y}$
	锥销	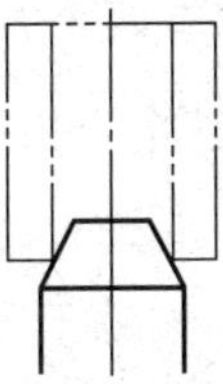	单锥销	$\vec{X}$、$\vec{Y}$、$\vec{Z}$
		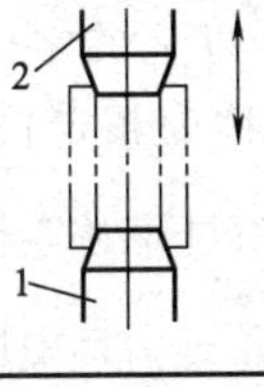	1—固定销 2—活动销	$\vec{X}$、$\vec{Y}$、$\vec{Z}$、$\hat{X}$、$\hat{Y}$

续表

定位基面	定位元件	定位简图	定位元件的特点	限制的自由度
外圆柱面 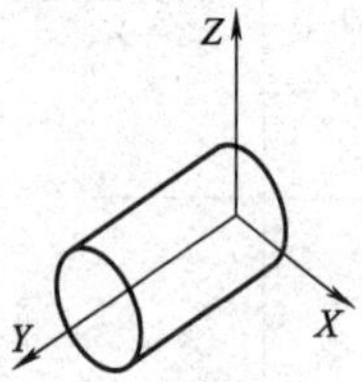	V形块	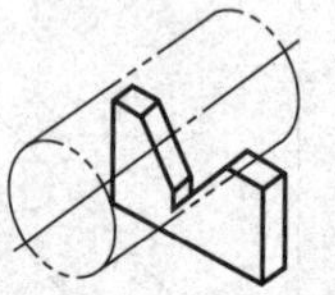	窄V形块	$\vec{X}$、$\vec{Z}$
		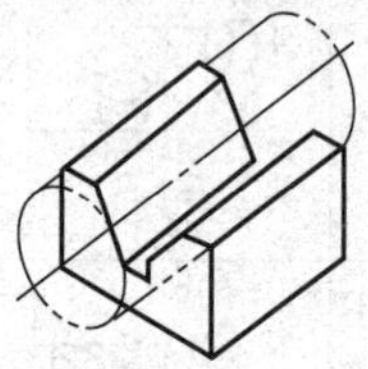	宽V形块或两个窄V形块	$\vec{X}$、$\vec{Z}$、$\hat{X}$、$\hat{Z}$
	圆柱孔	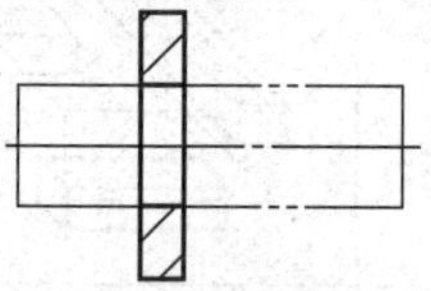	短套	$\vec{X}$、$\vec{Z}$
		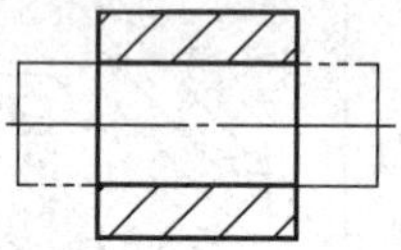	长套	$\vec{X}$、$\vec{Z}$、$\hat{X}$、$\hat{Z}$
	锥孔	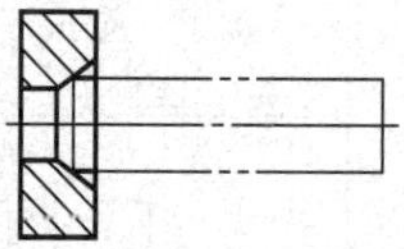	单锥套	$\vec{X}$、$\vec{Y}$、$\vec{Z}$
		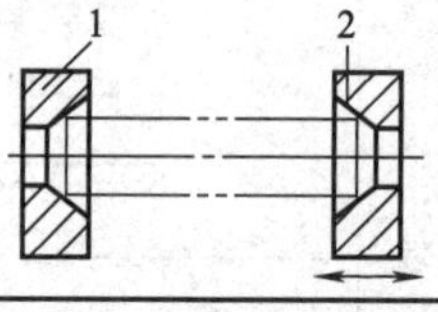	1—固定锥套 2—活动锥套	$\vec{X}$、$\vec{Y}$、$\vec{Z}$、$\hat{X}$、$\hat{Z}$

② 完全定位与不完全定位 工件的六个自由度全部被限制的定位，称为完全定位。例如图9-4（b）所示即为完全定位。当工件在 X、Y、Z 三个坐标方向上都有尺寸或位置精度要求时，一般需采用这种定位形式。

根据工件的加工要求，并不需要限制工件的全部自由度，这样的定位，称为不完全定位。如图9-5所示，在工件上铣槽，它有两个方位的位置要求，为保证槽底面与 A 面距离尺寸和平行度要求，必须限制 $\hat{X}$、$\hat{Y}$、$\vec{Z}$ 三个自由度；为保证槽侧面与 B 面的平行度及距离尺寸要求，必须限制 $\vec{X}$、$\hat{Z}$ 两个自由度，一共需限制五个自由度，当采用定位元件限制了工件上述五个自由度时，即为不完全定位。如铣不通槽，被加工表面就有三个方位的位置要求，必须限制工件的六个自由度，则需采用完全定位。

③ 过定位与欠定位 两个或两个以上的定位元件，重复限制工件的同一个自由度或几个自由度的现象，称为过定位，也常称为超定位或重复定位。例如图9-6所示为加工连杆小头孔时的定位方式。图9-6（b）所示为过定位，因为长圆柱销限制了工件 $\vec{X}$、$\vec{Y}$、$\hat{X}$、$\hat{Y}$ 4个自由度，而支承面限制了工件 $\hat{X}$、$\hat{Y}$、$\vec{Z}$ 三个自由度，其中自由度 $\hat{X}$、$\hat{Y}$ 被重复限制。图9-6（a）

第9章 机械加工工艺与机械装配工艺基础

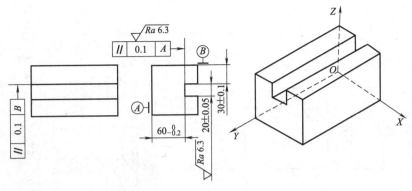

图 9-5 在工件上铣槽

所示为正确定位,短圆柱销 1 限制了 $\vec{X}$、$\vec{Y}$ 两个移动自由度,支承面 3 限制了 $\hat{X}$、$\hat{Y}$、$\vec{Z}$ 三个自由度,挡销 2 限制了 $\hat{Z}$ 自由度,这是一个完全定位。

过定位一般是不允许的,应当避免。但有时也允许过定位存在,如工件以精基准定位,夹具定位元件精度很高,则过定位对工件定位没有影响,反而会增加工件的刚性。

根据工件加工的要求,应限制的自由度没有完全被限制的定位,称为欠定位。欠定位是不允许出现的,因为其不能保证工件的加工要求。

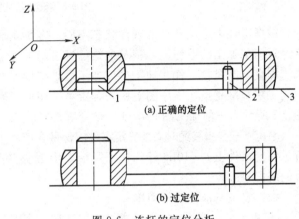

图 9-6 连杆的定位分析

(2) 基准的概念

在制订工艺路线时,定位基准的选择是否合理意义十分重大。它不仅影响工件表面的加工精度,而且对于工件各加工表面的加工顺序也有很大影响。

任何机械零件都是由基本几何元素(点、线、面)构成的,其上任何一个点、线、面的位置总是用它与另外一些点、线、面的相互关系(如尺寸、平行度、同轴度、垂直度等)来确定的。用来确定生产对象上几何要素间的几何关系所依据的那些点、线、面称为基准。根据作用的不同,可分为设计基准和工艺基准两大类。

① 设计基准 设计图样上所采用的基准称为设计基准。它是标注设计尺寸的起点。如图 9-7 (a) 所示的零件,平面 A 是平面 B、C 的设计基准,平面 D 是平面 E、F 的设计基准。在水平方向,平面 D 也是孔 7 和孔 8 的设计基准;在垂直方向,平面 A 是孔 7 的设计基准,孔 7 又是孔 8 的设计基准。如图 9-7 (b) 所示的钻套零件,孔中心线是外圆与内孔的设计基准,也是端面 B 端面圆跳动的设计基准,端面 A 是端面 B、C 的设计基准。

② 工艺基准 在工艺过程中所使用的基准称为工艺基准。按用途不同可将其分为以下四种:定位基准、测量基准、工序基准和装配基准。

定位基准是指在加工中用作工件定位的基准。它是工件上与机床或夹具定位元件直接接触的点、线、面。作为定位基准的点、线、面在工件上有时不一定具体存在(例如,孔的中心线、轴的中心线等),而常由某种具体的定位表面来体现,这些定位表面称为定位基面。例如,将图 9-7 (b) 所示零件套在心轴上磨削 $\phi 40$ h6 外圆表面时,内孔中心线即是定位基准。

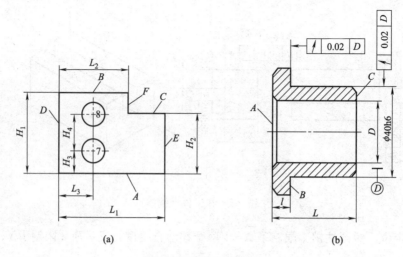

图 9-7 设计基准分析

根据工件上定位基准的表面状态不同，定位基准又可分为粗基准和精基准。粗基准是没有经过切削加工的毛坯面，精基准是已经过切削加工的表面。

测量基准是指工件在加工中或加工后，测量尺寸和形位误差所使用的基准。

工序基准是指在工序图上用来确定本工序加工表面尺寸、形状和位置所使用的基准。如图 9-8 所示为车削加工图 9-7（b）钻套零件时的工序图，A 面即是 B、C 面的工序基准。

装配基准是指装配时用来确定零件或部件在产品中的相对位置所使用的基准。如图 9-7（b）所示钻套零件上的 $\phi 40h6$ 外圆柱面及端面 B 就是该钻套零件装在钻床夹具钻模板上的孔中时的装配基准。

（3）定位基准的选择原则

① 粗基准的选择。主要考虑如何保证加工表面与不加工表面之间的位置和尺寸要求，加工表面的加工余量是否均匀和足够，以及减少装夹次数等。选择粗基准时应坚持如下原则。

a. 保证相互位置精度要求原则。当零件上有一些表面不需要进行机械加工，且不加工表面与加工表面之间具有一定的相互位置精度要求时，应以不加工表面中与加工表面相互位置精度要求较高的作为粗基准。

如图 9-9 所示的零件，内孔和端面需要加工，外圆表面不需要加工，铸造时内孔 B 与外圆 A 之间有偏心。为了保证加工后零件的壁厚均匀（内、外圆表面的同轴度较好），应以不加工表面外圆 A 作为粗基准加工孔 B。如果采用内孔表面作为粗基准（例如用四爪单动卡盘夹持外圆，然后按内孔找正定位），则加工后内孔与外圆不同轴，壁厚不均匀。

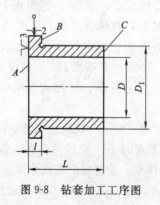

图 9-8 钻套加工工序图

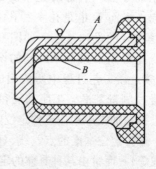

图 9-9 粗基准选择示例

b. 余量均匀原则。为使各加工表面都能得到足够的加工余量，应选择毛坯上加工余量最小的表面作为粗基准。如图 9-10 所示的阶梯轴，因 φ55mm 外圆的加工余量较小，故应选 φ55mm 外圆为粗基准。否则，如果选 φ108mm 外圆为粗基准加工 φ55mm 外圆表面，当两外圆有 3mm 的偏心时，则加工后的 φ50mm 外圆表面的一侧可能会因余量不足而残留部分毛坯表面，从而使工件报废。

为保证某重要加工表面的加工余量小且均匀，应以该重要加工表面作为粗基准。

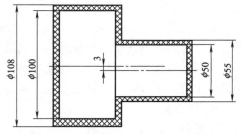

图 9-10 阶梯轴加工的粗基准选择

如图 9-11 所示的机床床身零件，要求导轨面应有较好的耐磨性，以保持其导向精度。由于铸造时的浇注位置（床身导轨面朝下）决定了导轨面处的金属组织均匀而致密，在机械加工中，为保留这样良好的金属组织，应使导轨面上的加工余量尽量小且均匀。

为此，应选择导轨面作粗基准，先加工床腿底面，然后再以床腿底面为精基准加工导轨面，这样就能确保导轨面的加工余量小且均匀。

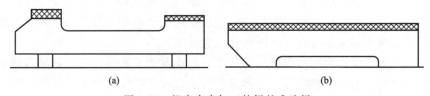

图 9-11 机床床身加工的粗基准选择

c. 便于工件装夹的原则。为了保证工件定位准确，夹紧可靠，要求选用的粗基准尽可能平整、光洁，不允许有锻造飞边、铸造飞边、冒口或其他缺陷，并有足够大的支承面积。

d. 粗基准一般不得重复使用原则。粗基准通常只允许使用一次，因为毛坯表面粗糙且精度低，重复使用同一粗基准所加工的两组表面之间的位置误差会相当大。如图 9-12 所示的法兰盖零件加工工艺过程如下：

Ⅰ. 以 A 面和 φ45 外圆为粗基准定位，车削上平面、镗孔。

Ⅱ. 以上平面和孔定位，钻 4 个小孔。

若钻小孔时仍以 A 面和 φ45 外圆定位，则粗基准使用了两次，加工后必然造成小孔与

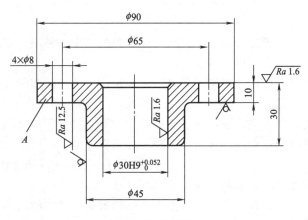

图 9-12 法兰盖

上平面不垂直以及四个小孔所在的圆周中心与大孔圆周中心不同轴，使加工误差超出允许范围。

② 精基准的选择。选择精基准时，主要考虑的问题是如何便于保证加工精度和装夹方便、可靠。为此，一般应遵循以下原则。

a. 基准重合原则。应尽可能选择所加工表面的设计基准（或工序基准）作为精基准，称为基准重合原则。按照基准重合原则选用定位基准，便于保证加工精度，否则会产生基准不重合误差，影响加工精度。在工件的精加工阶段尤其是表面之间位置精度要求较高的表面最终加工时，更应特别注意遵守这一原则。

b. 基准统一原则。应尽可能选择用同一组精基准加工工件上尽可能多的表面，以保证所加工的各个表面之间具有正确的相对位置关系。即对多个表面进行加工时，应尽早地在工艺过程的开始阶段就把这组精基准加工出来，并达到一定的精度，在以后各道工序中都以其作为定位基准。例如，轴类零件采用两中心孔定位加工各外圆表面，箱体类零件采用一面两孔定位均属于基准统一原则。

c. 互为基准原则。当工件上两个加工表面之间的位置精度要求比较高时，可以采用两个加工表面互为基准的方法进行加工。即先以其中一个表面为基准加工另一个表面，然后再以加工过的表面为定位基准加工刚才的基准面，如此反复进行几轮加工，就称为互为基准、反复加工。例如，在齿轮加工中，要保证齿轮齿圈的跳动精度，在齿面液硬后，先以齿面定位磨内孔，再以内孔定位磨齿面，从而保证位置精度。

这种加工方案不仅符合基准重合原则，而且在反复加工的过程中，基准面的精度愈来愈高，加工余量亦逐步趋于小且均匀，因而最终可获得很高的位置精度。所以，在生产中经常采用这一原则加工同轴度或平行度等位置精度要求较高的精密零件。

d. 自为基准原则。一些表面的精加工工序，要求加工余量少而均匀，常以加工面自身为精基准进行加工，称为自为基准原则。例如，磨削机床导轨面，用导轨面本身作为精基准找正定位，磨削导轨面以保证导轨面余量均匀。

e. 便于装夹原则。所选精基准应能保证定位准确，可靠，夹紧机构简单，操作方便。

上述粗、精基准选择的原则，有时不可能同时满足，应根据实际条件决定取舍。

9.4 工艺路线的拟定

9.4.1 加工经济精度及表面加工方法的选择

（1）加工经济精度

为了能正确地选择加工方法和加工方案，应了解生产中各种加工方法和加工方案的特点及其经济加工精度和经济表面粗糙度。

所谓加工经济精度是指在正常加工条件下（采用符合质量标准的设备、工艺装备和标准技术等级的工人，不延长加工时间）所能保证的加工精度。若延长加工时间，就会增加成本，虽然精度能提高，但不经济。经济表面粗糙度的概念类同于经济精度的概念。各种加工方法和加工方案及其所能达到的经济精度和经济表面粗糙度均已制成表格，在有关机械加工的各种手册中都能查到。表 9-10～表 9-12 分别摘录了外圆、孔和平面的加工方法、加工方案及其加工经济精度和经济表面粗糙度，供选用时参考。

必须指出，经济精度的数值不是一成不变的，随着科学技术的发展，工艺的改进和设备与工艺装备的更新，加工经济度会逐步提高。

表 9-10 外圆加工方法的加工经济精度及表面粗糙度

加工方法	加工性质	加工经济精度 IT	表面粗糙度 $Ra/\mu m$
车	粗车	13～11	80～10
	半精车	11～10	10～2.5
	精车	8～7	5～1.25
	金刚石车	6～5	1.25～0.02
外磨	粗磨	9～8	10～1.25
	半精磨	8～7	2.5～0.63
	精磨	7～6	1.25～0.16
	精密磨	6～5	0.32～0.08
	镜面磨	5	0.08～0.008
研磨	粗研	6～5	0.63～0.16
	精研	5	0.32～0.04
超精加工	精	5	0.32～0.08
	精密	5	0.16～0.01
砂带磨	精磨	6～5	0.16～0.02
	精密磨	5	0.04～0.01
滚压		7～6	1.25～0.16

表 9-11 孔加工方法的加工经济精度及表面粗糙度

加工方法	加工性质	加工经济精度 IT	表面粗糙度 $Ra/\mu m$
钻	实心材料	12～11	20～2.5
扩	粗扩	12	20～10
	冲孔后一次扩	12～11	20～5
	精扩	10	10～2.5
铰	半精铰	11～10	10～5
	精铰	9～8	5～1.25
	细铰	7～6	1.25～0.32
拉	粗拉	11～10	5～2.5
	精拉	9～7	2.5～0.63
镗	粗镗	12	20～10
	半精镗	11	10～5
	精镗	10～8	5～1.25
	细镗	7～6	1.25～0.32
内磨	粗磨	9	10～1.25
	精磨	8～7	1.25～0.32
珩	粗珩	6～5	1.25～0.32
	精珩	5	0.32～0.04
研磨	粗研	6～5	1.25～0.32
	精研	5	0.32～0.01

表 9-12 平面加工方法的加工经济精度及表面粗糙度

加工方法	加工性质	加工经济精度 IT	表面粗糙度 $Ra/\mu m$
周铣	粗铣	12～11	20～5
	精铣	10	5～1.25

续表

加工方法	加工性质	加工经济精度 IT	表面粗糙度 $Ra/\mu m$
端铣	粗铣	12～11	20～5
	精铣	10～9	5～0.63
车	半精车	11～10	10～5
	精车	9	10～2.5
	金刚石车	8～7	1.25～0.63
刨	粗刨	12～11	20～10
	精刨	10～9	10～2.5
	宽刀精刨	9～7	1.25～0.32
平磨	粗磨	9	5～2.5
	半精磨	8～7	2.5～1.25
	精磨	7	0.63～0.16
	精密磨	6	0.16～0.016
刮研	手工刮研	10～20 点/25mm×25mm	1.25～0.16
研磨	粗	7～6	0.63～0.32
	精	5	0.32～0.08

（2）选择加工方法时应考虑的因素

选择表面加工方法时，首先要根据零件的加工要求，查表或根据经验来确定哪些加工方法能够达到所要求的加工精度，满足同样精度要求的加工方法可能不只一种，所以选择加工方法时还必须考虑下列因素，才能最终确定。

① 工件的材料性质。如有色金属的精加工不宜采用磨削加工方法，因为磨屑易堵塞砂轮工作面，故通常采用高速精密车削等加工方法。

② 与生产类型相适应。一般来说，大批大量生产应该选择高生产率和质量稳定的加工方法；单件小批生产应尽量选择通用设备和避免采用非标准的专用刀具来加工。

③ 工件的形状和尺寸。如形状比较复杂或尺寸较大的工件一般不采用拉削或磨削加工；直径大于 60mm 的孔不宜采用钻、扩、铰等。

④ 具体的生产条件。工艺人员必须熟悉本车间（或本企业）现有加工设备的种类、数量、加工范围和精度水平以及工人的技术水平，以充分利用现有资源，并不断地对原有设备、工艺装备进行技术改造，挖掘企业潜力，创造经济效益。

9.4.2 加工阶段的划分

当零件的加工质量要求比较高时，往往不可能在一道工序中完成全部加工工作，而必须分几个阶段来进行。一般可分为粗加工阶段、半精加工阶段、精加工阶段、光整加工阶段。

（1）各加工阶段的任务

① 粗加工阶段　该阶段位于工艺路线的最前面，主要任务是切除各加工面或主要加工面的大部分余量，并加工出精基准。主要问题是如何获得高的生产率。

② 半精加工阶段　该阶段为主要表面的精加工做好准备工作，即达到一定的加工精度，保证适当的加工余量，并完成一些次要表面的加工。

③ 精加工阶段　使各主要表面质量达到图纸要求。主要问题是如何确保零件质量。

④ 光整加工阶段　对于零件尺寸精度和表面粗糙度要求很高（IT5、IT6 级以上，$Ra \leqslant 0.20\mu m$）的表面，还要安排光整加工阶段。这一阶段的主要任务是提高尺寸精度和减小表

面粗糙度值,一般不用来纠正位置误差,位置精度由前面工序保证。

(2) 划分加工阶段的原因

① 利于保证加工质量　工件粗加工时切除金属较多,切削力、切削热和夹紧力也较大。在这些力和热的作用下,将造成较大的加工误差。

加工过程分阶段后,粗加工造成的加工误差,通过半精加工和精加工即可得到纠正,使加工质量得到保证。

② 合理使用设备　粗加工可采用功率大、刚度好和精度较低的机床进行加工以提高生产率,精加工则可采用高精度机床进行加工以确保零件的精度要求,这样既充分发挥了设备的各自特点,也做到了设备的合理使用。

③ 便于安排热处理工序　粗加工阶段前后,一般要安排去应力等预先热处理工序,精加工前要安排淬火等最终热处理,其变形可以通过精加工予以消除。

④ 便于及时发现毛坯缺陷,避免损伤已加工表面　毛坯经粗加工阶段后,缺陷已暴露,可以及时发现和处理。同时把精加工工序安排在最后,可以避免已加工好的表面在搬运和夹紧中受到损伤。

应当指出,划分加工阶段是对零件加工的整个过程而言的,不能从一个工步的加工或一个工序的性质来判断。零件加工阶段的划分也不是绝对的,并非所有工件都要划分加工阶段,在应用时要灵活掌握。例如,对那些加工质量要求不高、工件刚性好、毛坯精度较高、余量小的,就可少划分几个阶段或不划分阶段。有些刚性好的重型工件,由于装夹及运输很费时,也常在一次装夹下完成全部粗、精加工。为了弥补不分阶段带来的缺陷,重型工件在粗加工后,松开夹紧机构,让工件有变形的可能,然后用较小的夹紧力重新夹紧工件,继续精加工。

9.4.3　机械加工工序的安排

(1) 机械加工顺序的安排

① 先粗后精　按照上述的从粗到精划分的加工阶段,交叉进行各表面切削加工。

② 先主后次　先安排主要表面加工,后安排次要表面加工。所谓主要表面是指加工精度和表面质量要求比较高的表面,如装配基面、工作表面等。次要表面是指键槽、紧固用的光孔和油孔等,由于次要表面的加工面小,而且又和主要表面间有相互位置精度要求,因此一般放在主要表面的半精加工结束之后,精加工之前进行。

③ 基面先行　加工一开始或每一加工阶段的开始,总是先进行基面的加工,以便以它为精基准进行其他表面的加工。例如采用中心孔作为统一基准的精密轴加工,在每一加工阶段开始总是先钻中心孔或修正中心孔。如果精基面有几个,则应按照基面转换顺序和逐步提高加工精度的原则来安排加工工序。

④ 先面后孔　先安排平面的加工,后安排孔的加工。这是因为对于箱体、支架、连杆和拨叉等都有较大的分布平面,用这样的平面定位稳定可靠,所以先进行这些平面的加工。而且在加工过的平面上再来加工孔,有利于保证孔的位置精度。

(2) 热处理工序的安排

在零件机械加工工艺过程中,有时需安排一些热处理工序,以便提高零件材料的物理力学性能和改善切削性能,消除毛坯制造或加工过程的残余应力。一般可分为以下工序。

① 预先热处理　主要目的是为了改善工件材料的切削性能,消除毛坯制造过程的残余应力。常用的方法有退火、正火和调质。例如,对于含碳量大于 0.5% 的碳钢,一般采用退火以降低其硬度;对于含碳量小于 0.5% 的碳钢,一般采用正火以提高其硬度,使切削时切

屑不粘刀，得到光洁的表面；调质能得到细密均匀的回火索氏体组织，因此有时也用作预备热处理。预备热处理一般安排在粗加工之前，但调质通常安排在粗加工之后。

② 消除残余应力处理　主要是消除毛坯制造或工件加工过程中产生的残余应力。常用的方法有时效和退火，最好安排在粗加工之后，精加工之前。对于精度要求一般的工件，在粗加工之后安排一次时效或退火，可同时消除毛坯制造和粗加工的残余应力，减小后续工序的变形；对精度要求高的零件，则应在半精加工之后安排第二次时效处理，使精度稳定；精度要求很高的零件，如精密丝杠、主轴等则应安排多次时效处理。

③ 最终热处理　主要目的是提高材料的强度和硬度。常用的方法有淬火、回火，以及各种表面化学处理，如渗碳、氮化等。最终热处理一般安排在半精加工之后、磨削加工之前，而氮化处理由于氮化层硬度很高，变形很小，因此安排在粗磨和精磨之间。

(3) 辅助工序的安排

辅助工序也是保证产品质量所必要的工序，若缺少了辅助工序或辅助工序要求不严，将给装配工作带来困难，甚至使机器不能使用。

辅助工序的种类很多，包括检验、去毛刺、平衡、去磁、清洗等，是工艺规程的重要组成部分。检验工序是保证产品质量合格的关键工序之一。操作工人在操作过程中和操作结束以后均应进行自检。切削加工之后，应安排去毛刺处理。工件在进入装配之前，一般均应安排清洗。研磨、珩磨等光整加工工序之后，砂粒易附着在工件表面上，要认真清洗。否则会加剧零件在使用过程中的磨损。对于采用磁力夹紧工件的工序（如在平面磨床上用电磁吸盘夹紧工件），工件被磁化，应安排去磁处理，并在去磁后进行清洗。

(4) 工序集中与分散

工序集中与分散是制订工艺路线时确定工序数目、设备数量与布置、工序内容多少的两种不同原则。所谓工序集中原则，就是每一工序中尽可能包含多的加工内容，从而使工序的总数减少；而工序分散原则正好与工序集中原则含义相反。工序集中与工序分散各有特点，在制订工艺路线时，究竟采用哪种原则须视具体情况决定。

① 工序集中的特点

a. 可减少工件的装夹次数。在一次装夹下即可把各个表面全部加工出来，有利于保证各表面之间的位置精度和减少装夹次数。尤其适合于表面位置精度要求高的工件的加工。

b. 可减少机床数量和占地面积，同时便于采用高效率机床加工，有利于提高生产率。

c. 简化了生产组织计划与调度工作。因为工序少、设备少、工人少，自然便于生产的组织与管理。

d. 工序集中的最大不足之处是不利于划分加工阶段；二是所需设备与工装复杂，机床调整、维修费时、投资大、产品转型困难。

② 工序分散的特点

a. 工序数目多，工序包含的内容少，工艺路线长，设备数量多，操作工人多，生产组织工作复杂。

b. 机床和工艺装备简单，维修方便。

c. 对工人的技术水平要求较低。

③ 工序集中与工序分散的选用　在拟定工艺路线时，工序集中或分散影响整个工艺路线的工序数目。具体选择时，依据如下条件。

a. 生产类型。对于单件、小批生产，为简化生产流程、减少工艺装备，应采用工序集中。大批生产采用工序分散的原则，有利于组织流水线生产。

b. 零件的结构、大小和重量。对于尺寸和重量大、形状又复杂的零件，宜采用工序集中，以减少安装与搬运次数。

c. 零件的技术要求与现场工艺设备条件。零件上技术要求高的表面，需采用高精度设备来保证其质量时，可采用工序分散的原则；生产现场多数为数控机床和加工中心，此时应采用工序集中原则；零件上某些表面的位置精度要求高时，加工这些表面易采用工序集中的方案。

9.5 加工余量、工序尺寸及其公差

9.5.1 加工余量

(1) 加工余量的概念

加工余量是指加工过程中从加工表面切去的材料层厚度，加工余量主要分为工序余量和加工总余量两种。

工序余量是相邻两工序的工序尺寸之差，即在一道工序中从某一加工表面切除的材料层厚度。

加工余量按加工表面的形状的不同，分为双边余量和单边余量。对于外圆和孔等回转表面，加工余量在直径方向对称分布，称为双边余量，其大小实际上等于工件表面切去的金属层的两倍。对于平面等非对称表面来说，加工余量即等于切去的金属层厚度，称为单边余量。图9-13表示了它们和工序尺寸之间的关系。由图可知：

对于外表面 $\qquad Z_i = L_{i-1} - L_i$ (9-2)

对于内表面 $\qquad Z_i = L_i - L_{i-1}$ (9-3)

对于轴 $\qquad 2Z_i = d_{i-1} - d_i$ (9-4)

对于孔 $\qquad 2Z_i = D_i - D_{i-1}$ (9-5)

式中 Z_i——本道工序的单边工序余量；

L_i——本道工序的工序尺寸；

L_{i-1}——上道工序的工序尺寸；

D_i——本道工序的孔直径；

D_{i-1}——上道工序的孔直径；

d_i——本道工序的外圆直径；

d_{i-1}——上道工序的外圆直径。

加工总余量为各道工序余量之和，它等于毛坯尺寸与零件图样上的设计尺寸之差。

由于毛坯制造和各工序加工中都不可避免地存在着误差，这就使得实际上的加工余量成为一个变动值。

(2) 影响加工余量的因素

在确定工序余量时，应考虑下列几方面的因素。

① 前道工序的表面质量。前一道工序形成的表面粗糙度、轮廓最大高度和表面缺陷层深度，应在本工序加工中切除，如图9-14 (a) 所示。

② 前道工序的形状和位置公差。当工件上有些形状和位置偏差不包括在尺寸公差的范围内时，这些误差就必须在本工序的加工中纠正，本工序加工余量中必须包括轴心线弯曲误差，否则加工后必然为废品，如图9-14 (b) 所示。

③ 上道工序尺寸的公差。上道工序尺寸公差的大小对本工序余量有直接的影响，也就

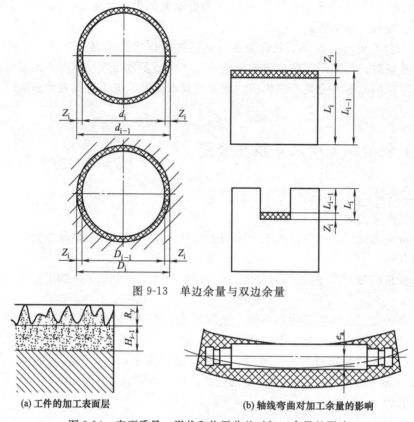

图 9-13 单边余量与双边余量

图 9-14 表面质量、形状和位置公差对加工余量的影响

(a) 工件的加工表面层　(b) 轴线弯曲对加工余量的影响

是说，上道工序的公差越大，本工序余量变化就越大。

④ 本工序的安装误差。安装误差包括工件的定位误差与夹紧误差，由于这部分误差要影响被加工表面和刀具的相对位置，依次也应计在工序余量内，如图 9-15 所示。

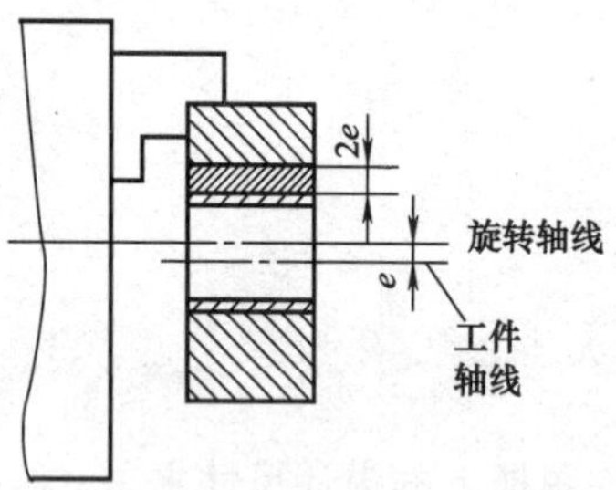

图 9-15 装夹误差对加工余量的影响

(3) 确定加工余量的方法

加工余量确定的方法有三种，即分析计算法、经验估算法和查表修正法。

① 分析计算法。通过分析影响工序余量的因素，并逐一计算确定加工余量。这种方法虽然考虑问题全面，确定的工序余量比较精确，但由于计算繁琐，故一般使用较少，只在大批大量生产中的某些重要工序中应用。

② 经验估算法。这种方法是依靠工艺人员的经验采用类比法来确定工序余量，虽然比较简便，但精度不高。为防止废品出现，一般选取较大的工序余量，故此法多用于单件小批量生产。

③ 查表修正法。这种方法简便、准确、应用广泛。但需注意的是，各种手册所提供的数据对轴和孔一类的对称表面是双边余量，非对称表面则是单边余量。

9.5.2　工序尺寸及其公差

工序余量确定以后，就可以确定各工序尺寸及其公差。工序尺寸是指某一道工序加工应达到的尺寸，因此正确地确定各工序尺寸及公差是工序设计中的主要工作之一。确定时应从工序基准和设计基准重合与否来加以考虑。

当工序基准和设计基准重合时表面需要多次加工，则最终工序的工序尺寸及公差可直接按零件图的设计要求来确定，而中间工序的加工尺寸可由后一道工序的工序尺寸减去工序余量而得到，即采用"由后向前推"的方法，根据零件图的尺寸、各工序余量、各工序加工方法所能达到的经济精度，由后逐渐向前推算，一直推算到毛坯尺寸。其计算步骤如下。

① 确定各工序余量和毛坯总余量　根据各工序加工性质，查表可得它们的工序余量。

② 确定各工序尺寸公差　工序尺寸公差一般可根据加工方法确定。通常最终工序的公差应直接取自零件图上规定的公差，而所有在此之前的各中间工序的公差，均由工艺员根据该工序加工方法的经济精度要求来取定，这样有利于降低加工成本，提高加工过程的经济性。

③ 计算各工序基本尺寸　由于工序基准和设计基准重合，当加工表面需要多次加工时，最终工序的工序基本尺寸可直接按零件图的设计要求来确定，而中间各工序的基本尺寸是根据零件图的尺寸加上或减去工序余量而得到的，即采用由后向前推的方法，由零件图的设计尺寸，逐次推算出各工序的基本尺寸，一直推算到毛坯为止。

④ 标注各工序尺寸及其公差　最终工序的公差按设计尺寸要求标注，其余工序尺寸的公差按单向入体原则标注，对于孔，其基本尺寸值为最小极限尺寸，即下偏差为零，上偏差取正值；对于轴，其基本尺寸值为最大极限尺寸，即上偏差为零，下偏差取负值；对于毛坯尺寸公差应取双向对称公差。

工序尺寸公差主要依据加工方法、加工精度和经济性确定。一般各加工工序可根据各自加工方法的加工经济精度选定。

对于复杂零件的工艺过程，或零件在加工过程中需要多次转换工艺基准，或工艺尺寸从尚需继续加工的表面标注时，工艺尺寸及其公差的计算就比较复杂，这时需利用工艺尺寸链进行分析计算，此处略。

9.6　轴类零件的加工工艺

9.6.1　轴类零件概述

(1) 轴类零件的功用与结构特点

轴类零件主要用于支承传动零件，承受载荷、传递转矩以及保证装在轴上零件的回转精度。根据轴的结构形状，轴的分类如表 9-13 所示。

根据轴的长度 L 与直径 d 之比，又可分为刚性轴（$L/d \leqslant 12$）和挠性轴（$L/d > 12$）两种。轴类零件通常由内外圆柱面、内外圆锥面、端面、台阶面、螺纹、键槽、横向孔及沟槽等组成。

(2) 轴类零件的主要技术要求

① 尺寸精度和几何形状精度　轴类零件的主要表面为轴颈，装配传动零件的称配合轴颈，装配轴承的称支承轴颈。根据轴的使用要求不同，轴颈的尺寸精度通常为 IT9～IT6，高精度的轴颈为 IT5。

轴颈的形状精度（圆度、圆柱度）应限制在直径公差范围内。对形状精度要求较高时，则应在零件图样上规定允许的偏差。

表 9-13 常见轴的类型

类型	示意图	类型	示意图
光轴		凸轮轴	
阶梯轴		花键轴	
空心轴		半轴	
偏心轴		十字轴	
曲轴			

② 相互位置精度　轴类零件的最主要的相互位置精度是配合轴颈轴线相对于支承轴颈轴线的同轴度或配合轴颈相对支承轴颈轴线的圆跳动。普通精度的轴，同轴度误差为 $\phi 0.01 \sim 0.03$mm，高精度的轴为 $\phi 0.001 \sim 0.005$mm。其他的相互位置精度有轴肩端面对轴线的垂直度等。

③ 表面粗糙度　配合轴颈的表面粗糙度 Ra 值一般为 $1.6 \sim 0.4 \mu$m，支承轴颈的表面粗糙度 Ra 值一般为 $0.4 \sim 0.1 \mu$m。

如图 9-16 所示的传动轴，轴颈 M 和 N 处各项精度要求均较高，并且是其他表面的基准面。轴颈 Q 和 P 处径向圆跳动公差为 0.02mm，轴肩 H、G 和 I 端面圆跳动公差为

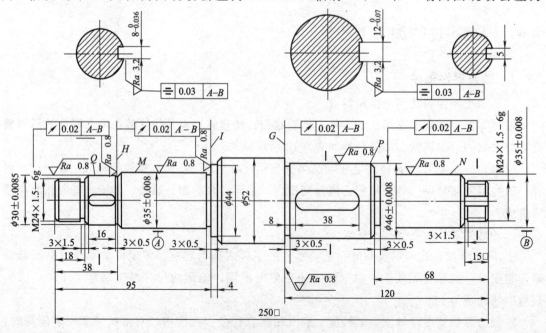

图 9-16　传动轴

0.02mm，也是较重要的表面。此外，该轴还有键槽、螺纹等结构要素。

(3) 轴类零件的材料和毛坯

一般轴类零件材料常选用 45 钢；对于中等精度而转速较高的轴可用 40Cr；对于高速、重载荷等条件下工作的轴可选用 20Cr、20CrMnTi 等低碳合金钢进行渗碳淬火，或用 38CrMoAlA 氮化钢进行氮化处理。

轴类零件的毛坯最常用的是圆棒料和锻件，只有某些大型的、结构复杂的轴才采用铸件（铸钢或球墨铸铁）。

如图 9-16 所示传动轴，根据使用条件可选用 45 钢。在小批量生产中，毛坯可选用棒料；若批量较大时，可选用锻件。

9.6.2 轴类零件加工工艺制订实例

生产如图 9-16 所示减速箱传动轴，生产批量为小批生产，材料为 45 热轧圆钢，零件需调质。其加工工艺规程制订如下。

(1) 结构及技术条件分析

该轴为没有中心通孔的多阶梯轴。根据该零件工作图，其轴颈 M、N，外圆 P、Q 及轴肩 G、H 有较高的尺寸精度和形状位置精度，并有较小的表面粗糙度值，该轴有调质热处理要求。

(2) 确定主要表面加工方法和加工方案

传动轴大多是回转表面，主要是采用车削和外圆磨削。由于该轴主要表面 M、N、P、Q 的公差等级较高（IT6），表面粗糙度值较小（$Ra0.8\mu m$），最终加工应采用磨削。

(3) 划分加工阶段

该轴加工划分为三个加工阶段，即粗车（粗车外圆、钻中心孔），半精车（半精车各处外圆、台肩和修研中心孔等），粗、精磨各处外圆。各加工阶段大致以热处理为界。

(4) 选择定位基准

轴类零件的定位基面，最常用的是两中心孔。因为轴类零件各外圆表面、螺纹表面的同轴度及端面对轴线的垂直度是相互位置精度的主要指标，而这些表面的设计基准一般都是轴的中心线，采用两中心孔定位就能符合基准重合原则。而且由于多数工序都采用中心孔作为定位基面，能最大限度地加工出多个外圆和端面，这也符合基准统一原则。

但下列情况不能用两中心孔作为定位基面。

① 粗加工外圆时，为提高工件刚度，则采用轴外圆表面为定位基面，或以外圆和中心孔同作定位基面，即一夹一顶。

② 当轴为通孔零件时，在加工过程中，作为定位基面的中心孔因钻出通孔而消失。为了在通孔加工后还能用中心孔作为定位基面，工艺上常采用三种方法。

a. 当中心通孔直径较小时，可直接在孔口加工出宽度不大于 2mm 的 60°内锥面来代替中心孔。

b. 当轴有圆柱孔时，可采用如图 9-17 (a) 所示的锥堵，取 1∶500 锥度；当轴孔锥度

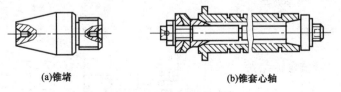

(a)锥堵　　　　　　　　　　　(b)锥套心轴

图 9-17 锥堵与锥套心轴

较小时，取锥堵锥度与工件两端定位孔锥度相同。

c. 当轴通孔的锥度较大时，可采用带锥套堵的心轴，简称锥套心轴，如图 9-17（b）所示。使用锥堵或锥套心轴时应注意，一般中途不得更换或拆卸，直到精加工完各处加工面，不再使用中心孔时方能拆卸。

（5）热处理工序的安排

该轴需进行调质处理。它应放在粗加工后，半精加工前进行。如采用锻件毛坯，必须首先安排退火或正火处理。该轴毛坯为热轧钢，可不必进行正火处理。

（6）加工顺序安排

除了应遵循加工顺序安排的一般原则，如先粗后精、先主后次等，还应注意以下几点。

① 外圆表面加工顺序应为，先加工大直径外圆，然后再加工小直径外圆，以免一开始就降低了工件的刚度。

② 轴上的花键、键槽等表面的加工应在外圆精车或粗磨之后，精磨外圆之前。

轴上矩形花键的加工，通常采用铣削和磨削加工，产量大时常用花键滚刀在花键铣床上加工。以外径定心的花键轴，通常只磨削外径键侧，而内径铣出后不必进行磨削，但如经过淬火而使花键扭曲变形过大时，也要对侧面进行磨削加工。以内径定心的花键，其内径和键侧均需进行磨削加工。

③ 轴上的螺纹一般有较高的精度，如安排在局部淬火之前进行加工，则淬火后产生的变形会影响螺纹的精度。因此螺纹加工宜安排在工件局部淬火之后进行。

传动轴的加工工艺过程如表 9-14 所示。

表 9-14 传动轴加工工艺过程

工序号	工种	工序内容	加工简图	设备
1	下料	φ60×265		
2	车	三爪卡盘夹持工件，车端面见平，钻中心孔，用尾架顶尖顶住，粗车三个台阶，直径、长度均留余量 2mm	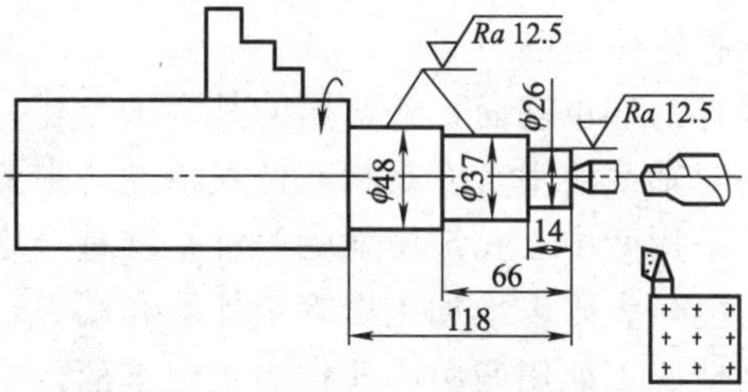	
		调头，三爪卡盘夹持工件另一端，车端面保证总长 750mm，钻中心孔，用尾架顶尖顶住，粗车另外四个台阶，直径、长度均留余量 2mm	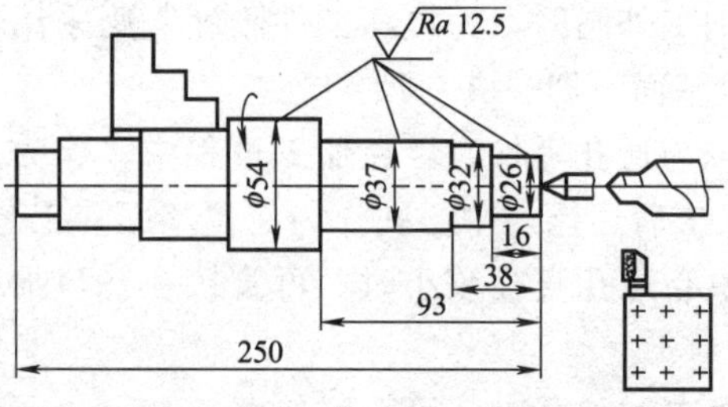	
3	热	调质处理 24～38HRC		
4	钳	修研两端中心孔	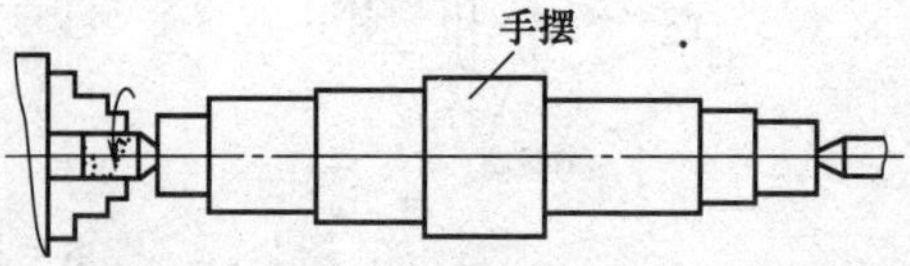	车床

续表

工序号	工种	工序内容	加工简图	设备
5	车	双顶尖装夹。半精车三个台阶,螺纹大径车到 $\phi 24_{-0.2}^{-0.1}$ mm,其余两个台阶直径上留余量 0.5mm,车槽三个,倒角三个		
5	车	调头,双顶尖装夹,半精车余下的五个台阶,$\phi 44$ 及 $\phi 52$ 台阶车到图纸规定的尺寸。螺纹大径车到 $\phi 24_{-0.2}^{-0.1}$ mm,其余两个台阶直径上留余量 0.5mm,车槽三个,倒角四个	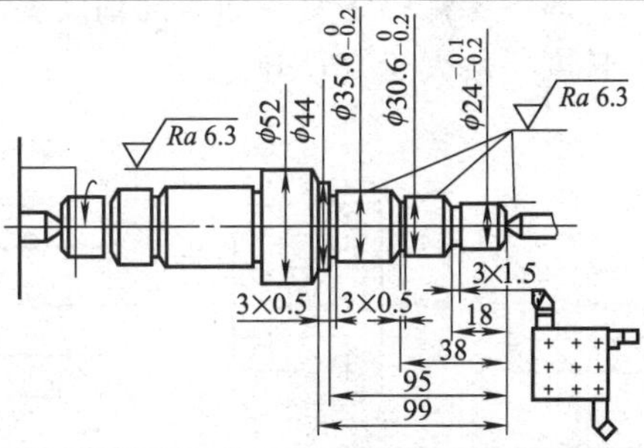	
6	车	双顶尖装夹,车一端螺纹 M24×1.5-6g,调头,双顶尖装夹,车另一端螺纹 M24×1.5-6g	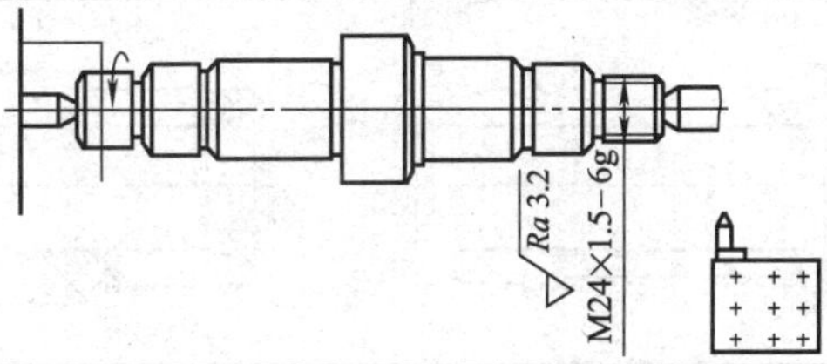	
7	钳	划键槽及一个止动垫圈槽加工线		
8	铣	铣两个键槽及一个止动垫圈槽,键槽深度比图纸规定尺寸多铣 0.25mm,作为磨削的余量	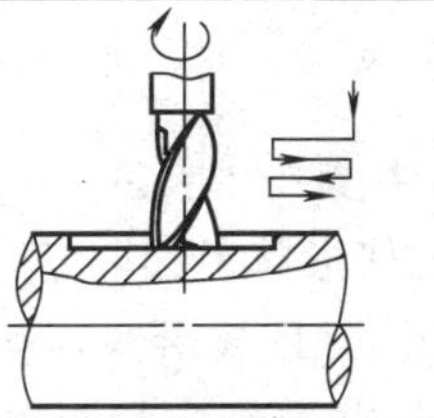	键槽铣床或立铣床
9	钳	修研两端中心孔	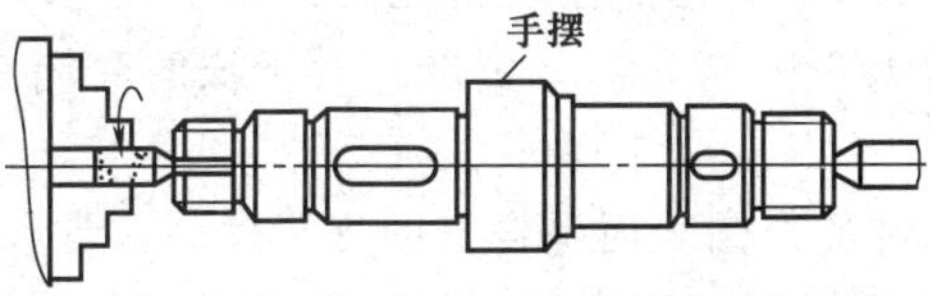	车床
10	磨	磨外圆 Q 和 M,并用砂轮端面靠磨台阶 H 和 I。调头,磨外圆 N 和 P,靠磨台肩 G	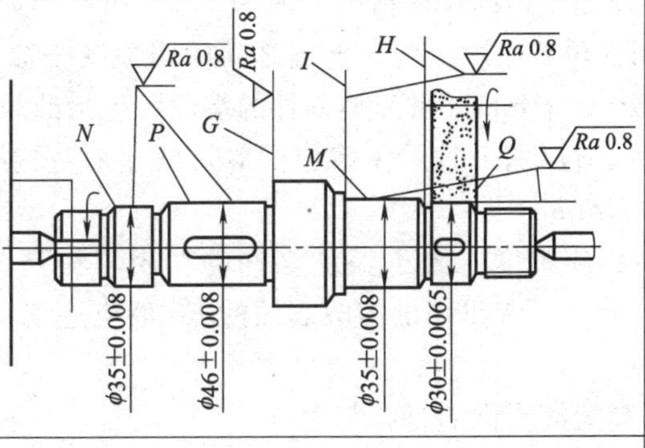	外圆磨床
11	检	检验		

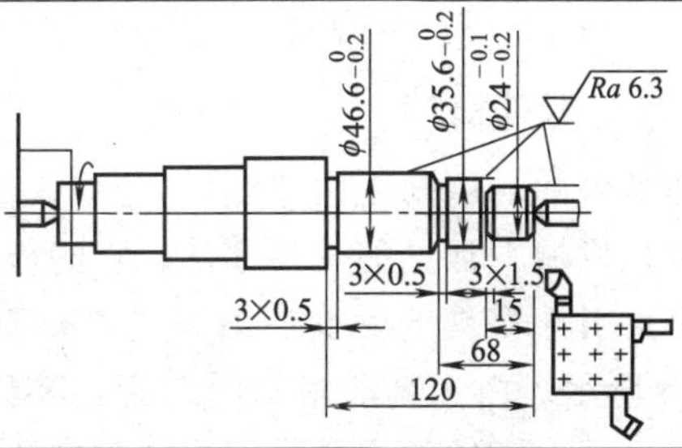

9.7 盘、套类零件的加工工艺

9.7.1 盘、套类零件概述

(1) 套类零件的功用与结构特点

套类零件是机械中常见的一种零件，它的应用范围很广。如支承旋转轴的各种形式的滑动轴承、夹具上引导刀具的钻套、内燃机汽缸套、液压系统中的液压缸以及一般用途的套筒，如图 9-18 所示。由于其功用不同，套类零件的结构和尺寸有着很大的差别，但其结构上仍有共同点，即：零件的主要表面为同轴度要求较高的内外圆表面；零件壁的厚度较薄且易变形；零件长度一般大于直径等。

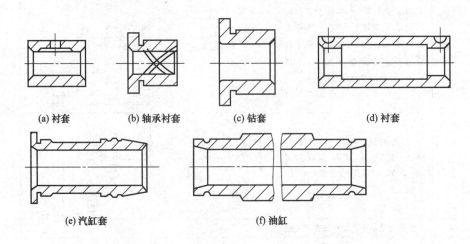

(a) 衬套　　(b) 轴承衬套　　(c) 钻套　　(d) 衬套

(e) 汽缸套　　(f) 油缸

图 9-18　套类零件示例

(2) 套类零件的主要技术要求

① 尺寸精度和几何形状精度　套类零件的内圆表面是起支承或导向作用的主要表面，它通常与运动着的轴、刀具或活塞相配合。套类零件内圆直径的尺寸精度一般为 IT7，精密的轴套有时达 IT6；形状精度应控制在孔径公差以内，一些精密轴套的形状精度则应控制在孔径公差的 1/3~1/2，甚至更严。对于长的套筒零件，形状精度除圆度要求外，还应有圆柱度要求。

套类零件的外圆表面是自身的支承表面，常以过盈配合或过渡配合同箱体、机架上的孔相连接。外圆直径的尺寸精度一般为 IT7~IT6，形状精度控制在外径公差以内。

② 相互位置精度　内、外圆之间的同轴度是套类零件最主要的相互位置精度要求，一般为 0.05~0.01mm。当套类零件的端面（包括凸缘端面）在工作中承受轴向载荷，或虽不承受轴向载荷但加工时用作定位面时，则端面对内孔轴线应有较高的垂直度要求，一般为 0.05~0.02mm。

③ 表面粗糙度　为了保证零件的功用和提高其耐磨性，内圆表面粗糙度 Ra 值应为 1.6~0.1μm，要求更高的内圆表面的 Ra 值应达到 0.025μm。外圆的表面粗糙度 Ra 值一般为 3.2~0.4μm。

(3) 套筒类零件的材料与毛坯

套筒类零件一般用钢、铸铁、青铜或黄铜制成。有些滑动轴承采用双金属结构，以离心铸造法在钢或铸铁内壁上浇注巴氏合金等轴承合金材料，既可节省贵重的有色金属，又能提高轴承的寿命。

套筒零件毛坯的选择与其材料、结构、尺寸及生产批量有关。孔径小的套筒，一般选择热轧或冷拉棒料，也可采用实心铸件；孔径较大的套筒，常选择无缝钢管或带孔的铸件、锻件；大量生产时，可采用冷挤压和粉末冶金等先进的毛坯制造工艺，既提高生产率，又节约材料。

9.7.2 盘、套类零件的加工工艺制订实例

液压系统中的油缸本体（如图 9-19 所示）是比较典型的长套筒类零件。其结构简单，壁薄容易变形，加工面比较少，加工方法变化不多，加工工艺过程见表 9-15。现对油缸本体零件加工工艺做一简单分析。

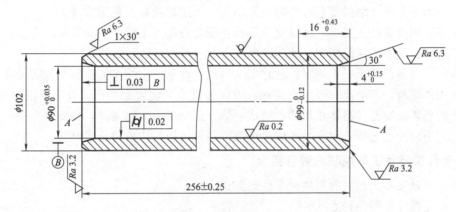

图 9-19 油缸本体简图

液压缸的材料一般有铸铁和无缝钢管两种。图 9-19 为用无缝钢管材料的液压缸。为保证活塞在液压缸内移动顺利，对该液压缸内孔有圆柱度要求，对内孔轴线有直线度要求，内孔轴线与两端面间有垂直度要求，内孔轴线对两端支承外圆（$\phi 90_{-0.12}^{\ 0}$）的轴线有同轴度要求。除此之外还特别要求，内孔必须光洁无纵向刻痕。若为铸铁材料时，则要求其组织紧密，不得有砂眼、针孔及疏松。液压缸的加工工艺过程见表 9-15。

表 9-15 油缸本体加工工艺过程

序号	工序名称	工序内容	定位与夹紧
1	备料	无缝钢管切断	
2	热处理	调质 241～285HB	
3	粗镗、半精镗内孔	镗内孔至 $\phi 88_{-0.10}^{\ 0}$ mm	外圆
4	精车端面及工艺圆	车端面，保证全长 258mm，车外倒角 0.5×45°；车内倒角；车另一端面，保证全长 256±0.25mm；车工艺圆 $\phi 99_{-0.12}^{\ 0}$ mm，Ra 为 3.2μm，长 $16_{\ 0}^{+0.43}$ mm，倒内、外角	$\phi 89$mm 孔可涨心轴
5	检查		夹工艺圆，托另一端
6	精镗	镗内孔至 $\phi 89.94±0.035$mm	夹工艺圆，托另一端
7	粗、精研磨内孔	研磨内孔至 $\phi 90_{\ 0}^{+0.035}$（不许用研磨剂）	
8	清洗		
9	终检		

9.8 箱体类零件加工工艺

9.8.1 箱体类零件的工艺特征

箱体类零件通常作为箱体部件装配时的基准零件。它将一些轴、套、轴承和齿轮等零件装配起来，使其保持正确的相互位置关系，以传递转矩或改变转速来完成规定的运动。因此，箱体类零件的加工质量对机器的工作精度、使用性能和寿命都有直接的影响。

常见的箱体类零件有机床主轴箱体、机床进给箱体、变速箱体、减速箱体、发动机缸体和机座等。

箱体零件结构特点：根据箱体类零件的结构形式不同，可分为整体式箱体和分离式箱体两大类，多为铸造件，结构复杂，壁薄且不均匀，加工部位多，加工难度大。

箱体零件的主要技术要求：轴颈支承孔孔径精度及相互之间的位置精度，定位销孔的精度与孔距精度；主要平面的精度；表面粗糙度等。

箱体零件材料及毛坯：箱体零件常选用灰铸铁，汽车、摩托车的曲轴箱选用铝合金作为曲轴箱的主体材料，其毛坯一般采用铸件，因曲轴箱是大批大量生产，且毛坯的形状复杂，故采用压铸毛坯，镶套与箱体在压铸时铸成一体。压铸的毛坯精度高，加工余量小，有利于机械加工。为减少毛坯铸造时产生的残余应力，箱体铸造后应安排人工时效。

9.8.2 箱体类零件工艺规程的制订实例

下面以某减速箱为例说明箱体类零件的加工。

（1）减速箱体类零件特点

一般减速箱为了制造与装配的方便，常做成可剖分式的，如图 9-20 所示，这种箱体在矿山、冶金和起重运输机械中应用较多。剖分式箱体也具有一般箱体结构特点，如壁薄、中空、形状复杂，加工表面多为平面和孔。

减速箱体的主要加工表面可归纳为以下三类。

① 主要平面。箱盖的对合面和顶部方孔端面、底座的底面和对合面、轴承孔的端面等。

② 主要孔。轴承孔（$\phi150H7$、$\phi90H7$）及孔内环槽等。

③ 其他加工部分。连接孔、螺孔、销孔、斜油标孔以及孔的凸台面等。

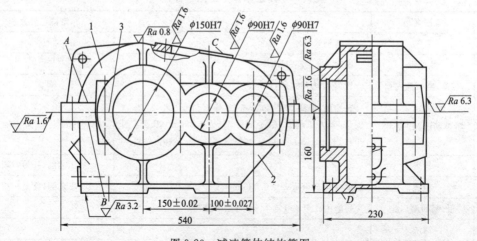

图 9-20 减速箱体结构简图
1—箱盖；2—底座；3—对合面

(2) 工艺过程设计应考虑的问题

根据减速箱体可剖分的结构特点和各加工表面的要求，在编制工艺过程时应注意以下问题。

① 加工过程的划分。整个加工过程可分为两大阶段，即先对箱盖和底座分别进行加工，然后再对装合好的整个箱体进行加工——合件加工。为保证效率和精度的兼顾，孔和面的加工还需粗精分开。

② 箱体加工工艺的安排。安排箱体的加工工艺，应遵循先面后孔的工艺原则，对剖分式减速箱体还应遵循组装后镗孔的原则。因为如果不先将箱体的对合面加工好，轴承孔就不能进行加工。另外，镗轴承孔时，必须以底座的底面为定位基准，所以底座的底面也必须先加工好。

由于轴承孔及各主要平面，都要求与对合面保持较高的位置精度，所以在平面加工方面，应先加工对合面，然后再加工其他平面，还应体现先主后次原则。

③ 箱体加工中的运输和装夹。箱体的体积、重量较大，故应尽量减少工件的运输和装夹次数。为了便于保证各加工表面的位置精度，应在一次装夹中尽量多加工一些表面。工序安排应相对集中。箱体零件上相互位置要求较高的孔系和平面，一般尽量集中在同一工序中加工，以减少装夹次数，从而减少安装误差的影响，有利于保证其相互位置精度要求。

④ 合理安排时效工序。一般在毛坯铸造之后安排一次人工时效即可；对一些高精度或形状特别复杂的箱体，应在粗加工之后再安排一次人工时效，以消除粗加工产生的内应力，保证箱体加工精度的稳定性。

⑤ 定位基准的选择。

a. 粗基准的选择。一般箱体零件的粗基准都用它上面的重要孔和另一个相距较远的孔作为粗基准，以保证孔加工时余量均匀。剖分式箱体最先加工的是箱盖或底座的对合面，无法以轴承孔的毛坯面作粗基准，而是以凸缘的不加工面为粗基准。这样可保证对合面加工凸缘的厚薄较为均匀，减少箱体装合时对合面的变形。

b. 精基准的选择。常以箱体零件的装配基准或专门加工的一面两孔定位，使得基准统一。加工底座的对合面时，应以底面为精基准，使对合面加工时的定位基准与设计基准重合；箱体装合后加工轴承孔时，仍以底面为主要定位基准，并与底面上的两定位孔组成典型的一面两孔定位方式。这样，轴承孔的加工，其定位基准既符合基准统一的原则，也符合基准重合的原则，有利于保证轴承孔轴线与对合面的重合度及与装配基准面的尺寸精度和平行度。

(3) 剖分式减速箱体加工的工艺过程

表 9-16 所列为某厂在小批生产条件下加工如图 9-20 所示减速箱体的机械加工工艺过程。生产类型：小批。毛坯种类：铸件。材料牌号：HT200。

表 9-16 减速箱体机械加工工艺过程

序号	工序名称	工 序 内 容	加工设备
1	铸造	铸造毛坯	
2	热处理	人工时效	
3	油漆	喷涂底漆	
4	划线	箱盖：根据凸缘面 A 划对合面加工线；划顶部 C 面加工线；划轴承孔两端面加工线 底座：根据凸缘面 B 划对合面加工线；划底面 D 加工线；划轴承孔两端面加工线	

续表

序号	工序名称	工 序 内 容	加工设备
5	刨削	箱盖：粗、精刨对合面；粗、精刨顶部 C 面 底座：粗、精刨对合面；粗精刨底面 D	
6	划线	箱盖：划中心十字线，各连接孔、销钉孔、螺孔、吊装孔加工线 底座：划中心十字线；底面各连接孔、油塞孔、油标孔加工线	
7	钻削	箱盖：按划线钻各连接孔，并锪平；钻各螺孔的底孔、吊装孔 底座：按划线钻底面上各连接孔、油塞底孔、油标孔，各孔端锪平；将箱盖与底座合在一起，按箱盖对合面上已钻的孔，钻底座对合面上的连接孔，并锪平	
8	钳工	对箱盖、底座各螺孔攻螺纹；铲刮箱盖及底座对合面；箱盖与底座合箱；按箱盖上划线配钻、铰二销孔，打入定位销	
9	铣削	粗、精铣轴承孔端面	
10	镗削	粗、精镗轴承孔；切轴承孔内环槽	
11	钳工	去毛刺、清洗、打标记	
12	油漆	各不加工外表面	
13	检验	按图样要求检验	

9.9 机械装配工艺基础

9.9.1 机械装配概述

(1) 装配的概念及意义

任何机械产品都由若干零件、组件和部件组成的。按规定的技术要求，将若干零件或部件进行配合和连接，使之成为半成品或成品的工艺过程称为装配。通常把若干零件装配成部件的过程称为部装；把若干零件和部件装配成最终产品的过程称为总装。

装配是机械制造工艺过程中的最后一个阶段，它对机械产品的质量有着直接的影响。机器的质量最终是通过装配工艺来保证的。如果装配工艺不当，即使零件的制造质量都合格，也不一定能够保证装配出合格的产品；反之，当零件质量不太好的情况下，只要在装配中采取合适的工艺措施，也能使产品达到规定的质量要求。另外，在机器装配中，还可发现机器在结构设计上和零件加工质量上的问题，并加以改进。因此，装配质量对保证机械产品的质量起着十分重要的作用。

(2) 装配工作的基本内容

机械装配是机械制造工艺过程中的最后一个阶段，装配过程中不是将合格的零件简单地连接起来，而是要通过一系列工艺措施，才能最终达到产品质量要求。常见的装配工作有以下几项。

① 清洗　进入装配的零部件必须进行清洗，其目的是去除黏附在零件上的灰尘、切屑和油污。根据不同的情况，可以采用擦洗、浸洗、喷洗、超声清洗等不同的方法。对机器的关键部件，如轴承、密封、精密偶件等，清洗尤为重要。

清洗工作对保证和提高机器装配质量、延长产品使用寿命有着重要意义。

② 连接　连接是指将有关的零、部件固定在一起。通常在机器装配中采用的连接方式有可拆卸连接和不可拆卸连接两种。可拆卸连接常用的有螺纹连接、键连接和销连接。不可拆卸连接常用的有焊接、铆接和过盈连接等。

③ 校正，调整与配作　校正是指产品中相关零部件间相互位置的找正、找平及相应的调整工作。例如，车床总装中主轴箱主轴中心与尾座套筒中心的等高校正等。

调整是机械装配过程中对相关零部件相互位置所进行的具体调节工作以及为保证运动部件的运动精度而对运动副间隙进行的调整工作。例如，轴承间隙、导轨副间隙及齿轮与齿条的啮合间隙的调整等。

配作是指两个零件装配后确定其相互位置的加工，如铰、配刮、配磨等。

配钻用于螺纹连接；配铰多用于定位销孔加工；而配刮、配磨则多用于运动副的结合表面。配作通常与校正和调整结合进行。

④ 平衡　平衡是装配过程中一项重要工作。对高速回转的机械，为防止振动，需对回转部件进行平衡。平衡方法有静平衡和动平衡两种。对大直径小长度零件可采用静平衡，对长度较大的零件则要采用动平衡。

⑤ 验收　验收是在机械产品完成后，按一定的标准，采用一定的方法，对机械产品进行规定内容的验收。通过检验可以确定产品是否达到设计要求的技术指标。

(3) 装配精度

① 装配精度的概念及内容　机械产品的装配精度是指机械产品装配后几何参数实际达到的精度。机械产品的质量是以其工作性能、使用效果、精度和寿命等指标综合评定的，而装配精度则起着重要的决定性作用。装配精度一般包括：零、部件间的距离精度、相互位置精度和相对运动精度以及接触精度。

a. 尺寸精度。它是指相关零部件之间的配合精度和距离精度。例如，卧式车床前后两顶尖对床身导轨的等高度。

b. 位置精度。装配中的相互位置精度是指相关零、部件间的平行度、垂直度、同轴度及各种跳动等。例如台式钻床主轴对工作台台面的垂直度。

c. 相对运动精度。相对运动精度是指产品中有相对运动的零、部件在运动方向和相对速度上的精度，包括回转运动精度、直线运动精度和传动链精度等。例如，滚齿机滚刀与工作台的传动精度。

d. 接触精度。它是指两配合表面、接触表面和连接表面间达到规定的接触面积大小与接触点分布情况，如齿轮啮合、锥体配合以及导轨之间均有接触精度要求。

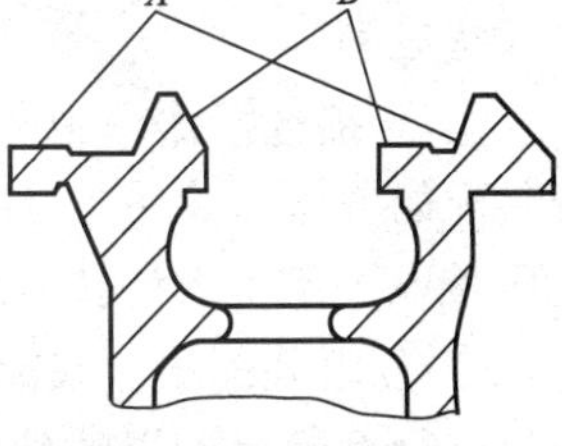

② 装配精度与零件精度间的关系　机器和部件是由零件装配而成的，装配精度与相关零、部件制造误差的累积有关。零件的精度特别是一些关键件的加工精度对装配精度有很大的影响。例如，卧式车床尾座移动对床鞍移动的平行度，就主要取决于床身导轨 A 与 B 的平行度，如图9-21所示；又如车床主轴锥孔轴心线和尾座套筒锥孔轴心线的等高度 A_0，主要取决于主轴箱、尾座及底板的 A_1、A_2 及 A_3 的尺寸精度，如图9-22（a）所示。

图 9-21　床身导轨

另一方面，装配精度又取决于装配方法，在单件小批量生产及装配精度要求较高时装配方法尤为重要。如图9-22（a）所示的主轴锥孔轴心线与尾座套筒锥孔轴心线的等高度要求是很高的，如果仅靠提高尺寸 A_1、A_2 及 A_3 的尺寸精度来保证是不经济的，甚至在技术上也是很困难的。比较合理的方法是在装配中通过检测，然后对某个零、部件进行适当的修配来保证装配精度。

从上述分析可以看出，机器的装配精度和零件精度的关系，即零件的精度决定了机器的

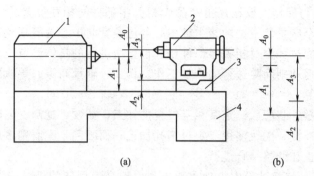

图 9-22 主轴箱主轴中心、尾座套筒等高示意图
1—主轴箱；2—尾座；3—底板；4—床身

装配精度，但是有了精度合格的零件，如果装配方法不当，也可能装配不出合格的机器。因此机器的装配精度不但决定于零件的精度，而且决定于装配方法；反过来，零件的精度要求取决于对机器装配精度的要求和装配方法。

所以，为了保证机器的装配精度，就要选择适当的装配方法并合理地规定零部件的加工精度。

9.9.2 装配方法

（1）互换装配法

在装配时各配合零件不经修理、选择或调整即可达到装配精度的方法称为互换装配法。根据互换程度不同，互换装配法又分为完全互换装配法和不完全互换装配法两种形式。

互换装配法的特点是装配质量稳定可靠，装配工作简单、经济、生产率高，零、部件有互换性，便于组织流水装配和自动化装配，是一种比较理想和先进的装配方法。因此，只要各零件的加工在技术上经济合理，就应该优先采用。尤其是在大批大量生产中广泛采用互换装配法。

（2）选择装配法

选择装配法是将零件按经济精度加工（即放大了制造公差），然后选择恰当的零件进行装配，以保证规定的装配精度要求和装配方法。它又可分为直接选择法、分组装配法和复合装配法三种。

① 直接选择法　由装配工人从许多待装的零件中，凭经验挑选合适的零件通过试凑进行装配的方法，这种方法的优点是简单，零件不必先分组，但装配中挑选零件的时间长，装配质量取决于工人的技术水平，不宜于节拍要求较严的大批量生产。

② 分组装配法　在成批大量生产中，将产品各配合副的零件按实测尺寸分组，装配时按组进行互换装配以达到装配精度的方法。例如某一轴孔配合时，若配合间隙公差要求非常小，则轴和孔分别要以极严格的公差制造才能保证装配间隙要求。这时可以将轴和孔的公差放大，装配前实测轴和孔的实际尺寸并分成若干组，然后按组进行装配，即大尺寸的轴与大尺寸的孔配合，小尺寸的轴与小尺寸的孔配合，这样对于每一组的轴孔来说装配后都能达到规定的装配精度要求。由此可见，分组装配法既可降低对零件加工精度的要求，又能保证装配精度，在相关零件较少时是很方便的。如汽车发动机活塞销孔与活塞销的装配，在汽车发动机中，活塞销和活塞销孔的配合要求是很高的，如图 9-23（a）所示为某厂汽车发动机活塞销 1 与活塞 3 销孔的装配关系，销子和销孔的基本尺寸为 $\phi 28mm$，在冷态装配时要求有 0.0025～0.0075mm 的过盈量。若按完全互换法装配，须将封闭环公差 $T_0 = 0.0075 -$

0.0025＝0.0050（mm）均等地分配给活塞销直径 $d(d=\phi 28_{-0.0025}^{0}\mathrm{mm})$ 与活塞销孔直径 D ($D=\phi 28_{-0.0075}^{-0.0050}\mathrm{mm}$)，制造这样精确的销孔和销子是很困难的，也是不经济的。生产上常用分组法装配来保证上述装配精度要求，方法如下。

a. 将活塞销和活塞销孔的制造公差同向放大 4 倍，让 $d=\phi 28_{-0.010}^{0}\mathrm{mm}$，$D=\phi 28_{-0.015}^{-0.005}\mathrm{mm}$；

b. 活塞销和活塞销孔按上述要求加工好后，用精密量具逐一测量其实际尺寸；

c. 将销孔孔径 D 与销子直径 d 按尺寸大小从大到小分成 4 组，并按组号分别涂上不同颜色的标记；

d. 装配时让具有相同颜色标记的销子与销孔相配，即让大销子配大销孔，小销子配小销孔，使之达到产品图样规定的装配精度要求。图 9-23（b）给出了活塞销和活塞销孔的分组公差带位置。

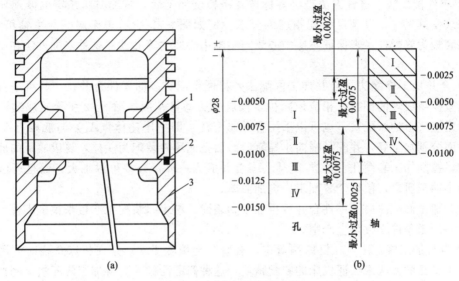

图 9-23 活塞与活塞销连接
1—活塞销；2—挡圈；3—活塞

采用分组互换装配时应注意以下几点。

a. 为了保证分组后各组的配合精度和配合性质符合原设计要求，配合件的公差应当相等，公差增大的方向要相同，增大的倍数要等于以后的分组数。

b. 分组数不宜多，多了会增加零件的测量和分组工作量，并使零件的储存、运输及装配等工作复杂化。

c. 分组后各组内相配合零件的数量要相符，形成配套。否则会出现某些尺寸零件的积压浪费现象。

但是由于增加了测量、分组等工作，当相关零件较多时就显得非常麻烦。另外在单件小批生产中可以直接进行选配或修配而没有必要再来分组。所以分组装配法仅适用于大批大量生产中装配精度要求很严，而影响装配精度的相关零件很少的情况下。例如内燃机、轴承等大批大量生产中。

③ 复合装配法　复合装配法是直接选配与分组装配的综合装配法，即预先测量分组，装配时再在各对应组内凭工人经验直接选配。这一方法的特点是配合件公差可以不等，装配质量高，且速度较快，能满足一定的节拍要求。发动机装配中，汽缸与活塞的装配多采用这

种方法。

（3）修配装配法

修配装配法是在单件生产和成批生产中，对那些要求很高的多环尺寸链，各组成环先按经济精度加工，在装配时修去指定零件上预留修配量达到装配精度的方法。

由于修配法的尺寸链中各组成环的尺寸均按经济精度加工，装配时封闭环的误差会超过规定的允许范围。为补偿超差部分的误差，必须修配加工尺寸链中某一组成环。被修配的零件尺寸叫修配环或补偿环。一般应选形状比较简单，修配面小，便于修配加工，便于装卸，并对其他尺寸链没有影响的零件尺寸作修配环。修配环在零件加工时应留有一定量的修配量。

生产中通过修配达到装配精度的方法很多，常见的有单件修配法、合并加工修配法、自身加工修配法。

① 单件修配法　这种方法是将零件按经济精度加工后，装配时将预定的修配环用修配加工来改变其尺寸，以满足装配精度的要求。例如图 9-22 所示车床尾座与主轴箱装配中，以尾座底板为修配件，来保证尾座中心线与主轴中心线的等高性，这种修配方法在生产中应用最广。

② 合并加工修配法　合并加工修配法是将两个或更多的零件合并在一起再进行加工修配，以减少组成环的环数，相应地减少了修配的劳动量。例如图 9-22 所示尾座装配时，为减少对尾座底板的修配量，也可以采用合并修配法，即把尾座体（A_3）与底板（A_2）相配合的平面分别加工好，并配刮横向小导轨，然后把两零件装配为一体，再以底板的底面为定位基准，镗削加工套筒孔，这样 A_2 与 A_3 合并成为一环，公差可以加大，而且可以给底板面留较小的刮研量，使整个装配工作更加简单。

合并加工修配法由于零件合并后再加工和装配，给组织装配生产带来很多不便，因此这种方法多用于单件小批量生产中。

③ 自身加工修配法　在机床制造中，有些装配精度要求，是在机床总装时，用机床本身来加工自己的方法来保证机床的装配精度，这种修配法称为自身加工修配法。例如牛头刨床、龙门刨床及龙门铣床总装后，刨或铣削自己的工作台面，可以较容易地保证工作台面和滑枕或导轨面的平行度。

（4）调整装配法

在装配时用改变产品中可调整零件的相对位置或选用合适的调整件以达到装配精度的方法称为调整装配法。常用的调整装配法有三种：可动调整装配法、固定调整装配法和误差抵消调整装配法。

① 可动调整装配法　用改变调整件的位置来达到装配精度的方法，叫做可动调整装配法。调整过程中不需要拆卸零件，比较方便。

采用可动调整装配法可以调整由于磨损、热变形、弹性变形等所引起的误差。所以它适用于高精度和组成环在工作中易于变化的尺寸链。

机械制造中采用可动调整装配法的例子较多。例如图 9-24（a）依靠转动螺钉调整轴承外环的位置以得到合适的间隙；图 9-24（b）是用调整螺钉通过垫板来保证车床溜板和床身导轨之间的间隙；图 9-24（c）是通过转动调整螺钉，使斜楔块上、下移动来保证螺母和丝杆之间的合理间隙。

可动调整法的主要优点是：组成环的制造精度虽不高，但却可获得比较高的装配精度；在机器使用中可随时通过调节调整件的相对位置来补偿由于磨损、热变形等原因引起的误

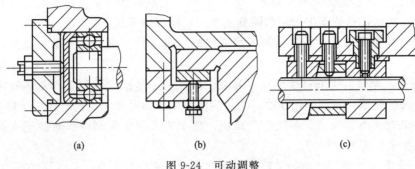

图 9-24 可动调整

差,使之恢复到原来的装配精度;它比修配法操作简便,易于实现。不足之处是需增加一套调整机构,增加了结构复杂程度。可动调整装配法在生产中应用甚广。

② 固定调整装配法　固定调整装配法是在尺寸链中选择一个零件(或加入一个零件)作为调整环,根据装配精度来确定调整件的尺寸,以达到装配精度的方法。常用的调整件有轴套、垫片、垫圈和圆环等。

固定调整装配方法适于在大批大量生产中装配那些装配精度要求较高的机器结构。在产量大、装配精度要求较高的场合,调整件还可以采用多件拼合的方式组成,方法如下:预先将调整垫分别做成不同厚度(例如 1,2,5,…;0.1,0.2,0.3…0.9mm 等),再准备一些更薄的调整片(例如 0.01,0.02,0.05,…,0.09mm 等);装配时根据所测实际空隙的大小,把不同厚度的调整垫拼成所需尺寸,然后把它装到空隙中去,使装配结构达到装配精度要求。这种调整装配方法比较灵活,它在汽车、拖拉机生产中广泛应用。例如图 9-25 所示即为固定调整装配法的实例。当齿轮的轴向窜动量有严格要求时,在结构上专门加入一个固定调整件,即尺寸等于 A_3 的垫圈。

③ 误差抵消调整装配法　在机器装配中,通过调整被装零件的相对位置,使误差相互抵消,可以提高装配精度,这种装配方法称为误差抵消调整法。它在机床装配中应用较多,例如,在车床主轴装配中通过调整前后轴承的径跳方向来控制主轴的径向跳动;在滚齿机工作台分度蜗轮装配中,采用调整蜗轮和轴承的偏心方向来抵消误差,以提高工作台主轴的回转精度。

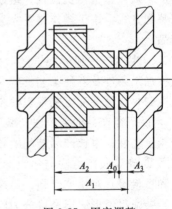

图 9-25 固定调整

调整装配法的主要优点是:组成环均能以加工经济精度制造,但却可获得较高的装配精度;装配效率比修配装配法高。不足之处是要另外增加一套调整装置。可动调整法和误差抵消调整法适于在成批生产中应用,固定调整法则主要用于大批量生产。

9.9.3　机械装配工艺规程

制订装配工艺规程,是生产技术准备工作中的一项重要技术工作。装配工艺规程对产品的装配质量、生产效率、经济成本和劳动强度等都有重要的影响,合理而优化的装配工艺规程可达到:保证装配质量、提高装配生产率、缩短装配周期、降低装配劳动强度、缩小装配占地面积和降低装配成本。因此,要合理地制订装配工艺规程。

(1) 制订装配工艺规程的基本原则及原始资料

① 制订装配工艺规程的基本原则　制订装配工艺规程的基本要求是在保证产品装配质量的前提下，尽量提高劳动生产率和降低成本。具体有以下几点。

a. 保证产品装配质量。从机械加工和装配的全过程达到最佳效果下，选择合理而可靠的装配方法。

b. 提高生产率。合理安排装配顺序和装配工序，尽量减少装配工作量，特别是手工劳动量，提高装配机械化和自动化程度，缩短装配周期，满足装配规定的进度计划要求。

c. 减少装配成本。要减少装配生产面积，减少工人的数量和降低对装配人员的技术等级要求，减少装配装备投资等。

② 制订装配工艺规程的原始资料　在制订装配工艺规程以前，必须具备下列原始资料，才能顺利地进行这项工作。

a. 产品的装配图及验收技术标准。产品的装配图应包括总装图和部件装配图，并能清楚地表示出：所有零件相互连接的结构视图和必要的剖视图；零件的编号；装配时应保证的尺寸；配合件的配合性质及精度等级；装配的技术要求；零件的明细表等。为了在装配时对某些零件进行补充机械加工和核算装配尺寸链，有时还需要某些零件图。产品的验收技术条件、检验内容和方法也是制订装配工艺规程的重要依据。

b. 产品的生产纲领。产品的生产纲领就是其年生产量。生产纲领决定了产品的生产类型。生产类型不同，致使装配的生产组织形式、工艺方法、工艺过程的划分、工艺装备的多少、手工劳动的比例均有很大不同。

大批大量生产的产品应尽量选择专用的装配设备和工具，采用流水装配方法。现代装配生产中则大量采用机器人，组成自动装配线。对于成批量生产、单件小批量生产则多采用固定装配方式，手工操作比重大。在现代柔性装配系统中，已开始采用机器人装配单件小批量产品。

c. 生产条件和标准资料。包括现有的装配工艺设备、工人技术水平、装配车间面积、机械加工条件及各种工艺资料和标准等。

（2）制订装配工艺规程的步骤

① 研究产品的装配图及验收技术条件　审核产品图样的完整性、正确性；分析产品的结构工艺性；审核产品装配的技术要求和验收标准；分析与计算产品装配尺寸链。

② 确定装配方法与组织形式　装配的方法和组织形式主要取决于产品的结构特点（尺寸和重量等）和生产纲领，并应考虑现有的生产技术条件和设备。

装配组织形式通常可分为固定式装配和移动式装配。

固定式装配是指产品或部件的全部装配工作都安排在某一固定的装配工作地进行。在装配过程中产品的位置不变，装配所需要的全部零部件都汇集在工作地附近。固定式装配的特点是对装配工人的技术水平要求较高，占地面积较大，装配生产周期较长，生产率较低。因此，主要适用于单件小批生产以及装配时不便于或不允许移动的产品的装配，如新产品试制或重型机械的装配等。

移动式装配是指在装配生产线上，零件和部件通过连续或间歇式的移动，依次通过各装配工作地，以完成全部装配工作。移动式装配的特点是装配工序分散，每个装配工作地重复完成固定的装配工序，广泛采用装配专用设备及工具，生产率高，但对装配工人的技术水平要求不高。因此，多用于大批大量生产，如汽车、柴油机等的装配。

③ 划分装配单元，确定装配顺序　装配单元的划分，就是从工艺的角度出发，将产品

划分为若干个可以独立进行装配的组件或部件，以便组织平行装配或流水作业装配。

在确定各级装配单元的装配顺序时，首先要选定一个零件（或组件或部件）作为装配基准件，再以此基准件为装配的基础，按照装配结构的具体情况，根据"预处理工序先行，先上后下，先内后外，先难后易，先重大后轻小，先精密后一般"的原则，确定其他零件或装配单元的装配顺序，最后用装配系统图表示出来，如图 9-26 所示。例如：机床装配中，床身零件是床身组件的装配基准零件；床身组件是床身部件的装配基准组件；床身部件是机床产品的装配基准部件。

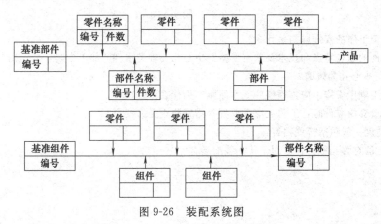

图 9-26　装配系统图

④ 划分装配工序　装配顺序确定后，就可将装配工艺过程划分为若干工序，其主要工作如下。

a. 确定工序集中与分散的程度。

b. 划分装配工序，确定工序内容。

c. 确定各工序所需的设备和工具，如需专用夹具与设备，则应拟定设计任务书。

d. 制订各工序装配操作规范，如过盈配合的压入力、变温装配的装配温度以及紧固件的力矩等。

e. 制订各工序装配质量要求与检测方法。

f. 确定工序时间定额，平衡各工序节拍。

⑤ 编制装配工艺文件　单件小批生产时，通常不制订装配工艺文件，只绘制装配系统图。装配时，按产品装配图及装配系统图工作。成批生产时，应根据装配系统图分别制订出总装和部装的装配工艺过程卡，写明工序次序，简要工序内容，设备名称，工、夹具名称与编号，工人技术等级和时间定额等项。大批大量生产时，每一个工序都要制订出装配工序卡，详细说明该工序的装配内容，用以直接指导装配工人进行操作。

⑥ 制订产品的试验验收规范　产品装配后，应按产品的要求和验收标准进行试验验收。因此，还应制订出试验验收规范，其中包括试验验收的项目、质量标准、方法、环境要求，试验验收所需的工艺装备、质量问题的分析方法和处理措施等。

习　题

9-1　简述生产过程、工艺过程、工艺规程。

9-2　拟定机械加工工艺规程的原则与步骤有哪些？工艺规程的作用有哪些？

9-3　机械零件毛坯的选择原则是什么？

9-4　粗基准、精基准的选择原则有哪些？举例说明。

9-5 指出图9-7所示结构工艺性方面存在的问题，并提出修改意见。

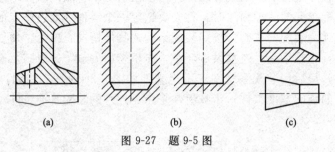

图 9-27 题 9-5 图

9-6 机械加工工序的安排原则是什么？

9-7 轴类零件的结构特点和技术要求有哪些？中心孔在轴类零件的加工中起什么作用？为什么在每一加工阶段都要进行中心孔的研磨？

9-8 箱体加工顺序安排中应遵循哪些基本原则？为什么？

9-9 加工薄壁套筒零件时，工艺上应采取哪些措施防止受力变形？

9-10 装配精度一般包括哪些内容？

9-11 装配方法有哪几种？各适用于什么装配场合？

参 考 文 献

[1] 孙步功，张炜，宋月鹏. 机械制造基础. 北京：中国电力出版社，2008.
[2] 梁建和，张坤领. 机械制造基础. 北京：北京理工大学出版社，2009.
[3] 李长河. 机械制造基础. 北京：机械工业出版社，2009.
[4] 侯书林，朱海. 机械制造基础. 北京：北京大学出版社，2006.
[5] 余新昒. 机械制造基础. 北京：北京大学出版社，2008.
[6] 李建跃. 机械制造基础（Ⅰ）（Ⅱ）. 长沙：中南大学出版社，2006.
[7] 何世松. 机械制造基础. 哈尔滨：哈尔滨工程大学出版社，2009.
[8] 王欣. 机械制造基础. 北京：化学工业出版社 2010.
[9] 林承全. 机械制造. 北京：机械工业出版社，2010.
[10] 岳波辉. 机械制造基础. 北京：机械工业出版社，2009.
[11] 李铁成. 机械工程基础. 北京：高等教育出版社，2009.
[12] 韩绍才. 机械制造基础. 南京：江苏科学技术出版社，2010.
[13] 孙美霞. 机械制造基础. 长沙：国防科技大学出版社，2010.
[14] 王茂元. 机械制造技术基础. 北京：机械工业出版社，2008.